电网脆弱性

模型、评估方法及应用

于振 周飞 冯杰 等 著

中国电力出版社
CHINA ELECTRIC POWER PRESS

内 容 提 要

本书以电网中枢纽变电站、换流站和高压输电线路为研究对象，基于压力–状态–响应的视角，在分析各类电网突发事件作用机理的基础上，重点研究其物理脆弱性的构成，构建了脆弱性评估框架体系，提出了科学有效的评估方法，为采取有效降低电网重要基础设施脆弱性的对策措施提供了科学依据。

全书共 7 章，主要内容包括电网脆弱性基本问题、脆弱性理论基础与方法、电网脆弱性构成与作用机理、脆弱性的评估模型方法、脆弱性评估指标体系构建、实证研究以及电网脆弱性管控与应对。

本书可供电力行业应急管理人员和相关科研人员学习阅读，也可供电网企业运维管理人员参考使用。

图书在版编目（CIP）数据

电网脆弱性模型、评估方法及应用/于振等著. —北京：中国电力出版社，2021.12
ISBN 978-7-5198-6148-3

Ⅰ．①电… Ⅱ．①于… Ⅲ．①电网–评价方法 Ⅳ．①TM727

中国版本图书馆 CIP 数据核字（2021）第 229390 号

审图号：GS（2021）7642 号

出版发行：中国电力出版社
地　　址：北京市东城区北京站西街 19 号（邮政编码 100005）
网　　址：http://www.cepp.sgcc.com.cn
责任编辑：薛　红
责任校对：黄　蓓　李　楠
装帧设计：赵丽媛
责任印制：石　雷
印　　刷：北京九天鸿程印刷有限责任公司
版　　次：2021 年 12 月第一版
印　　次：2021 年 12 月北京第一次印刷
开　　本：710 毫米×1000 毫米　16 开本
印　　张：19.25
字　　数：331 千字
印　　数：0001—1000 册
定　　价：88.00 元

编 著 人 员

于　振　周　飞　冯　杰　李　涛
刘　超　郭雨松　徐希源　房殿阁
关　城　马　钢　刘　璐　吕冠肖

前　言

　　电力企业作为支撑国民经济发展的支柱型企业，其自身的稳定与发展，直接关系到整个社会秩序的安定。电力系统是国家关键基础设施，金融、通信、交通、供水、供气等领域基础设施安全可靠运行都建立在电力持续稳定供应的基础上。电力安全与政治安全、经济安全、网络安全、社会安全等诸多领域密切关联，一旦发生大面积停电事件，可能引发跨领域连锁反应，导致重大经济财产损失，甚至引发社会恐慌，危及国家安全。电力安全关系国计民生，是国家安全的重要保障。也正因如此，如何确保电力企业的生产安全、电网的可靠运行，则早已成为电力系统可持续发展的重任。

　　随着社会经济的飞速发展，电力系统步入了大电网、大机组和特高电压时代，逐渐发展成为具有超大规模的复杂系统。电网的大规模互连实现了更大范围内资源的优化配置，但同时也降低了电网运行的安全稳定程度，造成各类电网突发事件频发，带来重大社会影响和经济损失。因此，甄别电网基础设施薄弱环节的工作在电网生产发展中至关重要，对电网物理脆弱性进行评估对于电网安全管理具有重要的现实意义。

　　脆弱性评估作为风险研究的重要工具之一，在诸多领域和学科中都得到了很好的应用。本书以电网重要基础设施，主要指枢纽变电站、换流站和高压输电线路为研究对象，基于压力-状态-响应的视角，在分析各类电网突发事件作用机理的基础上，重点研究其物理脆弱性的构成，构建了脆弱性评估框架体系，提出科学有效的评估方法，为采取有效降低电网重要基础设施脆弱性的对策措施提供科学依据。

　　全书共分为七章。各章主要内容如下：

　　第 1 章介绍了电网脆弱性的基本问题。从电网脆弱性的研究背景入手，分析电网脆弱性研究的战略需求和现实需求，基于系统的文献分析，在了解国内外研究现状的基础上，阐述脆弱性和电网脆弱性的相关研究进展。

　　第 2 章在研究脆弱性相关概念和内涵的基础上，梳理电网系统脆弱性评价的相关理论基础和研究方法。这一章节对脆弱性、韧性和可恢复性，以及危险性、风险、易损性、恢复力和可靠性等概念进行了界定，并在此基础上对相近概念进行了廓清与深化，明确了其研究界限。在文献调研的基础上，广泛梳理相关的理论基础和研究方法，为电网脆弱性评估奠定基础。

第 3 章在研究电网重要基础设施脆弱性概念、内涵和特征的基础上，从灾害体、承灾体两个方面分析了电网系统脆弱性的影响因素，剖析了电网系统突发事件的作用机理。

第 4 章构建电网系统脆弱性分析框架，构建基于压力（P）、状态（S）、响应（R）为基础指标的 PSR 脆弱性评估模型，梳理相关的脆弱性评价的综合评估方法，确立电网脆弱性评估的基本步骤。

第 5 章构建脆弱性评估指标体系。以枢纽变电站、换流站和高压输电线路（含杆塔）为脆弱性评估的基本单元，以主要设备设施为基本评估对象，构建了基于压力（P）、状态（S）、响应（R）为基础指标的 PSR 脆弱性评估模型。基于 PSR 模型的三个维度提取了脆弱性评估指标，并运用粗糙集法进行约简，形成脆弱性评估指标体系。借鉴其他领域比较成熟的评估方法，进一步研究提出了电网重要基础设施脆弱度指标的计算方法与等级划分标准和依据。

第 6 章进行实证研究。在 PSR 脆弱性评估模型构建基础之上，应用三角图法对枢纽变电站、换流站及高压输电线路（含杆塔）等评估单元进行了脆弱性分类研究，以某区域变电站、输电线路和换流站为样本进行了实例验证，运用三角图法对系统脆弱性区间进行划分并预测其可持续发展趋势，从而为更加有针对性地提出改进措施提供科学依据。

第 7 章对降低电网脆弱性，加强电网脆弱性管控的路径进行了探索。本书针对电网基础设施脆弱性评估的现状及其产生的原因进行了深度分析，从电网脆弱性预测、预警、预报以及电网脆弱性应急管理等几个方面，提出提高电网安全生产水平的可能性对策。

限于作者的水平，书中疏漏之处在所难免，恳请读者批评指正。

编者

2021.10

目　录

第7章 电网脆弱性管控与应对 190

第 1 章

电网脆弱性基本问题

1.1 电网脆弱性研究背景

1.1.1 国家战略需求

2014 年 6 月 13 日，习近平总书记在中央财经领导小组第六次会议上提出"四个革命、一个合作"能源安全新战略，引领我国能源行业发展进入了新时代。这一重大战略内涵丰富、立意高远，是我们党历史上关于能源安全战略最为系统完整的论述，代表了我国能源战略理论创新的新高度。实践证明，这一战略符合我国国情，顺应时代潮流，遵循能源规律，是习近平新时代中国特色社会主义思想在能源领域的重要体现和科学运用，是新时代指导我国能源转型发展的行动纲领。

深入贯彻落实能源安全新战略，为全面建设社会主义现代化国家提供坚强能源保障。"十三五"以来，在以习近平同志为核心的党中央坚强领导下，全国能源系统坚持稳中求进工作总基调，深入推进"四个革命、一个合作"能源安全新战略，努力构建清洁低碳、安全高效的能源体系，顺利完成"十三五"能源规划主要目标任务。2021 年全国能源工作会议在京召开，会议指出，党的十九届五中全会对"十四五"时期乃至 2035 年经济社会发展作出系统谋划和战略部署，为当前和今后一个时期能源工作指明了方向。能源工作要坚持以习近平新时代中国特色社会主义思想为指导，全面贯彻党的十九大和十九届二中、三中、四中、五中全会精神，深入落实中央经济工作会议决策部署，认真落实全国发展和改革工作会议要求，坚持稳中求进工作主基调，立足新发展阶段，坚持新发展理念，构建新发展格局，以推动高质量发展为主题，以深化供给侧结构性改革为主线，以改革开放为根本动力，以满足人民日益增长的美好生活需要为根本目的，坚持系统观念，扎实做好"六稳"工作、全面落实"六保"任务，巩固拓展疫情防控和能源改革发展成果，着眼保障能源安全和应对气候变化两大目标任务，不断推动"四个革命、一个合作"能源安全新战略走深走实，为全面建设社会主义现代化国家开好局提供坚强能源保障。

1.1.2　电网现实需求

1. 电网脆弱性研究的现实需求

在社会经济高速发展的今天，电力系统已经成为关系到社会发展、国家建设、人民生活的重要基础设施。随着经济的发展，我国电力系统已逐渐发展成为超大规模的复杂系统，已经步入了大电网、大机组和高电压时代。电网作为电力系统中联系发电和用电设施、设备的重要中间环节。其规模的不断扩大化及系统元件复杂化是当前电力系统发展的主要特点。电网大规模互连实现了更大范围内资源的优化配置，但同时也降低了系统的安全稳定程度。由局部故障波及整个网络造成的大停电事故，在国内外已经多次发生，这类事故带来了重大的社会影响和经济损失，引起了人们对电网安全运行的高度重视。现代电力系统的实时性、与其复杂性伴生而至的脆弱性、电力事故后果的恶劣性，使得对电力系统可靠性、安全性的要求达到了一个空前的高度。构建坚强的电力系统以维持电力系统的安全可靠运行，不仅仅是为了减小停电损失，更是全社会稳定健康发展的基础。

2. 开展脆弱性理论研究的必要性

长期以来，我国电力系统安全性评估主要是针对电力系统本身建模和故障分析计算，对于脆弱性研究不足，尤其是对电网重要基础设施（电网的重要枢纽变电站、换流站，特高压线路等）的脆弱性分析和研究则更少。本书针对电网重要基础设施，研究脆弱性评估指标、评估标准、评估方法，形成电网重要基础设施脆弱性评估体系。利用评估体系对电网重要基础设施（重要枢纽变电站、换流站、特高压线路）存在的脆弱性进行评估，并有针对性的采取安全预控措施，从而有效预防电网事故的发生，提升公司本质安全生产水平。

电网重要基础设施脆弱性评估技术的研究，对于掌握电网重要基础设施脆弱性与突发事件的作用机理，有效评估重要枢纽变电站、换流站及特高压线路等电网重要基础设施的脆弱性，提出电网重要基础设施的脆弱性的针对性保护措施具有重要的指导作用，该评估方法可用于公司系统各重要电网设施，为安全管理、隐患排查、安全性评估等提供有效的技术手段，可以预防因电网重要基础设施脆弱性引发的各类事故，减少事故造成的经济损失，提升电网基础设备设施安全管理水平，保障电网安全稳定运行水平。

1.2 国内外研究现状

1.2.1 脆弱性的相关研究进展

1. 脆弱性的研究进展

脆弱性的研究在不同时期有着不同的侧重点。在 20 世纪 70 年代，脆弱性是一种暴露风险，强调对致灾因子造成的后果进行重点研究，并且认为脆弱性应该是范围内的损失程度，其表达形式是货币价值或死亡人口的概率。到了 80 年代，脆弱性演变成一种社会问题，越来越多的研究者开始重视并探讨人口特征、房屋结构等社会经济因素对脆弱性的影响。到 90 年代时，学者普遍认为脆弱性是自然和社会的综合问题，包括对外界致灾因子（暴露风险）的分析、系统本身适应能力（社会属性）的脆弱性分析及两者相互作用的分析，其应用范围广泛。20 世纪初到现在，很多相关领域包括气候变化、粮食安全、生态环境、电力系统等对脆弱性的关注促使了脆弱性研究的再度兴起与不断发展。

脆弱性是一个普适性很强的概念，几乎所有的研究对象均可能存在不同程度的脆弱性[1]。脆弱性与不同的研究对象相结合，可以应用于不同领域，如地层、雨雪冰冻、水灾、旱灾等不同自然灾害的脆弱性；资源的脆弱性，如网络资源、水资源、旅游资源脆弱性；区域的脆弱性，例如城市、社区脆弱性等；运行体系的脆弱性，如金融体系的脆弱性等。也就是说"脆弱性"一词已经被应用到了各个学科及领域，"脆弱性"成了考虑系统稳定运行不可或缺的问题。目前，学术界关于脆弱性的定义还没有形成统一的说法，同时对其理解也是在不断演变的。

随着社会经济的发展，脆弱性问题已成为当今世界国家和地区发展的诸多关键问题之一。脆弱性评估逐渐成为综合评估系统安全状况的重要工具，其评估结果成为管理部口进行应急决策与响应的主要依据。关于脆弱性的起源，检索文献显示，是由美国学者 G.F.White 在 1974 年在其所著的《Natural Hazard》中首次提出的[2]。

---

[1] 朱书瑞. 脆弱性评估模型及其在煤矿企业中的应用研究 [D]. 河南大学，2008.
[2] 陈倬，余廉. 城市物流系统脆弱性的巧念与内涵 [J]. 物流科技，2007，5（8）：5-8.

2. 脆弱性的定义

关于脆弱性的定义，不同的研究领域根据研究对象的不同性质所研究和关注的重点不同，如社会学研究人员从造成人类脆弱的政治、经济和社会关系入手，研究的对象多集中在金融系统和人文系统；而自然学研究人员则将重点放在生态系统上，他们认为脆弱性的定义应从外界干扰入手，研究系统的状态转变趋势和能力，同时还强调了这种转变的永久性。20 世纪 80 年代以来，世界范围内的脆弱性研究工作者多将更多的精力投入在地学领域，如地学领域专家 Timmerman 首先提出了脆弱性的概念，即脆弱性是一种度，是描述系统遭受灾害事件时可能产生不利影响的程度，系统不利影响的质和量受控于系统的弹性，它标志着系统承受灾害事件并从中恢复的能力❶。这一脆弱性定义方式虽在一定程度上推动了人们对脆弱性的深入认识，但仍没能使整个研究领域对此达成一致，而是在已有的研究基础上，进一步完善了各自的定义。

近年来，脆弱性研究是当代国际社会、学术界普遍关注的热点问题，国内外学者对脆弱性各自有不同定义。Buckle 定义脆弱性为：测量易遭受的损失或破坏，脆弱性越高，损失越大；Nilsson 等定义脆弱性为：危险的集中后果，以及社会、当地市政部口、公司、组织应对和预防内外部紧急事件的能力；Blaike 定义脆弱性为：人或集体在预测、应对、抵制自然灾害以及恢复等各类事件的能力描述；Gheorghe 定义脆弱性为：集体或系统应对危害环境的易感性、恢复力和存活性；美国国家农村水协会（national rural water association）定义脆弱性分析为：应对影响服务能力的威胁，系统安全薄弱环节的确定；美国国家海洋与气象部（National Oceanic and Atmospheric Administration）定义脆弱性为：资源对于来自负面危害事件的易感性；国际减灾策略委员会（international strategy for disaster reduction）定义脆弱性为：由于人类活动而导致的一种状态，该状态描述社会对于灾害所受影响以及自我保护的程度；美国 Sandia 国家实验室（sandia national laboratories）定义脆弱性为：可攻击的设施安全薄弱环节❷、❸、❹；澳大利亚紧急事务管理部（emergency management australia）定义脆弱性为：系统应对人群、环境等各

---

❶ Timmerman P. Vulnerability, resilience and the collapse ofsociety [J]. A ReviewofModels and Possible Climatic Appli-cations. Toronto, Canada. Institute for Environmental Studies, University of Toronto, 1981.

❷ Baker G H. A vulnerability assessment methodology for critical infrastructure sites[C]//DHS symposium: R and D partnerships in homeland security. 2005.

❸ Change G E. Vulnerability to Natural Hazards in Population-Environment Studies [J]. 2007.

❹ Kumpulainen S. Vulnerability concepts in hazard and risk assessment [J]. Special paper-geological survey of Finland, 2006, 42: 65.

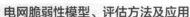

类危险的易感性和恢复力。灾害学领域通过多年研究，将脆弱性的定义概括为三种：一是强调承灾体易受损害的性质，认为脆弱性是指承灾体对各种破坏和伤害的敏感性；二是强调人类自身抵御灾害的状态，认为脆弱性是指人类易受或敏感于自然灾害变化破坏与伤害的状态；三是综合定义，强调脆弱性是指人类、人类活动及其场地的一种性质或状态，认为脆弱性是系统安全性能的另一个表述方式，二者成反比例关系，即系统的脆弱性提高，则其安全性就降低❶。

除了以上表述方式，关于脆弱性的定义，国内外学者还从各自研究领域对脆弱性进行界定，其中受关注度较高并引用较多的主要有以下几种：Griffith和 Gabor 把脆弱性定义为人们遭受有害物质威胁的可能性，包括社区的化学品含量和生态环境状况以及人们应付紧急事件的能力❷。这一观点将脆弱性视同为一个与"风险"相联系的术语。Pijawka 和 Radwan 从人类社会的角度出发，将脆弱性定义为人类在"风险和准备"之间产生的恐慌❸。它是一种度，即表示有害物质对某一特定人群的威胁程度及该人群减少风险和有害物质施放所带来的不利结果的能力。联合国救灾组织认为，脆弱性是一种损失度，即某一个或某一系列要素在某一强度自然现象发生时遭受损失的程度❹。Cultter 认为脆弱性是一种可能性，即个体或群体将面临有害物质威胁和不利影响的可能性，它是地方灾害与群体的社会形态之间的相互作用❺。Bohle 则把脆弱性定义为人们无法采取有效措施减轻不利损失的无能状态❻。对于个体而言，脆弱性是不能采取有效措施减轻损失这样一种结果，它是感知灾害能力的函数。樊运晓等对承灾体的脆弱性进行了定义，即承灾体的脆弱性是根据区域的经济、社会指标反映灾害一旦发生时，区域可能造成的损失，是描述区域对于灾害所造成损失的敏感程度的半定量化的社会属性指标。我国许多学者对脆弱性概况也做了深入的研究，以生态系统的脆弱性为例，就有许多学者进行了定义，如周劲松在《山地生态系统的脆弱性与荒漠化》中认为，

❶ 沈珍瑶，杨志峰，曹瑜. 环境脆弱性研究述评 [J]. 地质科技情报，2003，22（3）：91–94.

❷ Gabor T, Griffith T K . The Assessment of Community Vulnerability to Acute Hazardous Materials Incidents [J]. Journal of Hazardous Materials, 1979, 3 (4): 323–333.

❸ Pijawka and Radwan E. The Transportation of Haza Risk Assessment and Hazard Management [A]. Dangerous Proper Materials Report〔C〕. September/October, 1985, 2–11.

❹ 赵跃化. 中国脆弱生态环境类型分布及其综合整治 [M]. 北京：中国环境出版社，1999.

❺ Cutter L. Living with Risk〔M〕. London：Edward Arnold，1993.

❻ Bogard W C. Bringing social theory to hazards research: conditions and consequences of the mitigation of environmental hazards[J]. Sociological Perspectives, 1988, 31 (2): 147–168.

生态系统的脆弱性即指生态系统在一定机制作用下，容易由一种状态演变成另一种状态，变化后又缺乏恢复到初始状态的能力❶。如果这种机制来自生态系统内部，则属于自然的脆弱性，如果来自人为压力，就属于人为影响脆弱性。刘雪华从生态学角度出发，认为脆弱生态环境至少应包括三个特征：稳定性差，变化概率高、幅度大；抗干扰能力差，敏感性强；向着不利于人类生存的方向发展❷。同样的，其他领域关于对于脆弱性的影响因素、特征、成因等也有介绍，如王学雷在《江汉平原湿地生态脆弱性评估与生态恢复》就分析了湿地脆弱生态环境的成因以及湿地脆弱生态环境特征分析❸；赵红兵在《生态脆弱性评估研究——以沂蒙山区为例》中，把研究区域生态脆弱性成因分为自然因素和人为因素，主要脆弱性特征包括自然生态基础脆弱、界面性脆弱和波动性脆弱❹。目前关于脆弱性还没有形成公认的定义，在各个领域也没有形成领域内公认的定义。

综上所述，虽然研究的领域和对象不同，但基于安全角度出发，脆弱性都具有以下三个方面的含义❺：

（1）表明系统内部存在一定的不稳定性因素；

（2）系统对外界的干扰和变化具有一定的敏感性；

（3）面对干扰，系统容易发生质的转变，这种转变难以复原，表现出一定程度的损失或损害。

3. 脆弱性评估领域

由于目前学术界对脆弱性还没有形成一个公认、统一的定义，对于脆弱性评估应用领域也是结合具体研究对象和领域而开展的，也没有达成很大程度上的共识❻。我国学者刘炜认为，计算机领域的脆弱性评估过程包括分析需求、制定方案、实施评估、补救和加固、审核验证 5 个阶段，以及每个阶段产生的报告和文档❼。王介勇等学者认为，生态环境的脆弱性评估是对生态环境各因子时空配置的不均衡性引起的生态系统不稳定性，以及人类活动和外

❶ 周劲松. 山地生态系统的脆弱性与荒漠化 [J]. 地理资源学报，1997，12.

❷ 刘雪华. 脆弱生态怪的一个典型例予－巧上康保县的生态变化及改善途径 [A]. 生态环境综合整治和恢复技术研究（第一集）[C]. 北版化 1992.

❸ 王学雷. 江汉平原湿地生态脆弱性评估与生态快复机. 华中师范大学学报（自然科学版），2001，35（2）：238−242.

❹ 赵红兵. 生态脆弱性评估研巧－巧蒙山区为例 [D]. 山东大学，2007.

❺ 刘燕华，李秀彬. 脆弱生态环境与可持续发展 [M]. 北京：商务印书馆，2001.

❻ 刘宝利，肖晓春，张根度. 基于层次分析法的信息系统脆弱性评估方法 [J]. 计算机科学，2006，3（12）：62−64.

❼ 刘巧. 网络系统脆弱性评估与分析技术研究 [D]. 哈尔滨工程大学，2009.

界环境胁迫对生态环境的可能影响及其响应的评估与估测❶。生态环境脆弱性评估的关键是构建合理的评估指标体系和选择适宜的评估方法。

由于脆弱性概念是与各个研究领域密切结合的，进而关于脆弱性评估，也可以应用于很多领域与学科，适用性与科学性很强。但是由于各领域、学科都有各自不同的特点，进行脆弱性评估时需要结合各自的特征，因此在脆弱性评估的具体实施时，侧重点会有所不同。脆弱性评估可以应用于城市或者区域，如城区、小区、街道、特定场合区域等；也可以对区域经济发展进行脆弱性评估，在面对突发事件、金融风险或者其他风险时就可以进行有效的应对；也可以应用于生态环境、资源等领域的脆弱性评估，例如生态环境恶化趋势、水资源等；或者对于运行体系、系统进行评估，如金融体系、银行运行体系等❷、❸、❹。实践表明，世界范围内的脆弱性评估研究已经迅速延伸至各个领域，发挥着不同程度的重要作用。但因各领域研究开始的时间不同，研究的深度也不尽相同。

4. 脆弱性评估特征

脆弱性评估涉及多个科学、多个领域，适用的范围比较广。在进行脆弱性评估时，需要结合评估对象的特征、评估的目的、需要达到的目标等进行综合考虑，同时还要考虑专业性的问题。所以需要了解脆弱性评估的本质，掌握脆弱性评估的根本特征：

（1）动态性。在脆弱性评估中，尤其在预测环境对研究对象的影响时，应从动态的角度把握研究对象和外部环境未来可能变化的趋势。这样才能保证评估的有效性，为可持续发展提供合理的依据。因此，需要坚持动态性的原则。

（2）可操作性。可操作性是脆弱性评估的核心。评估的目的是为了分析系统，为决策提供服务，不能为了仅仅重视理论体系的完美性，而忽略甚至牺牲评估的可操作性与可行性，二者之间需要合理的协调，不能头重脚轻。因此不能用过多的指标把本应简洁的评估工作复杂化，也不能为了简单可行而使评估失真。

---

❶ 王介勇，赵庚星，王祥峰，王丽华，刘化美，刘涛. 论我国生态环境脆弱性及其评估. 山东农业科学，2004，2：9－11.

❷ 冯振环，赵国杰. 区域经济发展的脆弱性及其评价体系研究——兼论脆弱性与可持续发展的关系[J]. 现代财经－天津财经学院学报，2005（10）：56－59.

❸ Ballard T，Bank A D . Disaster management：a disaster manager's handbook[M]. Asian Development Bank，1992.

❹ 张永领. 公共安全管理中的环境脆弱性研究概述［J］. 河南理工大学学报，2009，10（3）：491－495.

（3）流程最优性。脆弱性评估的流程一般有几步，包括需求分析，制定方案、实施评估、补救和加固、审核验证 5 个阶段，再加上每个阶段产生的报告和文档。在进行评估时，要注意这些流程必须是经过优化的，要简洁高效，不能冗余烦琐。

（4）目的性。开展脆弱性评估目的就是为了了解所评估系统的运行现状、发展趋势以及对外界影响的可能反应，制定正确的措施，以保证系统的正常运行，否则进行脆弱性评估就没有任何意义。因此脆弱性评估想要达到什么目标，是进行脆弱性评估工作必须首要明确的问题。

（5）整体性。一个系统是由若干个子系统构成的，各个子系统之间相互作用共同影响整个系统的正常运行，同时，影响整个系统的外部因素也有很多方面。因此，脆弱性评估要从整体出发，不仅要弄清楚系统内部各个子系统之间的相互联系及外界各影响因素对系统的影响，而且对他们的综合作用进行考察。

（6）主导性。在脆弱性评估中，导致系统脆弱的因素有很多。但在众多的影响因素中，必有一个或几个居于主导地位，对外界的变化极其敏感，这些主导因子直接影响系统的正常运行。因此，抓住影响系统脆弱的主要因素，可在很大程度上保障脆弱性评估的准确性，对脆弱性评估具有重要意义。

1.2.2　电网脆弱性的相关研究进展

当前针对电网脆弱性方面的研究，主要分为两个方面：

（1）从技术角度出发，分析电力系统结构脆弱性和物理脆弱性。

在结构脆弱性的研究方面，多利用复杂网络理论、拓扑分析等方法，研究电力系统的结构及运行方式，找出电网存在的脆弱点和脆弱环节，为制定预防措施减少这些脆弱点或脆弱环节被攻击时造成的损失提供帮助。目前国内外对复杂电力系统脆弱性的研究主要有三类：第一类是基于复杂网络理论的分析方法获得电网结构的脆弱环节[1]、[2]；第二类是通过建立基于运行参数的

---

❶ 倪向萍，梅生伟，张雪敏. 基于复杂网络理论的输电线路脆弱度评估方法［J］. 电力系统自动化，2009，33（8）：11−14.

❷ 魏震波，刘俊勇. 基于电网状态与结构的综合脆弱评估模型［J］. 电力系统自动化，2009 33（8）：11−14.

脆弱性指标对电网进行评估[1,2]；第三类是通过有效地管理机制来把握系统各环节的脆弱点[3,4]，从而提出提升与改善的对策措施。

在物理脆弱性的研究方面，美国能源部于 1997 年是组织美国能源部关键基础设施保护办公室、美国国家实验室、能源部门的专家，采取三方合作的方式开发了脆弱性风险评估程序（vulnerability risk analysis program，VRAP），该程序可以用于评估和管理各种威胁对电力系统的影响，这也是脆弱性评估采用定性与定量相结合方式的最早应用，美国能源保障办公室在 2002 年颁布了《电力系统基础设施脆弱性评估方法草案》中进一步提高了第三类脆弱性评估方法的适用性和可操作性。此后，电力领域的专家学者也开始关注并系统的研究此类评估方法。Kang L 等人利用风险评估的方法提出由政府与企业共同合作来评估电网基础设施受到物理攻击和信息系统攻击时的脆弱性[5]；Baiardi F 等人基于层次分析模型利用风险管理的方法评估关键基础设施（如电力设备）受到攻击时的脆弱性[6]。门永生基于 PSR 模型，对上海电网重要基础设施进行了脆弱性评估，分析了电网设施在面对自然灾害以及人为破坏时的脆弱性[7]。

（2）从管理角度出发，分析电力系统应急管理脆弱性。

对电力系统应急管理脆弱性进行评估的主要指标模型有两种。第一种是从应急能力与外界冲击力的匹配程度出发，相同应急能力下，外界冲击力越高，则脆弱性越高，同理，相同外界冲击力条件下，应急能力越低，脆弱性越高。如江新等从"进攻—防御"视角出发，以自然风险、技术风险、组织管理风险、政治风险为进攻性指标，以应急保障能力、应急响应能力、应急恢复能力为防御性指标，构建了水电工程施工应急管理系统脆弱性评价模型[8]；类似的，

---

[1] Demarco L，Overbye J. An energy based security measure for assessing vulnerability to voltage collapse [M]．IEETrans on Power Systems，1990，5（2）：419−427.

[2] Overbye J，Demarco L. Voltage security enhancement using energy based sensitivities [J]．IEETrans on Power Systems，1991，6（3）：1196−1202.

[3] 罗云，樊运晓. 风险分析与安全评估 [M]．北京：化学工业出版社，2006.

[4] 邵传青，易立新. 重要基础设施脆弱性评估模型及其应用 [J]．中国安全科学学报，2008，18（11）：153−158.

[5] Kang L，Holbert KE. PR for vulnerability assessment of power system infrastructure security [M]．In proceedings of the Power Symposium，200Proceedings of the 37th Annual North American，IEEE，2005：43−51.

[6] Baiardi F，Telmon C，Sgandurra D，Hierarchical. model-based risk management of critical infrastructures [J]．Reliability Engineering& System Safety，2009，94（9）：1403−1415.

[7] 门永生. 上海电网重要基础设施脆弱性评估研究 [D]．北京科技大学，2015.

[8] 江新，孙正熙，徐平，刘潋. 水电工程施工阶段应急管理系统脆弱性评价 [J]．中国安全生产科学技术，2016，12（11）：142−147.

朱卫东从"进攻—防御"视角出发,以致病性、复杂性、影响程度和影响范围构建了核电厂安全事故进攻指标体系,从应急准备阶段、应急响应阶段和灾后恢复阶段三个应急管理过程出发,构建了核电厂防御性指标体系,对核电厂安全事故应急管理的脆弱性进行了评估❶。第二种是直接构建脆弱性评估指标,如程正刚将电力应急体系的脆弱性分为法律基础脆弱性、组织机构脆弱性等 9 个一级指标,并细分为 49 个二级指标,给定二级指标的理想值,实际值与理想值相比偏差越大,则相应指标的脆弱性越高,通过层次分析法确定各指标权重,最终计算得出电力应急体系整体脆弱性❷。

　　综合当前对电网脆弱性的研究,可以发现,当前研究多把应急管理能力与设备设施面对灾害时的响应抵抗能力割裂开来,分析面对电力突发事件时,电力设备、结构抵抗风险的能力或应急管理能力是否足以应对风险,但在面对电力突发事件时,往往考验电力系统硬件和应急管理共同风险的能力,因此研究电力系统整体(设备与管理)应急能力是否能满足本区域应对电力事故风险的要求十分必要。

---

❶ 朱卫东. 核电厂安全事故应急管理的脆弱性评估研究 [D]. 哈尔滨工程大学,2011.

❷ 程正刚. 电力应急体系的脆弱性研究 [D]. 上海交通大学,2010.

第 2 章

脆弱性理论基础与方法

2.1　基　本　概　念

2.1.1　脆弱性、韧性和可恢复性

1. 脆弱性

鉴于不同研究领域对脆弱性概念的不同理解，许多学者想要建立一种通用的脆弱性概念框架使不同领域学者之间的交流更加方便。21 世纪初，学术界初步形成一定共识，将脆弱性定义为一个概念的集合，这个集合包含风险、敏感性、适应性、恢复力等一系列相关概念，既考虑了系统内部条件对系统脆弱性的影响，也包含系统与外界环境的相互作用特征。这一概念从多维角度反映了脆弱性的内涵，便于不同研究领域的交流和沟通。脆弱性有以下三种典型界定：

（1）三层含义：① 表明系统、群体或个体存在内在的不稳定性；② 该系统、群体或个体对外界的干扰和变化（自然的或人为的）比较敏感；③ 在外来干扰和外部环境变化的胁迫下，该系统、群体或个体易遭受某种程度的损失或损害，并难以复原。

（2）脆弱性是指暴露单元由于暴露于扰动和压力而容易受到损害的程度以及暴露单元处理、应付、适应这些扰动和压力的能力。

（3）脆弱性是系统由于暴露于环境和社会变化带来的压力及扰动，并且缺乏适应能力而导致的容易受到损害的一种状态。

2. 韧性

19 世纪中期，由于工业化的快速发展，"韧性"一词最早被用于工程学，指用以描述物质在外力作用下快速复原的能力。随着不断地深入研究，学者发现诸多物质和系统均存在韧性这一特性，且提高系统的韧性将有望大幅提高系统稳定性和发展能力。韧性概念的发展经历了从工程韧性，到生态韧性，再到演进韧性，也称社会—生态韧性的阶段性过程。

目前，学界对于韧性内涵的理解主要有四种代表性观点，分别是"能力恢复说""扰动说""系统说"和"提升能力说"❶。这四种说法在一定程度上

---

❶ Robert Heath. Crisis management for managers and executives［J］. Financial Times Professional Limited，1997：134－157.

也印证了韧性概念的发展转型进程。Timmerman 代表的能力恢复说以工程韧性为视角，认为韧性是指系统从扰动中复原或抵抗外来冲击的能力❶。作为最早被提出的韧性概念，工程韧性强调系统平衡状态的稳定性，认为系统有且只有一个稳态。因此，可以通过系统受到外部扰动后恢复平衡状态的速度来度量系统韧性❷。Klein❸代表的扰动说及 Jha❹代表的系统说均以生态韧性为视角。生态韧性是学界对逐渐僵化单一的工程韧性的概念修订，随着对系统特征及作用机制的深入认识，发现韧性不仅能够使系统恢复初始的平衡状态，也可能形成新的平衡状态，以促进系统的发展❺。因此，生态韧性强调系统可以存在多个平衡状态，外界扰动能够推动系统不同平衡状态的转化。扰动说认为韧性是系统在同一稳定状态下能够吸收外界扰动的总量。系统说则认为韧性是系统在自我组织和自我学习的过程中，不断吸收外界扰动的总量。以 Holling 等为代表的适应能力说以演进韧性为视角❻。演进韧性以社会生态系统为背景，强调韧性不仅仅是对系统平衡状态的恢复与新的平衡状态的转化，而是在复杂的社会生态系统中为抵抗扰动而激发的适应改变能力❼。适应能力说认为韧性是对自身平衡持续不断的调整，以及动态的适应和改变系统的能力。系统处于混沌状态，不存在持续稳定的平衡，而是不断处于动态的波动状态。经过不断的探索，学界基本达成共识，对于复杂的社会系统来说，韧性具有吸收外界扰动，通过学习和再组织恢复原状态或重组状态的能力，且韧性具有提高应对灾害的能力与速度的功能。

3. 可恢复性

国外学者研究可恢复性较早，可追溯到 20 世纪 70 年代。Holling 在研究生态系统时提出了可恢复性的概念，将可恢复性定义为"系统受干扰或吸收

❶ Timmerman P. Vulnerability, residence and the callapse of society: A review of models snd possible climatics applications ［M］. University of Toronto Press，1981.

❷ Mccarthy N. Linking social and ecological systems: Management practices and social mechanisms for building resilience［J］. Agricultural Economics，2001，24（2）：230−233.

❸ Klein R J T，Nicholls R J，Thomalla F. Resilience to natural hazards: How useful is this concept［J］. Global environmental change. Part B: Environmental hazards，2003，5（1）：0−45.

❹ Abhas K Jha，Todd W Miner，Stantongeddes T. Building Urban Resilience: Principle，Tools，and Practice ［M］. World Bank Publications，2013.

❺ Berkes F , Folke C , Colding J . Linking Social and Ecological Systems: Management Practices and Social Mechanisms for Building Resilience［J］. Cambridge University Press, 1998.

❻ Holling C S. Panarchy: understanding transformations in human and natural systems［J］. Ecological Economics，2004，49（4）：488−491.

❼ Walker B，Holling C S，Carpenter S R，et al. Resilience，adaptability and transformability in social-ecological systems［J］. Ecology and Society，2004，9（2）：5.

变化而短暂波动后仍保持稳定性和持续性的一种特性或能力"❶。而后 Pimm 又研究了生态系统可恢复性的问题，并提出生态系统可恢复性是指系统受到干扰后回到平衡状态所需的时间❷。尽管与 Holling 的定义有所不同，但都强调可恢复性是指生态系统受干扰后恢复到稳定平衡状态。此后很长的一段时间内，国际上各个领域的学者都对可恢复性进行了研究，而其中较为著名的便是 21 世纪初期 Brenuau 在可恢复性研究方面做出的成果。Brenuan 提出具有可恢复功能的城市抗震减灾概念，要求降低灾害发生概率、减少损失和缩短恢复时间，并提出了 4 个 "R"（Robustness、Rapidity、Reposefulness、Redundancy）来评价可恢复功能的能力❸。Ali Mili 等人认为可恢复性是系统避免失效所具有的特性，即使当系统存在问题时同样具有可恢复性❹。联合国国际减灾战略（UN/ISDR）中指出，可恢复性是人类系统或自然系统面对灾害等潜在威胁时所具有的属性❺。Cutter 对社区的可恢复性进行了研究，建立了相应的可恢复性评价指标，并检测其随时间变化的趋势❻。

尽管国内对于可恢复性的研究较晚，但可恢复性这一概念已被广泛应用到应急管理、河流水环境、城市生命线工程等各个行业领域中去。赵晶等人从应急管理全生命周期着手探讨进行可恢复性评价的作用，并建立了可恢复性评价的度量模型❼。陈安等人再次对应急管理中的可恢复性评价进行了研究，文中对可恢复性评价的定义、特点、评价对象、评价目标、评价指标和评价方法做了详细介绍，并建立简单的可恢复性评价模型供参考❽。迟菲针对受灾地区的应急响应阶段和恢复重建阶段的恢复情况进行研究，建立了可恢复性评价模型，并假定地震灾害运用该模型进行评价❾。综上可知，可恢复性

❶ Holling, C S. Resilience and Stability of Ecological Systems[J]. Annual Review of Ecology & Systematics, 1973, 4（1）：1 – 23.

❷ Pimm S. The complexity and stability of ecosystems [J]. Nature, 1984, 307.

❸ Bruneau, Michel. Enhancing the Resilience of Communities against Extreme Events from an Earthquake Engineering Perspective [J]. IABSE Symposium Report, 2005, 90（3）：99 – 106.

❹ Ali Mili, Frederick Sheldon. Recoverability preservation: a measure of last resort [J]. Innovations in Systems & Software Engineering, 2005, 1（1）：54 – 62.

❺ UN/ISDR. Terminology on disaster risk reduction [EB/OL]. 2009.

❻ Cutter S L, Burton C G, Emrich C T. Disaster Resilience Indicators for Benchmarking Baseline Conditions [J]. Journal of Homeland Security and Emergency Management, 2010, 7（1）：147 – 155.

❼ 赵晶，陈安，崔玉泉. 应急管理中的可恢复性评价 [N]. 三峡大学学报：人文社会科学版，2008，（30）：17，19.

❽ 陈安，赵晶，张睿等. 应急管理中的可恢复性评价 [N]. 三峡大学学报：人文社会科学版，2009，（2）：36–9.

❾ 迟菲. 灾后恢复的特征与可恢复性评价的研究 [N]. 电子科技大学学报（社科版），2012，14（1）.

的研究要追溯到 20 世纪 70 年代，由国外学者研究生态系统时提出，而后尽管国内外各学者研究领域不同，对可恢复性这一概念具有不同的理解和阐述，但都强调可恢复性是指"受到外部扰动后恢复"，且系统的可恢复性是即时动态的，可能随时间变化而变化。

4. 脆弱性、韧性和可恢复性的区别与联系

综合学者们对脆弱性、韧性和可恢复性的研究，可以发现，脆弱性、韧性和可恢复性是相互联系却互有区分的几个概念。

脆弱性是系统各要素对内外部变化的敏感程度、暴露程度和适应程度，具体表现为系统因变化而被破坏的可能性。而韧性则不仅包括系统在变化中维持稳定状态的能力与从被破坏状态恢复的能力，还包括在变化中学习改进的能力。脆弱性研究仅针对已知风险，无法避免未知风险。而韧性研究在此基础上推动系统主动调整抵御各种风险的能力，不再只针对某一风险，有效弥补了脆弱性视角的不足。因此，韧性相对于脆弱性来说是一个属性相反但涵盖更广的概念。但总体上讲，韧性和脆弱性都是基于预防外部冲击与干扰的角度，而可恢复性则更侧重于冲击和干扰发生之后，系统恢复到原有状态的能力。

2.1.2 脆弱性的相关概念辨析

与脆弱性意义相近的概念还有危险性、风险、易损性，相关联的概念还包括恢复力和可靠性。

1. 承灾体的脆弱性与危险源的危险性

人们经常把危险性和脆弱性混为一谈，认为危险性越高的区域，脆弱性越大，事实上，这是两个各自独立而又相互关联的领域，危险性属于自然系统，人类很难左右，脆弱性则更多地关注社会经济系统，是防灾减灾的重点。危险源的危险性是脆弱性存在的外因与条件，承灾体自身的性质是其脆弱性产生的内因与基础，承灾体的脆弱性随危险源种类的不同而不同，随危险源变异强度的增大而增高，与危险源和承灾体间的相互作用方式密切相关。危险性与脆弱性都是灾难形成的必要因素，决定着灾害损失的程度。

2. 脆弱性和风险的关系

传统灾害研究只关注致灾因子，然而，灾害造成的后果比灾害本身更值得关注，风险（灾损的概率）概念由此进入灾害研究领域。风险是致灾因子危险性、承灾体暴露性和脆弱性的共同作用结果，同等程度暴露在同等致灾

因子作用下，承灾体脆弱度越大，风险越大。脆弱性这一概念的出现，使灾害研究重心从自然系统转移到人类社会系统，其本身也是灾害风险研究和传统致灾因子研究的桥梁。

三个概念之间关系可以用下式表述，即

$$风险\ (R) = 危险源\ (H) \times 脆弱性\ (V)$$

脆弱性突出对于某个场景易感性的概念，而风险集中于一个场景的后果的严重性。脆弱性的引入，使风险评估的角度更广、内容更全，评估结果更具实践价值。

3. 脆弱性与易损性

脆弱性和易损性是两个最难区分的概念，很多研究把两者混为一谈。国内某些灾种如地震只研究易损性，具体表示各种承灾体在确定地震强度下导致损失的期望程度或者发生某种程度损坏的概率或可能性。国内外的一些相关文献显示，两者区别主要在于：① 易损性侧重具体承灾个体（如建筑），脆弱性既面对承灾个体，又面对系统，特别是区域脆弱性的研究；② 易损性侧重于承灾体物理结构方面的特性，脆弱性除此之外，还要考虑恢复力、应对能力等社会经济要素。

4. 恢复力与脆弱性

广义的脆弱性包括恢复力，恢复力着重抗灾能力，是系统脆弱性的一个重要组成部分。但狭义而言，脆弱性是一种状态量，反映自然灾害发生时系统将致灾因子打击力转换为直接损失的程度；恢复力则是一种过程量，反映了灾情已经存在的情况下，社会系统如何自我调节、消融间接损失并尽快恢复到正常的能力，主要用于灾后恢复、重建计划的制定，即找出薄弱环节及灾后高效恢复的措施和途径。获取系统的恢复力是积极的减灾行为，减少脆弱性只是由此产生的一种反应性结果。

5. 可靠性和脆弱性的关系

电力系统可靠性是指电力系统按可接受的质量标准和所需数量，不间断地向用户提供电力和电量的能力的量度，包括充裕性和安全性两个方面。充裕性是指电力系统有足够的发电容量和输电容量，在任何时候都满足峰荷的要求，表征了电网稳态性能；安全性是指在事故状态下安全性和避免连锁反应而不会引起失控和大面积停电的能力，表征了电网的动态性能。而脆弱性是指电网存在的可能会被威胁利用造成大面积停电等突发事件的薄弱环节，脆弱性可能存在于物理环境、电网、人员、管理和信息通信系统等方面。电网的脆弱性会影响电网的可靠性，但并不是影响可靠性的唯一因素。

2.2 理 论 基 础

2.2.1 基础科学理论

1. 管理科学理论

从广义上来说，管理科学是指以科学方法应用为基础的各种管理决策理论和方法的统称，系统论、信息论、控制论为其理论基础，包括戴明管理模型、SMART 原则、5W1H 分析法和平衡计分卡等。

戴明管理模型是管理科学中的经典模型，揭示一切管理活动都要经过计划（plan）、执行（do）、检查（check/study）、处理（act）四个步骤的往复循环，如图 2-1 所示。

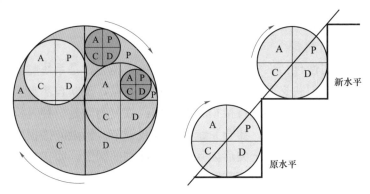

图 2-1　戴明管理模型（PDCA）

（1）P（plan）——计划，包括方针和目标的确定，以及活动规划的制定。

（2）D（do）——执行，根据已知的信息，设计具体的方法、方案和计划布局；再根据设计和布局，进行具体运作，实现计划中的内容。

（3）C（check）——检查，总结执行计划的结果，分清正确和错误的部分，明确效果，找出问题。

（4）A（act）——处理，对总结检查的结果进行处理，对成功的经验加以肯定，并予以标准化；对于失败的教训也要总结，引起重视。对于没有解决的问题，应提交给下一个 PDCA 循环中去解决。

以上四个过程不是运行一次就结束，而是周而复始的进行，一个循环完了，解决一些问题，未解决的问题进入下一个循环，这样阶梯式上升的。PDCA循环是全面质量管理所应遵循的科学程序。全面质量管理活动的全部过程，即质量计划的制订和组织实现的过程，这个过程按照 PDCA 循环，不停顿地周而复始地运转。

2. 战略科学理论

战略科学原本是指研究带全局性的战争指导规律的学科。现代战略研究已扩展到整个社会领域，泛指从全局、整体出发研究社会、经济、科学和技术协调发展的指导规律，包括 SWOT 分析法、"战略–系统"方法和战略管理理论等。

其中，"战略–系统"方法中的战略思维是指立足于战略高度，从战略管理的需要出发，观察问题、分析问题和解决问题的高级心理活动形式。系统思想可以界定为基于系统理念、系统科学和系统工程的理论与方法，思考问题、认识问题和解决问题的高级心理活动形式。综合运用于管理中，"战略–系统"方法是以战略管理、系统科学、系统工程概念框架和理论模型为基础，基于对战略思维的使命感、全局性、竞争性和规划性四个维度，以及系统思想的整体性、关联性、结构化和动态化四个维度的思维方式和分析方法。"战略–系统"方法包含五项基本原则，即战略导向、整体推进、上下联动、横向协作和竞争发展，如图 2–2 所示。

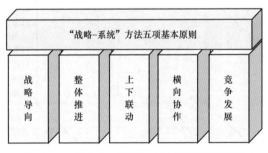

图 2–2 "战略–系统"方法五项基本原则

3. 系统科学理论

系统科学是研究系统的结构与功能关系、演化和调控规律的科学，以不同领域的复杂系统为研究对象，从系统和整体的角度，探讨复杂系统的性质和演化规律，目的是揭示各种系统的共性以及演化过程中所遵循的共同规律，发展优化和调控系统的方法，并进而为系统科学在其他领域的应用提供理论

依据。其基本方法包括系统分析与系统综合方法、系统建模理论与方法和霍尔模型等。

霍尔模型。霍尔模型又称霍尔的系统工程，是美国系统工程专家霍尔（A·D·Hall）于 1969 年提出的一种系统工程方法论，后人将其与软系统方法论对比，称其为硬系统方法论（hard system methodology，HSM）。霍尔模型的出现，为解决大型复杂系统的规划、组织、管理问题提供了一种统一的思想方法，因而在世界各国得到了广泛应用。霍尔模型是将系统工程整个活动过程分为前后紧密衔接的七个阶段和七个步骤，同时还考虑了为完成这些阶段和步骤所需要的各种专业知识和技能。这样，就形成了由时间维、逻辑维和知识维所组成的三维空间结构，如图 2-3 所示。其中，时间维表示系统工程活动从开始到结束按时间顺序排列的全过程，分为规划、拟订方案、研制、生产、运行、更新六个时间阶段。逻辑维是指时间维的每一个阶段内所要进行的工作内容和应该遵循的思维程序，包括明确问题、选择目标、系统综合、系统分析、方案优化、作出决策、付诸实施七个逻辑步骤。知识维列举需要运用环境科学、社会科学、工程技术、计算机科学、管理科学、经济、法律等各种知识和技能。三维结构体系形象地描述了系统工程研究的框架，对其中任一阶段和每一个步骤，又可进一步展开，形成了分层次的树状体系。

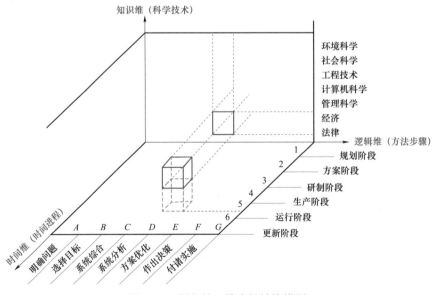

图 2-3　霍尔的三维空间结构模型

2.2.2　应急科学理论

1. 事故生命周期理论

一般事故的发展可归纳为四个阶段：孕育阶段、成长阶段、发生阶段和应急阶段。

（1）事故的孕育阶段。孕育阶段是事故发生的最初阶段，是由事故的基础原因所致，如前述社会历史原因、技术教育原因等。在某一时期由于一切规章制度、安全技术措施等管理手段遭到了破坏，使物的危险因素得不到控制和人的素质差，加上机械设备由于设计、制造过程中的各种不可靠性和不安全性，使其先天潜伏着危险性，这些都蕴藏着事故发生的可能，都是导致事故发生的条件。事故孕育阶段具有如下特点：

1）事故危险性还看不见，处于潜伏和静止状态中；

2）最终事故是否发生还处于或然和概率的领域；

3）没有诱发因素，危险不会发展和显现。

根据以上特点，要根除事故隐患，防止事故发生，这一阶段是很好的时机。因此，从防止事故发生的基础原因入手，将事故隐患消灭在萌芽状态之中，是安全工作的重要方面。

（2）事故的成长阶段。如果由于人的不安全行为或物的不安全状态，再加上管理上的失误或缺陷，促使事故隐患的增长，系统的危险性增大，那么事故就会从孕育阶段发展到成长阶段，它是事故发生的前提条件，对导致伤害的形成起有媒介作用。这一阶段具有如下特点：

1）事故危险性已显现出来，可以感觉到；

2）一旦被激发因素作用，即会发生事故，形成伤害；

3）为使事故不发生，必须采取紧急措施；

4）避免事故发生的难度要比前一阶段大。

因此，最好情况是不让事故发展到成长阶段，尽管在这一阶段还是有消除事故发生的机会和可能。

（3）事故的发生阶段。事故发展到成长阶段，再加上激发因素作用，事故必然发生。这一阶段必然会给人或物带来伤害或损失，机会因素决定伤害和损失的程度，这一阶段的特点为：

1）机会因素决定事故后果的程度；

2）事故的发生是不可挽回的；

3）只有吸取教训、总结经验，提出改进措施，以防止同类事故的发生。

事故的发生是人们所不希望的，避免事故的发展进入发生阶段是我们极力争取的，也是安全工作所追求的目标和安全工作者的职责及任务。

（4）事故的应急阶段。事故应急阶段主要包括紧急处置和善后恢复两个阶段。紧急处置是在事故发生后立即采取的应急与救援行动，包括事故的报警与通报、人员的紧急疏散、急救与医疗、消防和工程抢险措施、信息收集与应急决策和外部求援等；善后恢复应在事故发生后首先应使事故影响区域恢复到相对安全的基本状态，然后逐步恢复到正常状态。应急目标是尽可能地抢救受害人员，保护可能受威胁的人群，尽可能控制并消除事故，尽快恢复到正常状态，减少损失。这一阶段的特点为：① 应急预案是前提；② 现场指挥很关键；③ 紧急处置越快，事故损失越小；④ 善后恢复越快，综合影响越小。

2. 应急管理生命周期理论

根据危机的发展周期，突发事件应急管理生命周期可以分为以下几个阶段：危机预警及准备阶段、识别危机阶段、隔离危机阶段、管理危机阶段和善后处理阶段。

（1）应急管理各阶段的主要任务。

应急管理各阶段的主要任务如图 2-4 所示。① 危机预警及准备阶段的目的在于有效预防和避免危机的发生。② 识别危机阶段，监测系统或信息监测

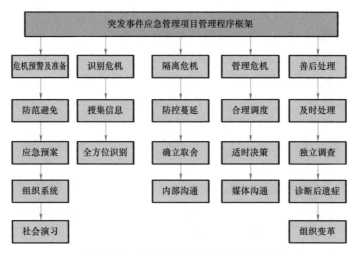

图 2-4　应急管理各阶段的主要任务

处理系统是否能够辨识出危机潜伏期的各种症状是识别危机的关键。③ 隔离危机阶段，要求应急管理组织有效控制突发事态的蔓延，防止事态进一步升级。④ 管理危机阶段，要求采取适当的决策模式并进行有效的媒体沟通，稳定事态，防止紧急状态再次升级。⑤ 善后处理阶段，要求在危机管理阶段结束后，从危机处理过程中总结分析经验教训，提出改进意见。

（2）突发事件应急管理实施控制。

对突发事件应急管理体系进行控制，关键是制定完善的突发事件应急预案，在建立健全突发事件管理机制上下功夫。该预案的工作过程大致包括以下几个步骤：① 清晰定义突发事件应急管理项目目标，此目标必须尽可能与我国经济社会发展和社会平稳进步的目标相符。② 通过工作分解结构（WBS），明确组织分工和责任人，使看似复杂的过程变得易于操作，有效克服应急工作的盲目性（见图 2-5）。③ 为了实现应急管理的目标，必须界定每项具体工作内容。④ 根据每项任务所需要的资源类型及数量，明确辨认不同阶段相互交织、循环往复的危机事件应急管理特定生命周期，采取不同的应急措施。

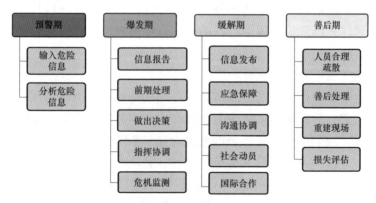

图 2-5　突发事件应急管理工作分解结构

（3）突发事件应急管理进度控制。

进度控制的主要目标是通过完善以事前控制为主的进度控制体系来实现项目的工期或进度目标。通过不断的总结，进行归纳分析，找出偏差，及时纠偏，使实际进度接近计划进度。进度控制包括事前控制、事中控制和事后控制。

1）事前控制。突发事件应急管理要想从事后救火管理向事前监测管理转变，由被动应对向主动防范转变，就必须建立完善的突发事件预警机制。

因此，控制点任务的按时完成对于整个事前控制起着决定作用。预警级别根据突发事件可能造成的危害程度、紧急程度和发展势态，一般划分为四级：Ⅰ级（特别严重）、Ⅱ（严重）、Ⅲ（较重）和Ⅳ级（一般）。只有在信息收集和分析的基础上，对信息进行全面细致的分类鉴别，才能发现危机征兆，预测各种危机情况，对可能发生的危机类型、涉及范围和危害程度做出估计，并想办法采取必要措施加以弥补，从而减少乃至消除危机发生的诱因。

2）事中控制。有效进度控制的关键是定期、及时地检测实际进程，并把它和实际进程相比较。危机发生时，政府逐级信息报告必须及时，预案处置要根据特殊情况适时调整，及时掌控危机进展状况和严重程度，并根据危机演化的方向作出分析判断，妥善处理危机。在情况不明、信息不畅的情况下，要积极发挥媒体管理的作用，及时向公众公开危机处理进展情况，保障群众的知情权，减少主观猜测和谣言传播的负面影响。

3）事后控制。事后控制的重点是认真分析影响突发事件应急管理进度关键点的原因，并及时加以解决。通过有效的资源调度和社会合作，对突发事件应急管理预案的执行情况和实施效果进行评估。在调查分析和评估总结的基础上，详尽列出危机管理中存在的问题，提出突发事件应急管理改进的方案和整改措施。

3. 事故应急"战略－系统"模型

应急战略思维是指立足于战略高度，从战略管理的需要出发，观察事故灾害应急命题、分析事故灾害应急规律和解决事故灾害应急问题的思想、心理活动形式。应急系统思想，可以界定为基于系统理念、系统科学和系统工程的理论与方法，思考事故灾害应急管理、解决事故灾害应急问题的高级心理活动形式。事故灾害应急"战略－系统"方法是以战略－战略管理、系统－系统科学和系统工程概念框架和理论模型为基础，基于对事故灾害应急战略思维的使命感、全局性、竞争性和规划性四个维度，以及系统思想的整体性、关联性、结构化和动态化四个维度的思维方式和分析方法。事故灾害应急"战略－系统"模型包含五项基本原则，即战略导向、整体推进、上下联动、横向协作和竞争发展的原则。

从战略的角度讲，公共安全重大事故灾害应急体系是我国公共安全体系的重要组成部分，其使命是通过在公共安全各领域中良性有序的公共安全事故灾害应急体系，可以最大限度预控事故灾害风险和遏制伤亡损失的科学战略。公共安全应急体系构建既是国家对公共安全的宏观管理方法，也是社会系统各方主体及其人、物、环等要素一切行为活动和运行状态的科学战略与战术，既需要综合公共安全广泛性，也需要注重应急能力的关键性。因此，对于具有战略属性的公共安全事故灾害应急体系规划及其落实方法更是应急管理的核心，也是公共安全重大事故灾害应急的重要内涵。

以战略思维、系统思想、科学原理、法律规范、历史经验为基础，应用战略理论和模型原理，可以设计出事故灾害应急"战略–系统"模型，其基本结构内容包括：一项方针、四大使命、六个维度、十大关键元素。通过构建"战略–系统"模型，建立战略思维、应用系统思想、完善公共安全事故灾害应急体系、强化体系运行功效，从而提升应急体系的管理质量，全面提高社会或企业的事故灾害应急能力。

事故灾害应急"战略–系统"模型如图 2–6 所示，其内容包括：

1）方针：一项方针——常备不懈、及时有效、科学应对；

2）使命：四大使命——生命第一、健康至上、环保优先、财产保护；

3）维度：六个维度——领导与执行、规划与策略、运行与系统、资源与技术、结构与流程、文化与学习。

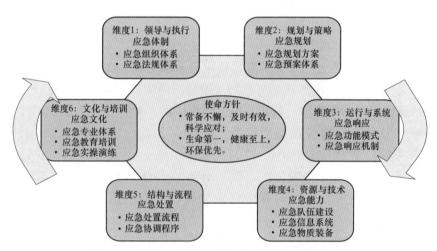

图 2–6　公共安全事故灾害应急"战略–系统"模型

基于上述事故灾害应急"战略–系统"模型，可设计出事故灾害应急建设体系，见表 2–1。根据六大战略维度，可提出应急六大应急能力建设目标和二十大应急体系建设。一是应急决策能力，包括应急组织体系、应急管制体系、应急信息体系；二是应急规制能力，包括应急法规体系、应急标准体系、应急评估体系；三是应急响应能力，包括应急报告体系、应急预案体系、应急演练体系；四是应急保障能力，包括应急队伍体系、应急物质体系、应急装备体系、应急保险体系；五是应急处置能力，包括应急指挥体系、应急救援体系、应急医疗体系、应急救助体系；六是应急发展能力，包括应急科研体系、应急教培体系、应急交流体系。

表2-1　　　　　公共安全事故灾害应急"战略-系统"
维度及能力体系要素

序号	战略维度	应急能力	应急体系要素
1	领导与执行	应急决策能力	应急组织体系、应急管制体系、应急信息体系等
2	规划与策略	应急规制能力	应急法规体系、应急标准体系、应急评估体系
3	运行与系统	应急响应能力	应急报告体系、应急预案体系、应急演练体系等
4	资源与技术	应急保障能力	应急队伍体系、应急物质体系、应急装备体系、应急保险体系等
5	结构与流程	应急处置能力	应急指挥体系、应急救援体系、应急医疗体系、应急救助体系等
6	文化与学习	应急发展能力	应急科研体系、应急教培体系、应急交流体系

4. 事故应急响应模型

事故灾害应急响应模型是面向事故灾害应急主体（政府和企业），揭示应急流程、应急组织功能的规制与机制，指导应急响应的实施及功能任务的分配及协调模式，为落实和有效实施应急响应提供方案、对策及方法。

事故灾害应急响应模型将接警、响应、救援、恢复和应急结束等过程规律系统化，对应急指挥、控制、警报、通信、人员疏散与安置、医疗、现场管制等任务协调化，有助于合理、科学地设置应急响应功能和实施运行应急响应程序，对保障应急效能、提高应急效果具有重要的应用价值。

事故灾害应急响应模式包括"事故灾害应急响应流程"和"事故灾害应急响应功能设计"两大体系。前者揭示应急响应流程，是纵向的层次逻辑；后者揭示应急响应的功能设置，是横向的任务逻辑。

事故灾害应急响应处置流程结构图如图2-7所示，主要包括警情与响应级别的确定、应急启动、救援行动、应急恢复和应急结束五大步骤，其中涉及诸多技术环节和要素。

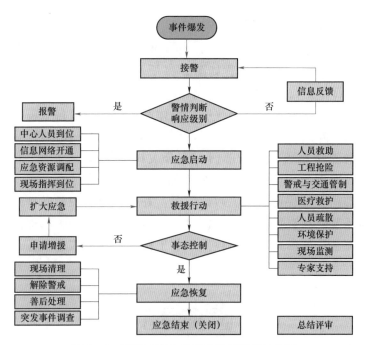

图 2-7　事故灾害应急响应处置流程结构图

实施应急响应需要多部门、多专业的参与，如何组织好各部门有效地配合实施应急响应，完成响应流程的目标，是最终决定应急成败的关键因素之一。因此，应急响应模式要解决应急响应任务的设置和安排。一般应用应急响应预案中包含的应急功能的数量和类型，主要取决于所针对的潜在重大事故灾害危险的类型，以及应急的组织方式和运行机制等具体情况。表 2-2 突发事件应急响应功能矩阵表中描述了应急功能及其相关应急部门或机构的功能关系，其中 R 代表应急功能的牵头部门或机构，S 代表相应的协作部门或机构。

表 2-2　　　　　　　　突发事件应急响应功能矩阵表

应急功能 ＼ 应急机构	消防部门	公安部门	医疗部门
警报	S	S	
疏散	S	R	S
消防与抢险	R	S	
…			

（1）单位事故灾害应急响应流程设计。根据事故灾害应急响应流程模型，企业或单位组织可根据自身的需要，设计事故灾害应急响应处置流程图。某企业事故灾害应急响应处置流程如图2-8所示。

（2）政府和企业事故灾害应急响应任务功能矩阵表。各级政府根据应急响应功能矩阵图原理，结合政府组织体制，设计符合自身需要的应急响应任务功能矩阵图，如表2-3所示。针对不同类型的突发事件与事故灾害，政府与应急直接相关的管理部门应充分发挥其统筹、领导、指挥、协调功能，如政府应急中心（管理办公室）、安全生产监督管理部门、公安部门、卫生部门、环保部门、民政部门等，在突发事件应急救援过程中所必要的不同环节中具有指挥功能与作用，而与应急间接相关的部门应充分协助相关指挥领导部门开展相应救援环节工作，以保证应急目标合理、高效实现。

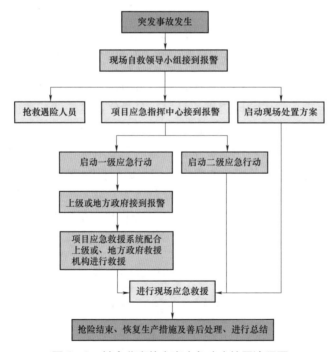

图2-8 某企业事故灾害应急响应处置流程图

表 2-3　　　　政府重大安全事故灾害应急响应部门功能矩阵表

功能＼机构	接警与通知	指挥与控制	警报和紧急公告	通信	事态监测与评估	警戒与管制	人群疏散	人群安置	医疗与卫生	公共关系	应急人员安全	消防和抢险	泄漏物控制	现场恢复
应急中心	R	S	R	R	S					S				
安监		R			S						R	R	S	S
公安	S	S	S	S	S	S	R	R	S	S	S	S	R	S
卫生	S		S		S				S	R	S			
环保	S				R				S					R
民政								R	S				S	
广电		S	S				S	S	S					S
交通	S						S					S	S	
铁路	S						S	S					S	
教育							S	S		S				
建设	S				S			S				S	S	S
财政					S		S	S	S		S	S	S	S
科技					S				S		S	S		S
气象			S		S									
电监	S		S		S				S			S		
军队			S	S	S	S	S							
红十字会							S	S	S		S			

注　R—指挥功能；S—协作功能。

2.2.3　复杂网络基本理论

1. 复杂网络的定义与特征

复杂网络作为一种大规模网络，相对于传统的小型网络或者简单网络，往往呈现不同的统计特性，如组织、自相似、吸引子、小世界、无标度等。简单来讲，复杂网络往往具有数量特别多的节点以及复杂的拓扑关系，即拥有复杂拓扑结构的网络称之为复杂网络。这两种定义一种是从复杂网络的统计属性来讲，另一种是从复杂网络的物理属性来讲，但我们认为第一种定义方法比较严谨，因为规模巨大的网络不一定是复杂网络，也可能是人工制造的随机网络，并没有太高的研究价值。

（1）复杂网络的属性定义。

1）自组织是物理学名词，即指在混沌系统内部中，存在的一种结构使得整个系统趋向有序结构或者正在转为有序结构的形成过程，往往一个系统的自组织功能越强，其抗毁能力也就越强。

2）自相似即认为复杂网络中的某一小部分网络其网络拓扑结构与整体网络拓扑结构相似，类似数学中的分形学。衍生出寻找网络群组结构这一方向。

3）吸引子是指复杂系统朝着某个趋于稳定的状态发展，这一稳定状态就叫吸引子。通常，复杂网络在经过多次迭代更新之后，其网络结构会趋于某一稳定的状态。

4）小世界是指复杂网络虽然节点数量多，但各节点之间的最短路径长度比较小，即最为经典的"六度分离"问题。

5）无标度是指复杂网络中的节点度分布具有幂指数分布规律。在双对数坐标下，节点度分布呈现的是一条直线，与系统特征长度无关，即节点度分布规律与网络结构无关。这一特性是指大部分复杂网络中常常具有少量节点度很高，大部分其余节点度很小的这一特性，并衍生出寻找复杂网络关键节点这一方向。

（2）常用复杂网络统计指标。通过统计分析，复杂网络一般会呈现出随机和确定的两大特征。其中确定性的特征便称之为复杂网络的特征，这种统计特征描述在分析复杂网络时起到特别关键的作用。关于复杂网络的特征，往往分为节点特征和边特征。

1）节点的度与度分布。

a. 节点的度定义为某节点连接的边数。网络中所有节点的度的平均值称为网络的平均度。

b. 度分布是指节点度分布情况，即度值相同的节点的个数与度值的函数。一般来讲，完全随机网络的度分布一般服从泊松分布，而真实世界复杂网络的度分布一般服从幂分布，呈现出无标度性。

2）网络直径与平均路径长度。

a. 网络中任意两个节点距离的最大值称为网络直径。

b. 平均路径长度即各节点对距离的平均值，对于大规模复杂网络，即使网络节点数量很多，其平均路径长度也很小，具有小世界性。

3）网络的聚类系数。网络的聚类系数是反映网络中各节点的聚集情况。指节点与其临近节点实际存在的边数总和与这些临近节点之间最多可出现的边数之比。

网络的聚集系数是所有节点聚集系数的平均值。由于本书中应用复杂网络特征较少，其余复杂网络的特征如网络效率、紧密中心性、介数等在此不再赘述。

2. 基于复杂网络理论的网络关键节点识别方法

自然界或者现实中，几乎所有的复杂系统都有一个或者几个主导因素，它们在该系统中占据着非常重要的位置。如果去掉这些关键点，复杂系统会在短时间内迅速分裂甚至消失。抽象成网络之后，就是复杂网络中的关键节点。在各式各样的复杂网络中，给出所有节点的重要程度排序或者找出最关键的那几个点的方法，就被称作复杂网络关键节点识别方法。其主要思想即是通过计算各统计指标的方法为节点的重要程度进行排序，获得某个节点相对于其他节点的重要程度。复杂网络理论通常将节点的重要程度指标称为中心度，因此，复杂网络理论中，往往将关键节点识别方法取名为各中心度算法。按照不同的指标，中心度算法可分为五类：基于连接的、基于最短路径的、基于流的、基于随机行走的和基于反馈的中心度算法五类。

3. 复杂网络的群组结构

随着复杂网络的研究深入，逐渐发现大部分实际网络都具有一个共同性质，群组结构，群组结构的研究是希望研究大规模的复杂网络如何由相对独立又交错的子网络构成的。大部分非合作信息网络实质上是通过几条链路将由几个高密度的子通信组连接形成的。识别非合作信息网络的群组结构，能够有助于进一步分析非合作信息网络的薄弱点。要分析大规模网络，根据复杂网络的自组织性，将网络分解成子网络是很有必要的，这一问题即是复杂网络的群组识别。传统图论主要描述为图形分割问题，将网络分割成大小均匀且独立的部分，传统图论提出了许多近似算法，其中基于 Laplace 图特征的谱平均法是最常见的，并广泛应用在图像分割领域。该方法的核心思想是通过对网络的拉普拉斯矩阵的特征向量进行聚类，从而达到对网络进行分割的效果。

2.2.4 危机管理 4R 理论

美国危机管理专家罗伯特·希斯在其著作《危机管理》中提出了著名的

危机管理 4R 理论❶。他把组织的危机管理分为四个内容：缩减（reduction）、预备（readiness）、反应（response）、恢复（recovery）。组织管理者应该主动把危机管理工作按 4R 理论进行合理划分，以减少危机事件的攻击力和影响力，使组织时刻做好应对危机的准备，竭尽全力处理已经发生的危机，并做好从危机中恢复的工作。4R 理论要素分析见表 2-4。

1. 缩减（reduction）

危机缩减是指减少危机风险发生的可能性和危害性，降低风险，可以避免时间和资源的浪费。危机缩减是危机管理的基础，是任何有效的危机管理必不可少的一个环节。它主要涉及四个方面：环境、结构、系统、人员。

（1）环境方面：组织要清楚的了解所处的危机环境，时刻处在准备就绪的状态，提前做好危机应对的预备工作，建立与危机环境相适应的预警信号，以便及时察觉危机的发生，同时重视对相关环境的管理。

（2）结构方面：保证组织机构内职责分明，各司其职，分工明确，保证危机管理工作的每个部分都有具有相对能力的人去负责，有明确的组织条例规章制度，确保危机发生时有章可循。

（3）系统方面：保证组织系统处在一个常态运行的范围内，当危机发生时，组织管理者可以预见并确认哪些防险系统可能失灵，并及时做出相应修正和强化。

（4）人员方面：当组织内人员具有很强的反应力和处理危机的能力时，危机局面就能得到有效控制，此时人员就成为降低危机发生率及较少危机冲击的关键因素。组织人员的这些能力可以通过相关培训和在规范的演习中得到，也可以通过参加有关危机管理的学术报告学习到。

2. 预备（readiness）

危机预备主要是危机的防范工作。由于危机具有突发性和不确定性，因此组织必须提前做好应对预案和准备工作，以便危机发生时能够快速反应，尽力保障生命、财产的安全，及时激活危机反应系统。科学完备的危机预警机制可以准确直观的评估出危机事件造成的危害，以警示危机管理者迅速做出应对。对于危机预警的接受情况是因人而异的，由于个体自身素质和经验等方面的因素而存在差异，这个时候就要对组织内人员的相关能力有一定要求，对于人员危机应对能力的训练也是前面所提到的危机缩减中的一部分。组织可以请教或者挑选相关方面的技术人员和专家，组成危机管理团队，制

❶ [美]罗伯特·希斯，王成，宋炳辉，金瑛译. 危机管理 [M]. 北京：中信出版社，2001.

定相应的危机管理计划。

3. 反应（response）

危机反应即是强调在危机发生后，组织要采取相应的措施加以应对，解决危机。危机反应要求危机管理主体要解决危机管理过程中出现的各种问题，包括控制风险、制定决策、与利益相关者沟通协调等方面。危机管理组织有效地反应体现在对风险的准确判断和控制以及成功的应对。从危机反应的角度，组织首先应该解决如何在有限的时间内快速处理危机的问题；其次，如何更多更快的获得真实全面的危机信息；最后是降低损失，减少危机危害。

4. 恢复（recovery）

危机恢复是在危机得到有效的控制之后，要尽快恢复组织的正常秩序，并进行危机事后的学习与总结。危机管理组织要对危机产生的影响和后果进行详细分析，并制定相对应的恢复计划，使组织或者受危机影响的社会公众尽快从危机中走出来，回到正常的生产生活轨道上。同时，对危机的反馈总结也是必不可少的一个环节，通过对危机的反省，找出组织自身的不足，吸取经验与教训，提高组织的管理能力。

表 2-4　　　　　　　　　　4R 理论要素分析

4R	要素
缩减（reduction）	风险评估
	风险管理
	组织素质
预备（readiness）	危机管理团队
	危机预警系统
	危机管理计划
	培训和演习
反应（response）	确认危机
	隔离危机
	处理危机
	消除危机
恢复（recovery）	危机影响分析
	危机恢复计划
	危机恢复行动
	化危机为机遇

2.2.5 利益相关者理论

1984 年，爱德华·弗里曼提出了利益相关者管理理论。他认为在快速变化的商业环境中，优秀经理人们并没有能够做好组织管理工作。因此，提出了利益相关者理论，希望该理论能够使经理人系统地认识环境，积极主动地进行管理。他将与企业相关的人群分为两大部分：内部相关者和外部相关者。内部相关者指所有者、供应商、员工、顾客；外部相关者指竞争者、环保主义者、政府、非营利组织、消费者利益鼓吹者、媒体等。通过对相关者们的分析，弗里曼提出了利益相关者理论：任何能够影响公司目标的实现，或者受公司目标实现影响的团体或个人。依据经典的利益相关者图谱，他提出了利益相关者视角的企业战略管理问题：组织方向和使命是什么？完成路径和战略是什么？战略配置的资源或预算是什么？如何确保战略在控制之中？并提出了管理战略：一是特定利益相关者战略，二是股东至上战略，三是功利主义战略，四是罗尔斯战略提高境况较差的利益相关者的水平，五是社会协调战略[1]。

米歇尔则研究了不同利益相关者之间地位和作用的差异，建立合法性、权力性和紧急性三个维度，合法性：在法律和道义上，是否被赋予对于企业的索取权；权力性体现在企业决策过程中是否有影响力；紧急性即群体诉求能否立即引起企业高管的重视。米切尔分析到，能够被认定是企业利益的相关者，要符合上述三条中的一条属性。根据对三个维度的评分，将利益相关者分为三类：利益确定型的利益相关者、利益预期型的相关者和利益潜在型的相关者[2]。利益相关者理论起初应用于私人部门，通过研究各利益相关者的需求进而全盘分析企业内外部生存环境，提供战略性的决策建议。一些学者将其引入公共领域，用于分析公共行政过程中参与者的利益协调问题。随着经济社会的不断发展，该理论也逐渐在政治学、社会学和管理学等领域被广泛运用，特别是在当前社会矛盾多发、社会利益多元的形势下，该理论成为研究公共管理问题的重要分析工具。

在应急领域，樊博等重新定义了应急响应协同研究语境下的权力性、合法性与紧急性：权力性是指掌握应急资源的类型，虽然全盘掌控、协调各方

---

❶ 爱德华·弗里曼. 战略管理：利益相关者方法［M］. 上海：上海译文出版社，2006：67-68.

❷ Mitchell. R.，Agle. B.and Wood. D.Toward a theory of stakeholder identification and salience：defining the principle of who and what really counts［J］. Academy of Management Review，1997，22（4）：853-886.

利益相关者对资源的吸纳整合配置的权力才是决定性的，但各个利益相关者持有的不同的权力类型都不可或缺；利益相关者合法性是指该利益相关者在其社会网络中得到认可的程度，对于应急响应而言，就是各利益相关者进行应急处置时，他们的行为在制度上以及实际运作中被其他利益相关者认可的程度；利益相关者紧急性表现为其需求能迅速引起组织决策的高度关注，对应急响应而言，则表现为利益相关者对响应速度的敏感性，以及应急处置成功对利益相关者的重要性。同时以汶川地震的协同救援，检验所提出的理论框架的有效性，透视各个类型的利益相关者的应急响应协同行为[1]。邵昳灵将突发事件应急响应利益相关者确定为政府、政府职能部门、受害者、诱发者、媒体和旁观者六个方面，阐述了如何平衡应急响应策略中利益相关者的博弈关系[2]。

2.2.6　协同治理理论

作为一门新兴的理论，协同治理理论还没有清晰的理论框架，还不能将其视作一种完善的理论体系，是协同学与治理理论的交叉理论，常用的协同治理模型有跨部门协同模型、六维协同模型、公私协力运作模式、SFIC 模型、多中心协同治理模型、协同治理系统动力学模型等，李汉卿等通过文献综述的形式，阐述了协同学与治理理论的理论范式，认为协同治理理论具备如下几个特征[3]。

（1）治理主体的多元化。协同治理的前提就是治理主体的多元化。这些治理主体，不仅指的是政府组织，而且民间组织、企业、家庭以及公民个人在内的社会组织和行为体都可以参与社会公共事务治理。由于这些组织和行为体具有不同的价值判断和利益需求，也拥有不同的社会资源，在社会系统中，它们之间保持着竞争和合作两种关系。同时，随之而来的是治理权威的多元化，协同治理需要权威，但是打破了以政府为核心的权威，其他社会主体在一定范围内都可以在社会公共事务治理中发挥和体现其权威性。

（2）各子系统的协同性。在现代社会系统中，由于知识和资源被不同组织掌握，采取集体行动的组织必须要依靠其他组织，而且这些组织之间存在着谈判协商和资源的交换，这种交换和谈判是否能够顺利进行，除了各个参

❶ 樊博，詹华. 基于利益相关者理论的应急响应协同研究 [J]. 理论探讨，2013，（5）：150–153.

❷ 邵昳灵. 利益相关者博弈视角下应急响应策略研究 [D]. 上海：上海交通大学，2013.

❸ 李汉卿. 协同治理理论探析 [J]. 理论月刊，2014（01）：138–142.

与者的资源之外，还取决于参与者之间共同遵守的规则以及交换的环境。因此，在协同治理过程中，强调各主题之间的自愿平等与写作。在协同治理关系中，有的组织可能在某一个特定的交换过程中处于主导地位，但是这种主导并不是以单方面的发号施令的形式。所以说，协同治理就是强调政府不再仅仅依靠强制力，而更多的是通过政府与民间组织、企业等社会组织之间的协商对话、相互合作等方式建立伙伴关系来管理社会公共事务。社会系统的复杂性、动态性和多样性，要求各个子系统的协同性。

（3）自组织的协同。自组织是协同治理过程中的重要行为体。由于政府能力受到了诸多的限制，其中既有缺乏合法性、政策过程的复杂，也有相关制度的多样性和复杂性等诸多因素。政府成了影响社会系统中事情进程的行动者之一。在某种程度上说，它缺乏足够的能力将自己的意志加诸其他行动者身上。而其他社会组织则试图摆脱政府的金字塔式控制，这不仅意味着自由，也意味着为自己负责。同时这也是自组织的重要特征，这样自主的体系就有更大程度上自我治理的自由。自组织体系的建立也就要求削弱政府管制、减少控制甚至在某些社会领域的政府撤出。这样一来，社会系统功能的发挥就需要自组织组织间的协同。

虽然如此，政府的作用并不是无足轻重的，相反，政府的作用会越来越重要。因为在协同治理过程中，强调的是各个组织之间的协同，政府作为嵌入社会的重要行为体，他在集体行动的规则、目标制定方面起着不可替代的作用。也就是说，协同治理过程是权利和资源的互动过程，自组织组织间的协同离不开政府组织。

（4）共同规则的制定。协同治理是一种集体行为，在某种程度上说，协同治理过程也就是各种行为体都认可的行动规则的制定过程。在协同治理过程中，信任与合作是良好治理的基础，这种规则决定着治理成果的好坏，也影响着平衡治理结构的形成。在这一过程中，政府组织也有可能不处于主导地位，但是作为规则的最终决定者，政府组织的意向很大程度上影响着规则的制定。

协同治理理论作为一门交叉的新兴理论，是协同学和治理理论的有机结合，至少能有以下两点启发：

一是从方法论角度，要从系统的角度去看待社会的发展。要将社会看成是一个大系统，社会系统中还存在着若干的子系统，它们都是开放性的，在社会复杂系统中既存在着相互独立的运动，也存在着相互影响的整体运动。在系统内各子系统的独立运动占主导地位的时候，系统整体体现为无规则的无序运动；当各子系统之间互相协调，互相影响，能够采取集体行动的时候，系统整体就体现为规律性的有序运动。

二是从理论内容看，就是要对社会系统的复杂性、动态性和多样性要有清楚的认知。可以从这样几个角度来理解：首先是社会系统的复杂性，社会系统的复杂性主要是由社会各个子系统之间的相互作用体现出来，各子系统之间既有竞争，又有协作，有时竞争关系占主导，有时协作关系占主导，而且它们之间结合的方式是多种多样的，因为子系统内部还有自己独特的结构。协同治理理论追求的是如何促进各个子系统之间的协作，进而发挥系统的最大功效。其次是社会系统的动态性，这种动态性不仅体现为各子系统之间的相互竞争与协作，而且体现为系统整体从无序到有序，或者从一种结构到另一种结构的转变。在一个系统中，总是有些力量要维护现存状态，另外一些力量则要改变现存状态。就是这种向心力和离心力的此消彼长构成了系统发展变化的动力。协同治理理论强调的就是在相互斗争的力量之间寻找分化与整合的途径不断实现治理效果的优化。最后是社会系统的多样性，社会系统内部越来越分化、专门化和多样化，由此导致的目标、计划和权利的多样性。在社会系统内部的各个行为体拥有不同的资源，也具有不同的利益需求，也就导致了各个子系统之间的目标多元，而实现此目标的手段也各种各样。协同治理理论在尊重多样性的基础上，寻求实现各子系统之间目标和实现目标手段的协同，构建都能接受的共同规则，而遵守这种规则的结果是实现各方的共赢。

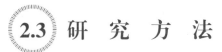

2.3　研　究　方　法

2.3.1　综合指数法

目前，人们熟悉的综合指数法多是利用统计学的原理和方法，以及其他数学方法对指标进行量化取值，综合成系统的指数。如美国国际开发署进行的关于非洲大陆不同地区的粮食安全脆弱性分析[1]；南太平洋应用地学委员会

---

[1]　Available online：http：//www. fews. Org/fewspub. Html.

进行的关于国家自然环境在受到损害时可能产生的脆弱性变化研究❶。王春晨对电网企业自然灾害突发事件应急能力进行评估❷。综合指数法因原理简单、便于理解和操作等特点，成为目前脆弱性、应急能力等评估领域中应用比较广泛的一种方法。其评估中经常借助的数学统计方法有层次分析法（AHP）、主成分分析法（PCA）、数据包络分析法（DEA）等。

层次分析法（AHP）是指将一个复杂的多目标决策问题作为一个系统，将目标分解为多个目标或准则，进而分解为多指标（或准则、约束）的若干层次，通过定性指标模糊量化方法算出层次单排序（权数）和总排序，以作为目标（多指标）、多方案优化决策的系统方法。层次分析法是将决策问题按总目标、各层子目标、评价准则直至具体的备投方案的顺序分解为不同的层次结构，然后用求解判断矩阵特征向量的办法，求得每一层次的各元素对上一层次某元素的优先权重，最后再用加权递阶的方法归并各备选方案对总目标的最终权重，此最终权重最大者即为最优方案。层次分析法比较适合于具有分层交错评价指标的目标系统，而且目标值又难于定量描述的决策问题。一般分为建立层次结构模型、构造判断矩阵、层次单排序及一致性检验、层次总排序及一致性检验四个步骤。邱奇志等基于层次分析法，提出应急管理能力模糊综合评价法❸；唐士晟等利用层次分析法对铁路交通事故应急救援体系脆弱性进行了研究❹。

主成分分析法（PCA）是一种统计方法。在用统计分析方法研究多变量的课题时，变量个数太多就会增加课题的复杂性。在很多情形，变量之间是有一定相关关系的，当两个变量之间有一定相关关系时，可以解释为这两个变量反映此课题的信息有一定的重叠。主成分分析是对于原先提出的所有变量，将重复的变量（关系紧密的变量）删去多余，建立尽可能少的新变量，使得这些新变量是两两不相关的，而且这些新变量在反映课题的信息方面尽可能保持原有的信息。

设法将原来变量重新组合成一组新的互相无关的几个综合变量，同时根据实际需要从中可以取出几个较少的综合变量尽可能多地反映原来变量的信

❶ Moss H，Malone L，Brenkert Vulnerability to climate change：a quantitative approach. Prepared for the UDepartment of Energy，2002. Available online：http：//www. globalchange.

❷ 王春晨. 电网企业自然灾害突发事件应急能力评估 [D]. 华北电力大学；华北电力大学（保定），2017.

❸ 邱奇志，周洁，张金保. 基于形式概念分析和层次分析法的应急管理能力模糊综合评价法 [J]. 计算机应用，2014，34（6）：1819-1824.

❹ 唐士晟，李小平. 铁路交通事故应急救援体系脆弱性评价方法研究 [J]. 铁道学报，2013，35（7）：14-20.

息的统计方法叫主成分分析或称主分量分析，也是数学上用来降维的一种方法。通过正交变换将一组可能存在相关性的变量转换为一组线性不相关的变量，转换后的这组变量叫主成分。在实际课题中，为了全面分析问题，往往提出很多与此有关的变量（或因素），因为每个变量都在不同程度上反映这个课题的某些信息。主成分分析首先是由 K.皮尔森（Karl Pearson）对非随机变量引入的，尔后 H.霍特林将此方法推广到随机向量的情形。主成分分析被广泛应用于区域经济发展评价，服装标准制定，满意度测评，模式识别，图像压缩等许多领域。李勇基于主成分分析法对建筑施工现场安全进行了评价[1]。余兴龙运用主成分分析法对水路交通安全事故应急管理能力进行了评价[2]。

　　数据包络分析法（DEA）是一个线形规划数学模型，表示为产出对投入的比率。通过对一个特定单位的效率和一组提供相同服务的类似单位的绩效的比较，试图使服务单位的效率最大化。DEA 法不仅可对同一类型各决策单元的相对有效性做出评价与排序，而且还可进一步分析各决策单元非有效的原因及其改进方向，从而为决策者提供重要的管理决策信息。刘毅等利用 DEA 模型对我国自然灾害区域的脆弱性进行了评价[3]；赵珂等利用 DEA 方法对洪涝灾害造成的损失进行相对评估和预测[4]；王琛等提出了把 AHP 和 DEA 模型结合的方法，开展灾害损失的排序[5]；刘少军等以海南岛为例，研究了 DEA 模型在山洪灾害危险性评价中的应用[6]。

2.3.2　函数模型评价法

　　函数是表示一个输入值对应唯一输出值的一种对应关系，这种关系能够反映输入和输出变量间一定对应法则的关系。在脆弱性评估领域，函数评估模型是通过函数关系式表达出脆弱性指标与系统脆弱性之间的对应法则，使

---

[1] 李勇. 基于主成分分析法的建筑施工现场安全评价方法的研究 [D]. 天津：天津理工大学，2015.

[2] 余兴龙. 广元港水路交通安全事故应急管理能力评价研究 [D]. 重庆：重庆交通大学，2017.

[3] 刘毅，黄建毅，马丽. 基于 DEA 模型对我国自然灾害区域的脆弱性 [J]. 地理研究，2010, 29（7）：1153−1157.

[4] 赵珂，崔晋川. 洪涝灾害损失相对评估预测方法研究及示例 [J]. 系统工程学报，2003, 18（4）：337−340.

[5] 王琛，何婉，程六满. 基于 AHP/DEA 的自然灾害损失评估模型初探 [M]. 第九届中国管理科学学术年会，2007.

[6] 刘少军，张京红，张明洁等. DEA 模型在山洪灾害危险性评价中的应用 [J]. 自然灾害学报，2014, 23（4）：227−234.

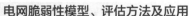

得每给定一组确定的指标值，通过函数计算，能对应得出响应的脆弱度，从而实现系统脆弱性评估。如史培军提出的脆弱性评估函数模型，他可以分为广义和狭义两类[1]；Luers 提出系统的脆弱性由系统内部因素在扰动和冲击下的敏感度和因素与风险临界值接近程度构成的函数，因而脆弱性可以用二者比值的期望来度量，在此研究的基础创立了最小潜在脆弱性的评价方法[2]；Metzger 在脆弱性函数模型的基础上，将系统在扰动和冲击下作用下遭受的潜在风险和适应能力二者作为脆弱性函数模型的两个变量[3]。函数模型评价法更注重研究系统内部脆弱性影响因素之间的关系，有助于对脆弱性决定因素和特征的评估和认识。得到的结果既能反映系统整体的脆弱性状况，也可以了解脆弱性构成要素的具体情况。一旦函数模型建成，评估过程最简单、易懂，但脆弱性的概念、构成要素、要素间其相互作用关系的差异，不同研究领域有着不同的认知，即使在同一领域的研究，不同研究者选取的要素、指标、作用关系也会有所不同，因而使其定量表达不容易实现，因此，导致该函数模型脆弱性评估方法通用性相对较差。

2.3.3 危险度分析法

危险度分析法是一种定量的脆弱性评估方法，是借助向量计算方法计算目标单元的现状矢量与自然状态下标准矢量之间的欧式距离，以此代表目标单元的脆弱性程度。该评估方法用于生态环境脆弱性评估，通常计算结果（欧式距离）越大，则认为系统的脆弱性越高。危险度分析法与其他脆弱性评估方法相比，仍具有一定的不足：由于欧式距离的确定是相对选定的自然状态的标准矢量进行测定的，但对于这个自然状态下的标准矢量存在很多不确定性和模糊性，是一个相对的、假设的理想状态，可能存在一定的误差，因此导致整个评估结果可能存在一定的误差。

❶ 史培军. 三论灾害研究的理论与实践 [J]. 自然灾害学报，2008，11（3）：6−10.

❷ Luers A L，Loben D B，Sklar S，et al. A method for quantifying vulnerability applied to the agricultural system of the Yaqui Valley [J]. Mexico. Global Environmental Change 2003，13（4）：255−267.

❸ Metzger M J，LeemanS R，Schroter D. A multidisciplinary multi-scale framework for assessing vulnerabilities to global change [J]. International Journal of Applied Earth Observation and Geo-information 2005，7：253−267.

2.3.4 模糊物元评价法

模糊物元评估法的原理是选定一个参照状态（脆弱性最高或最低区域），通过计算各研究区域与参照物的相似程度来判别各研究区域的相对脆弱程度。关于相似程度的判别，模糊数学中给出的贴近度的概念和方法正是对此方法的重要支撑。模糊物元评估法不需要将众多指标合成一个综合指数，因此不必考虑变量间的相关性问题，也正因为如此，使得该方法操作简单，容易理解，应用广泛，实例较多。祝云舫采用模糊集贴近方法建立了城市风险排序中"最差序城市""中序城市""最优序城市"三种状态模型，通过计算评价城市与三种状态的贴近程度来反映城市环境的脆弱性程度[1]。邹君将欧式距离的概念引入到模糊物元评价模型中，通过对衡阳盆地 7 个县农业水资源脆弱性评估结果与最理想状态的贴近度来反映各县农业水资源的脆弱性相对大小[2]。但该方法受参照单元选取困难和缺乏科学依据等局限性的限制，该方法的评价结果反映的信息量较少，只能得出研究对象脆弱性的相对大小，很难反映出脆弱性决定因素和脆弱性特征等信息，一般仅用于系统比较简单的脆弱性比较评估工作。

2.3.5 情景分析法

情景是对未来景象的一般描述，是从始至终对实际情况发生过程的描述。情景是高度不确定的，它从将来可能出现的每一种情况进行提炼，是一种可能的假设或判断。同时情景强调整个过程，有很强大因果关系，它把握未来的真实细节，是未来可能状态的期望。情景分析是可能的突发事件的全景式描述，并结合大量历史案例，包括发生条件、损伤程度、影响范围以及事故复杂性和严重性，并在此基础上开展应急任务梳理和急救能力评估。突发事件情景分析的一般步骤分为情景构建、情景演化和情景应对三部分：情景构建是通过总结、汇聚、分析、统计数据来提取不同的情景元素来构建相应情景的过程；情景演化是对突发事件的发展和结果展开，从突发事件的发生、发展、蔓延、转化、耦合等多角度把握其内在演化规律、机理，预测其未来

[1] 祝云舫,王忠郴. 城市环境风险程度排序的模糊分析方法[J]. 自然灾害学报,2006,15（1）：155-158.
[2] 邹君，杨玉荣，田亚平等. 南方丘陵区农业水资源脆弱性概念与评估 [J]，自然资源学报，2007，22（2）：302-310.

发展趋势；情景应对是按照非常规突发事件不断变化发展的特定情景，实时、动态的调节并生成应对方案，推动情景向应急决策者所希望的情景演化，同时在充分认识事故情景当前状态及掌握未来演化方向的基础上，做好相关应急准备来减少事故情景所造成的负面影响和避免次生灾害的发生。在脆弱性研究领域，汉瑞松基于情景模拟，对上海中心城区建筑暴雨内涝脆弱性进行了分析[1]；戴光奋对电网脆弱性进行了情景构建与应急能力评估，探索电网重大突发事件应急响应工作办法，从而提升应对能力[2]。

2.3.6 空间多准则决策分析

根据多准则决策理论的发展及其应用的研究可知，多准则决策最初主要被用于解决非空间决策问题，在决策过程中采用的和处理的数据也都是非空间数据，大量的多准则决策方法也都是从这一阶段发展而来。空间多准则决策是将多准则决策方法用来解决地理空间决策问题，不同于一般的多准则决策方法，空间多准则决策的准则指标、方案以及决策目标都具有明确的地理空间位置，具有空间分布的特征。通常空间多准则决策与 GIS 进行结合，GIS 可为空间多准则决策提供重要的技术支持和集成环境。首先通过 GIS 能够使地理空间实体直观的表达和展示，其次可以通过 GIS 技术对空间数据进行预处理，并在 GIS 环境内构建空间数据集成模型，完成相关计算，最后通过 GIS 对空间决策评估结果进行可视化。如张丽君基于 GIS 多准则空间分析对青海省矿产资源开发地质环境脆弱性进行了评价[3]。此方法基于地理环境条件更易识别脆弱性，完善防控策略，但输入条件主要依靠经验，客观性不强[4]。

2.3.7 图层叠置法

随着 GIS 技术的不断发展和普及，越来越多的脆弱性评估开始和 GIS 技

[1] 权瑞松. 基于情景模拟的上海中心城区建筑暴雨内涝脆弱性分析 [J]. 地理科学, 2014, 34 (11): 1399-1403.

[2] 戴光奋, 叶由根, 安广海, 等. 基本电网脆弱性的情景构建与应急能力评估 [J]. 价值工程, 2020, 39 (28): 149-150.

[3] 张丽君. 基于 GIS 多准则空间分析（SMCE）的青海省矿产资源开发地质环境脆弱性评价 [J]. 中国地质, 2005, 32 (3): 518-522.

[4] 蓝麒. 电梯安全脆弱性理论及协同治理体系研究 [D]. 北京：中国矿业大学（北京）, 2018.

术相结合，图层叠置法就是在 GIS 技术的基础上发展起来的一种脆弱性评价方法，图层叠置法根据其研究思路不同主要包括两种方法：第一种是依据脆弱性构成要素图层间的叠置。例如 Cutter 将美国卡罗来纳州一个郡的自然脆弱性和该地区的社会脆弱性空间差异分布图进行叠置，从而达到该区域总体的脆弱性进行评估分析的目的❶；郝璐分别对内蒙古牧区环境对雪灾的敏感性和牧区承载体对雪灾适应性的地域差异进行了分析，并将二者的区域图进行叠置分析，得出了内蒙古牧区雪灾脆弱性的地域差异❷。图层叠置法能全面反映区域脆弱性的空间差异，反映出区域受灾害影响的风险性、敏感性和适应性等因素的空间差异，适合研究极端灾害事件扰动和冲击下的脆弱性。第二种则是研究不同扰动和冲击下的脆弱性图层间叠置。Brien 将研究区域中多重扰动和冲击下的脆弱性空间分布图层进行叠置，来反映该区域在多种干扰和冲击作用下的脆弱性空间差异，并以印度农业生产部门在气候变化和经济全球化双重干扰和冲击作用下的脆弱性为例进行了实证分析❸。该方法为多重干扰和冲击相互作用下的脆弱性评价提供了研究思路，但未能考虑各种干扰对系统脆弱性影响的差异，因而很难反映影响脆弱性的主要原因。

2.3.8　三角图法

三角图法目前被广泛应用于脆弱性评估分类和评价系统之中，三角图在系统研究中具有简单易于操作，并且很清楚地看到结果及发展趋势的优点，因而在系统脆弱性分类与评价研究中，应用此方法具有一定科学性和适用性。如我国学者李博运用三角图法对沿海城市系统的脆弱性进行了分类方法的研究❹，明确了我国沿海城市的脆弱性类型及发展趋势，对三角图法在脆弱性评估分类的研究中提供了很好的思路，具有方法论意义。

综上所述，针对脆弱性评估目前已有相关的研究基础和应用案例，但

---

❶ Cutter S L，Mitchell J T，Scott M S. Revealing the vulnerability of people and places：A case study of Georgetown County，South Carolina［J］. Annals of the Association of American Geographers，2000，90（4）：713-737.

❷ 郝璐，王静爱，史培军等. 草地畜牧业雪灾脆弱性评价——以内蒙古牧区为例. 自然灾害学报，2003，12（2）：51-57.

❸ O'Brien K，Leichenko R，Klkar U，et al. Mapping vulnerability to multiple stressors：climate change and globalization in India［J］. Global Environmental Change，2004，14（4）：255-267.

❹ 李博. 基于三角图法的沿海城市系统脆弱性分类方法研究［J］. 海洋开发与管理，2011（11）：99-104.

应用于国内外的电力系统的并不多；针对电力系统结构和运行方式的脆弱性研究较多，已有一定基础，但是对于电力应急的脆弱性，目前还没有公认的定义和统一的分析标准，并且相关的研究机构较少，已有的研究方法目前也大多处于理论探讨阶段，尚未系统开展电力系统基础设施脆弱性评估研究，同时国内需制定出一套适合我国国情的电网脆弱性评估体系与方法。

第 3 章

电网脆弱性构成与作用机理

3.1 电网脆弱性的概念及特征

文献分析表明，目前国内外电网脆弱性的研究可分为两类：一是从技术角度出发，分析电力系统结构脆弱性和物理脆弱性；二是从管理角度出发，分析电力系统应急管理脆弱性。

根据脆弱性概念在不同领域的解读以及电力系统脆弱性研究，为了跟电力系统技术脆弱性相区分，本书将电力系统中的重要组成部分，电网脆弱性定义为：电网系统基础设施在自然灾害和人为破坏等突发事件的外力干扰下，基础设施本体损坏或故障，致使系统全部或部分功能丧失，并造成一定的损失的可能性、程度及其恢复能力。

这一概念涉及了 3 个对象，即：灾害体—自然灾害和人为破坏等突发事件，是引起伤害和损失的原因；承灾体—电网重要基础设施，是受到突发事件冲击和损害的对象；承载体受灾害体影响后的恢复力—承灾体受到伤害的同时也具有对灾害体的抵御和恢复能力。

同时，根据这一定义，电网重要基础设施脆弱性内涵特征突出表现在以下两个方面：

（1）研究单元/对象在特定情境压力下易受攻击并造成严重后果；

（2）研究单元/对象在特定情境压力易受攻击损坏且不易恢复。

3.2 电网脆弱性的影响因素分析

根据上述定义，电网脆弱性的灾害体包括自然灾害和人为破坏两个方面。

3.2.1 脆弱性中的灾害体

1. 自然灾害和气候

根据历史电网突发事件数据统计，影响电力系统的自然灾害主要有地震地质灾害，如地震、崩塌、滑坡、泥石流等；气象灾害，如台风、暴雨、低温雨雪冰冻等；洪水灾害，如暴雨洪水、雨雪混合洪水、溃坝洪水、山洪灾害等。

2011 年，国家电网区域内 220kV 及以上系统故障 1400 次，自然灾害是引发故障的主要原因，占比约 65%。南方电网区域内 110kV 及以上线路跳闸 2862 条次，其中，雷击跳闸占 59%，自然灾害（覆冰和台风）占 14%，山火占 3%；外力破坏引起跳闸占 17%。

近年来，我国雨雪冰冻灾害、地震灾害、台风灾害、暴雨灾害等自然灾害引发的主要电网系统事故及损失情况举例如表 3-1 所示。

表 3-1　　自然灾害引发的主要电网系统事故及损失情况举例

灾害	时间（年）	地点	电力系统损失
雨雪冰冻灾害	2007	辽宁	全省 10kV 线路上万根线杆倾斜断裂，66kV 线路大范围跳闸，20 多基 220kV 铁塔倾倒，500kV 线路连续跳闸，导致大连网与主网解列，大连地区电网与主网连接的两条 500kV 线路、三条 220kV 线路陆续跳闸
	2008	南方多省市	500kV 变电站全站停电 5 座，220kV 变电站全站停电 86 座，500kV 电力线路 119 条，220kV 线路 348 条，500kV 杆塔倒塔 678 基、受损 295 基，220kV 杆塔倒塔 1432 基、受损 586 基
地震灾害	2008	四川汶川地震	停运 10kV 及以上线路 314 条、变电站 296 座；33 座统调电厂（装机容量 7687MW）与主网解列，823 座电厂（装机容量 2810MW）与地方电网解列，电网损失负荷达到 3220MW
	2010	青海玉树地震	该地区电网由地方水电集团管辖，结古镇供电全部中断，全县 2 条 35kV 电路受损，9 条 10kV 线路全部受损，400V 配电线路几乎全部受损，称多县部分 10kV 设备受损
	2013	四川雅安地震	宝兴、芦山、天全三县电网全部瓦解，两座 500kV 变电站部分受损，500kV 雅安变电站 3 条 220kV 出线停运，500kV 内江变电站 1 号主变压器因高压套管漏油停运；2 座 220kV 变电站全部停电；13 条 220kV 线路跳闸停运，7 条 220kV 母线跳闸
台风灾害	2005	福州"龙王"台风	配电网 100 多座开闭所、配电室设备被淹，抢修时间长达半个多月
	2007	福鼎"韦帕"台风	城区及周边 12 乡镇全部停电，直接经济损失达到 2300 万元
	2013	台风"苏力"	浙江电网因强降雨引发 117 条 10kV 线路停运，共涉及低压台区 1607 个，停电客户 59 096 户
	2015	台风"苏迪罗"	福建、浙江、江西、安徽电网设施受损严重，10kV 及以上线路累计停运 3345 条（福建 2796 条、浙江 440 条、江西 86 条、安徽 23 条），其中，500kV 线路 3 条、220kV 线路 39 条、110kV 线路 54 条、35kV 线路 30 条、10kV 线路 3219 条，停运配电台区 82 099 个、用户 458.70 万户
暴雨灾害	2012	北京 7·21 特大暴雨	10kV、永久性、35kV 瞬时线路、110kV 及 220kV 线路故障分别有 227 起、92 起、7 起与 4 起，造成万余户居民停电
	2020	南方多地	江南、华南、西南东部电力设施受损严重，共造成 1216 万人受灾，72.9 万人次紧急转移安置；直接经济损失 257 亿元

（1）地震灾害。地震灾害是威胁电力系统安全运行的一种重要自然灾害。近年来，国内外由于地震所导致的电力设施破坏而引发的大面积停电时有发生。如 1992 年美国 Northridge 地震，1995 年日本阪神大地震，1996 年我国包头地震，1999 年中国台湾集集地震、土耳其 Kocaeli 地震，2008 年中国汶川地震，2011 年日本地震以及 2013 年中国雅安地震，都对电力系统造成了很大的破坏。

1）国外电力系统地震灾害调查。国外对于电力系统的震害调查是比较详细的。如在 1964 年日本新泻地震后，就有专门的关于电力系统震害的报道。1971 年 2 月美国 San Fernando 地震后，更加重视生命线工程系统各个部分的震害调查，对于电力系统震害报道也逐渐增多。1989 年发生的美国 Loma Prieta 地震中，230kV 与 550kV 变电站破坏严重，影响 100 万用户停电。地震发生 48h 后仅恢复了约 1%用户的供电，有部分 230kV 线路倒塌，震中圣克鲁斯区配电线路受到严重破坏，整个旧金山地区地下电缆配电线路损坏有限，位于震中附近的 Moss Landing 发电厂及高压开关站损坏严重。研究人员对此次地震中造成的大量变电站的高压电气设备震害进行了详细分析，包括对几个变电站、电流互感器、电压互感器、隔离开关等在地震中的破坏状态进行了比较详细的描述。1989 年，Loringa.Wyllie 等对 1988 年 12 月发生在苏联亚美尼亚大地震所造成电力系统的震害进行了调查和分析。1994 年 1 月美国 Northridge 地震所造成的电力系统的震害也集中于 230kV 和 550kV 变电站，地震同时造成北美地区 110 万人的用电中断。在这次地震中，230kV 和 550kV 变压器套管破坏以及由于场地液化和滑坡造成输电塔基础的损坏比较严重。

1995 年 1 月日本神户地震中，一批 770kV 和 275kV 变电站破坏，约 20 基输电塔发生基础沉陷、塔身倾斜，另有部分输电塔的绝缘子震坏，地震共造成 260 万用户停电，此次地震对变电站的较大破坏有：17 个主变压器移位，8 个断路器漏油，22 个隔离开关支撑部分断裂。另外，23 条架空线路受到破坏，主要集中在铁塔结构和绝缘子上。其中断路器、隔离开关和避雷器的损坏比率分别为 1.5%、2.0%和 4.0%。1999 年土耳其 Kocaeli 地震，同样发生了很大范围的停电，造成大范围停电最主要的原因是——380/154kV 变电站的破坏。地震中，这一变电站中所有 4 个变压器均因为基础螺栓断裂而移动了 50cm，6 个主要的回路继电器中的 5 个破坏，导致油从绝缘套管泄漏。此次地震中，还有其他 9 座变电站的变压器、开关设备和建筑受到不同程度的破坏，所有的这些破坏都是与地面的强烈震动直接相关。2004 年 10 月日本新泻地震，造成 28 万用户停电。在输电线路中，由于滑坡等造成 1 基输电塔倒塌、

3 基倾斜，轻微倾斜有 20 基。11 个变电站受损，其中避雷器损坏 1 件，机器基础下沉有 21 件。配电设备受损共有 7566 件，其中，支撑物 4227 件（倒塌 88 件，倾斜 4139 件），与电线关联 3339 件（断线 105 件，其他 3234 件）。

2）我国电力系统地震灾害情况。在我国发生的地震，多次对电力系统造成严重威胁或破坏。例如：1976 年 7 月 28 日，中国唐山发生里氏 7.8 级大地震，造成唐山电厂、陡河电厂厂房倒塌、设备损坏、烟囱断裂，变电站、输电线路被毁。损失电量约占京津唐电网当时发电量的 30%。唐山大地震使电力系统遭受极大的破坏，从此我国展开了电力系统抗震的若干研究工作。1996 年内蒙古包头地震，张家营变电站停止供电达 11h，虽然地震没有造成人员的重伤和死亡，但造成损失电量 304 万 kWh，约 30 万平方米建筑设施受损严重，仅电力部门直属单位的直接经济损失就达 1 亿元以上。1999 年 9 月 21 日，我国台湾集集大地震对电力系统造成了非常大的破坏，这次震害的一个主要特点是高压输电塔的破坏，这在以前的地震记录中是非常少见的。由于 1 个开关站、多个变电站以及 345kV 输电线路的破坏，使得台湾的南电北送受阻，造成台湾彰化以北地区完全断电，社会和经济损失难以估计。地震中还有大量的电力设备被破坏，特别是变电站和开关站的设备。2008 年 5 月 12 日，中国汶川发生里氏 8 级大地震，烈度 11 度。破坏地域超过 10 万 km^2，离震中较近的四川、甘肃、陕西 3 省的电力设施遭到严重破坏。综合中国电监会及国家发展和改革委员会公布的统计数据表明，灾区电力负荷损失 874 万 kW。2 座 500/330kV 变电站、15 座 220kV 变电站、210 余座 35kV 变电站、4 条 500kV 线路、59 条 220kV 线路受损停运。南方电网包括 500kV 江城直流双极跳闸，云南昭通地区个别 35kV 及以下线路跳闸，四川省电力设施遭受破坏最为严重：川西地区 32 座电厂与主网解列，289 座电厂与地方电网解列，停运容量总计超过 843 万 kW。灾害还造成 206 座 35kV 及以上变电站、1264 条 l0kV 及以上线路停运。宝成铁路四川段 5 座电铁牵引站供电中断。陕西省 4 座 35kV 及以上变电站、109 条 10kV 及以上线路停运。7 座电厂不同程度受损，多台发电机组停运。甘肃省陇南市 9 个县（区）停电。2 座 220kV 以上变电站、196 条 10kV 以上线路及 3 座水电站受损停运。汶川大地震对电网的破坏主要集中在变电站设备上，大多数变压器破坏是由套管损坏引起，断路器和隔离开关损坏主要表现在瓷性开关碎裂并掉落。

（2）风害。台风是对电网重要基础设施影响最为典型的风灾。2005 年 8 月 29 日，大西洋地区历史上最高级别的 5 级飓风"卡特里娜"（Katrina）登陆美国路易斯安那州和密西西比州，290 万用户停电，直接经济损失 750 亿美元；2006 年 8 月 10 号，台风"桑美"登陆中国浙、闽沿海地区，中心风力最高 17 级，是 50 年来登陆中国内地地区最大的超强台风（相当于 5 级飓风），受"桑美"影响，华东电网 4 回 500kV 线路、6 回 220kV 线路、32 回 110kV 线路跳闸，浙、闽各有 1 座 220kV 变电站全停。2013 年 7 月 12 日到 14 日强台风"苏力"影响我国浙闽沿海，浙江电网因强降雨引发 117 条 10kV 线路停运，共涉及低压台区 1607 个，停电用户 59 096 户。2013 年 11 月 14 日，受强台风"海燕"影响，海南电网受损极为严重，各市县输电线设备、变电设备、配电设备等断裂、爆炸，居民区大面积停电。

（3）冰灾。雨雪冰冻也是造成输电线路故障（特别是高山地区）的主要天气现象。近年来冰雪灾害造成某区域电网线路跳闸情况如表 3-2 所示。

表 3-2   冰雪灾害造成某区域电网线路跳闸统计表

年份	线路		主变压器	
	220kV	500kV	220kV	500kV
2008	13 条 19 次	14 条 37 次	2 台 2 次	—
2005	10 条 12 次	11 条 32 次	—	1 台 1 次
2004	8 条 11 次	7 条 14 次	1 台 1 次	

2008 年 1 月 10 日～2 月 2 日，受强冷空气影响，我国南方地区先后出现 4 次大范围低温雨雪冰冻天气，遭遇了 50 年一遇的冰雪灾害，电力系统部分设施遭受毁灭性打击。以湖南省为例，据气象部门报告，全省气温−5～−1℃，降水、降雪量丰富，相对湿度高（90% 以上），风速不大（5～10m/s），持续时间长达 20 余天。线路导地线、绝缘子和铁塔出现厚度不小于 30mm，最严重地区超过 60mm 的严重覆冰，在南方电网海拔 400～1000m 山区的输电线路覆冰厚度最大达 110mm。由于覆冰厚度大大超过规定的设计水平，造成电网设施大量垮塌，电网遭到严重破坏。由暴雪、冻雨导致的大面积舞动或覆冰使得河南、湖南、湖北、江西、安徽、浙江、福建等地输变电线路出现大范围的断线倒塔事故，造成大范围大面积停电限电，包括重要交通枢纽及设施等的供电中断，严重影响了电网安全运行。甚至部分地区电网瓦解，江西赣州电网进入了孤网运行、湖南郴州断电断水十多天。随即引发交通运输、物资调运、市场供应等方面的连锁反应，人民生活一度陷入了困境。综合国务院抢险抗灾应急指挥中心、南方电网和国家电网公布的统计数据显示，灾害导致电网 36 740 条 10kV 及以上电力线路、2016 座 35kV 及以上变电站停运。

310 321 基 10kV 及以上杆塔倒塌及损坏，8165 基 110～500kV 线路因灾倒塔，3330 多万户、约 1.1 亿人口停电，给经济、社会和人民生活造成了极为严重的影响。

这次冰雪灾害对电力系统的破坏性表现为：① 受灾设施主要集中在输电线路大面积断线、倒塔。② 覆冰闪络跳闸数占总线路跳闸数的 58%，是危害电网安全运行的主要原因。③ 变电设备受灾情况较轻，但因长期工作在冻雨和冰冻的气候下，设备也发生了不同程度损坏。变电站内构架、导线、没备覆冰面广，外绝缘放电严重。受灾变电站中，几乎所有隔离开关都存在分不开、合不上或分合不到位的情况。④ 各种电压等级的油断路器受到严重损伤，220kV 及以上等级 SF$_6$ 断路器满容量开断寿命一般在 16～20 次，而冰灾中部分断路器累计开断故障次数达到或超过 20 次，虽然故障电流未超过额定值，但对于断路器灭弧室的烧损和磨损及操动机构机械性能都留下了严重隐患。⑤ 冰雪灾害中气体绝缘封闭组合电器（GIS）未发生故障，这反映了 GIS 不受外部环境变化影响的特点，GIS 整体造价也较高，大约是敞开式变电站的 1.5～2.5 倍。

（4）水灾。暴风雨、飑线风、台风、洪水等都伴随有强降水。2013 年 7 月 25 日，甘肃天水地区发生强降雨，局地最大降雨量达到 119.5mm，引发山体滑坡、道路塌方和河道改径，多条河流暴涨，对天水电网造成严重影响。虽然天水电网主网供电正常。但 6 个县区、23 个乡镇的电网设施受损严重，6 万多户用户停电。娘娘坝镇等 4 个乡（镇）政府所在地停电，有的杆塔基础滑坡，随时都有倒塔的危险。

（5）滑坡、泥石流。山体滑坡、泥石流通常作为山洪、台风、强暴雨的次生灾害而发生。滑坡、泥石流对电力系统的危害与地质构造、地形地貌、陡坡垦殖情况、森林采伐情况、矿山开采与弃渣情况、工程开挖与弃土情况等因素有关。

滑坡、泥石流容易造成电力设施基础损坏、地基下陷，导致杆塔倾斜倒塌，因山体滑坡、地表塌陷沉降地质灾害等引起的过大拉力容易使输电线路中间接头或电缆本体拉断。

2020 年 8 月，甘肃省连续出现 3 轮暴雨天气，引发洪水、滑坡、泥石流等地质灾害，造成甘肃省电力公司共停运 3 条 110kV 输电线路、16 条 35kV 输电线路、14 座 35kV 变电站、357 条 10kV 配电线路、13 417 个配电台区，影响 86.78 万户用户。由持续强降雨导致的山洪冲毁、地面坍塌造成变压器、电线杆等配电设施受损，供电公司通过采取负荷转接、设备更换等方式，恢复了部分居民用电。但由于山体滑坡、道路冲毁、个别地区交通阻断，部分抢修工作受到限制，受灾停电部分区域短期内无法供电。持续暴雨引起的山体滑坡、山洪、泥石流、地面塌陷等灾情的扩大，造成电力设施受损更加严重，停电范围进一步扩大。

（6）雷害。落雷时，在直接击中的导线上产生过电压（称直击雷），同时在导线附近也产生过电压（感应雷）和干扰电磁场，极高的电压会造成电力设备、用户电器设备的毁坏。雷电干扰磁场也会沿各种电缆，如电源线、通信线路窜入设备，造成危害，尤以电力（电源）线的窜入更为突出。

（7）森林火灾。森林火灾一般发生在秋冬季节，火灾的起因是人为放火、雷电闪火、自燃起火等，发生的概率与森林火险等级有较大关系，而且线路走廊着火对电力系统影响最大。森林火灾的影响特点是不易抢救、危害时间长，一般为永久性故障，线路跳闸后重合、强送均难以成功。

2020 年 3 月 30 日 15 时 35 分许，四川省凉山州西昌市经久乡和安哈镇交界的皮家山山脊处突发森林火灾，由森林火灾造成两座 110kV 变电站失压，三条 110kV 线路故障跳闸。在救援过程中因火场风向突变、风力陡增、飞火断路、自救失效，致使参与火灾扑救的 19 人牺牲、3 人受伤。这起森林火灾造成各类土地过火总面积 3047.78hm²，综合计算受害森林面积 791.6hm²，直接经济损失 9731.12 万元。

（8）污秽闪络。当输电线路经过环境污染地区时，空气中可溶性酸、碱、盐类尘埃不同程度地落在电瓷绝缘子表面形成污秽层，这些污秽层一旦遇到潮湿气象条件时，绝缘子沿面闪络电压将显著下降，严重时可导致在工频电压之下发生击穿闪络，此种绝缘污闪是电力生产中重点预防的事故之一。

另外，其他一些自然灾害和气候也会对电网重要基础设施造成一定程度的损坏，如极端气温使得设备老化加剧，成为电力系统安全运行的隐患，极端气温情况下系统负荷率较高，多数设备满负荷运转使得系统抵御事故的能力极差，极易酿成大停电事故。

2. 人为破坏

人为破坏包括恶意偷盗、恐怖袭击、车辆交通、道路施工及其他工程作业和突发公共事件。人为破坏会引发最具破坏性的大停电事故，这是因为破坏者往往将目标对准电力系统的一些关键设施或脆弱环节。

（1）外物砸线。此类事故主要集中发生在 2007 年，主要是电力线路周围一些用户设施由于城镇规划发展的需要，不再继续使用且疏于管理，在外力影响下，发生倾倒或上扬等现象，对电力线路造成破坏事故。2007 年 3 月 30

日，某居民小区废弃烟囱因年久失修突然倒塌，砸在了运行的 10kV 配电线路上，造成了部分用户停电将近 10h 和电力设施损坏的事故。

线树矛盾在外力破坏中也占有一定的比例。2009 年 6 月 25 日和 7 月 17 日由于树枝对导线放电，分别造成一条 110kV 和 220kV 线路跳闸的大面积停电事故。

另外，放飞风筝引发的线路跳闸、停电事故频发。自 2006 年，全系统共发生风筝事故 18 起；2007 年，共发生 20 起。目前，尽管划定了风筝禁飞区，但由于对风筝爱好者的组织、管理处于松散状态，放飞风筝仍存在着很大的随意性。2008 年 7 月 7 日，几个小孩放风筝，造成某 6kV 线路跳闸。

（2）车辆交通、工程施工活动引发事故。有些施工单位只考虑经济效益和施工进度，不重视安全施工，在电力设施周围盲目施工，造成汽车撞杆，吊臂碰塔、线，挖土机拉断电缆等外力破坏事件不断发生。

由于城镇的许多电力线路是沿着道路边架设的，大型自卸车、吊车等在作业或行驶中，驾驶员安全意识淡漠，对作业环境不熟悉极易造成车辆挂线、撞杆事故。2008 年 4 月 13 日，某用户专线被一辆行驶的自卸车挂住，轮胎被击穿，驾驶员遭电击死亡。2010 年 5 月 30 日，某 35kV 用户专线被自卸车挂断后，导线断落在 3 条 6kV 线路上，导致 3 条线路跳闸，造成大面积停电事故。2010 年 3 月 31 日，一辆做牵引的汽车由于绳索突然断裂失控，将变压器台副杆撞断，致使 250kVA 的变压器严重损坏。

当前，一些政府职能部门不经电力部门会签擅自批准在线路下建房、筑路、开沟等，或在配电变压器设施下建经营用房；一些单位和个人擅自在输配电线路保护区内植树；电话线、广播线、电视线与电力线缠绕非常普遍，在线路防护区内兴建房屋、勘探等，施工管理方监管不到位，人员安全意识淡漠，安全措施未落实，施工人员野蛮施工，不顾电力设施安全运行，极易损坏电力设施，造成事故。

（3）偷盗电力设施。我国盗窃电力设施的违法犯罪活动十分猖獗，输配电线路设施被盗频繁发生，电力设施越来越被盗贼觊觎。由于电力设施遍布城乡每个角落，布控难度较大，犯罪分子盗窃电力设施容易得手，很少被当场抓获，销赃简便，胆子越来越大，被盗窃破坏电力设施的等级和规模也不断升级。从停运的不带电设施到带电运行设施，从低压设施到高压设施，盗窃方式也由单独作案发展到团伙作案，由偶然作案发展到专业作案，由过去主要盗窃一些偏远地区停运或废弃的农村配电支线、冬季停运的野外排灌机井、配电变压器、开关箱、电缆等，发展到公然盗窃带电运行中的主干线路、公用配电变压器、甚至偷盗建设施工中的 110～220kV 输电工程设施。据不完全统计，我国电力系统共发生偷盗破坏电力设施案件近 5 万起，造成直接经济损失近 2 亿元，由此带来的电力损失和间接经济损失更是不可估量。在全国范围内，因盗窃高压输电线路塔材，造成 220kV 线路，甚至 500kV 高压箱电线路倒杆、倒塔，酿成大面积停电的事故也时有发生。恶性盗窃电力设施案件，严重威胁了我国电网的安全运行，给工农业生产和人民群众生活用电带来了不可估量的损失。

（4）恐怖袭击。恐怖组织比个别破坏分子更加容易发动对电力系统的袭击。恐怖组织对电力系统发动的袭击后果十分严重，而为有效地防御恐怖袭击所付出的代价是十分昂贵的。对电力系统的恐怖袭击主要有 3 种类型：

1） 对电力系统主体设施的直接攻击，恐怖分子可能同时攻击 2 个及以上变电站或输电线，从而引发电网大面积停电事故；

2） 借助电力系统辅助设施进行攻击，恐怖分子可能利用电力系统的辅助设施实施攻击；

3） 以电力系统作为攻击的路径，恐怖分子可能利用电力系统的某些设施作为路径，袭击电子网络设施，如黑客通过网络制造病毒、恐怖分子通过电网耦合一个电磁脉冲去破坏计算机网络、通信系统、甚至电力交易市场。

3.2.2 脆弱性中的承灾体

电能从生产到消费一般要经过发电、输电、配电和用电四个环节。对于图 3-1 所示的简单电力系统而言，首先是发电环节，这个环节是在发电厂完成的。由于发电机绝缘条件的限制，发电机的最高电压一般在 22kV 及以下。其次是输电环节，输电系统是将发电厂发出的电能输送到消费电能的地区（也称负荷中心），或进行相邻电网之间的电能互送，使其形成互联电网或统一电网。为了降低线路的电能损耗、增大电能输送的距离，发电厂发出的电能通常需要通过升高电压才能接入不同电压等级的输电系统。第三是配电环节，配电系统就是将来自高压电网的电能以不同的供电电压分配给各个电力用户。最后是用电环节，电力用户根据不同的能量需求通常采用中、低压供电和消费。如图 3-1 所示，在电力系统中，需要多次采用升压或降压变压器对电压进行变换，也就是说在电力系统中采用了很多不同的电压等级。

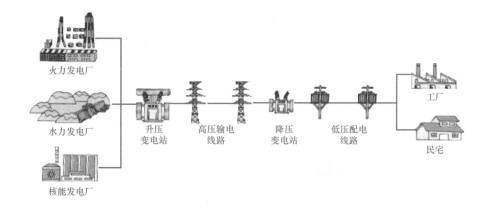

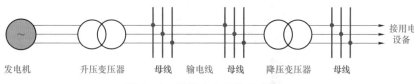

图 3-1 简单电力系统示意图

根据电网应急脆弱性的定义，承灾体即为电网重要基础设施。电网重要基础设施是指电网的重要枢纽变电站、换流站，特高压线路等重要基础设施。

1. 枢纽变电站

变电站是把一些设备组装起来，用以切断或接通、改变或者调整电压，在电力系统中，变电站是输电和配电的集结点。

根据其在电力系统中的地位和作用，可以分为枢纽变电站、中间变电站、区域（地方）变电站、企业变电站和末端（用户）变电站。

枢纽变电站：枢纽变电站位于电力系统的枢纽点，电压等级一般为330kV 及以上，联系多个电源，出现回路多，变电容量大；全站停电后将造成大面积停电或系统瓦解，枢纽变电站对电力系统运行的稳定和可靠性起到重要作用。

中间变电站：中间变电站位于系统主干环行线路或系统主要干线的接口处，电压等级一般为 330～220kV，汇集 2～3 个电源和若干线路。全站停电后，将引起区域电网的解列。

地区变电站：地区变电站是一个地区和一个中、小城市的主要变电站，电压等级一般为 220kV，全站停电后将造成该地区或城市供电的紊乱。

企业变电站：企业变电站是大、中型企业的专用变电站，电压等级为 35～220kV，1～2 回进线。

图3-2 给出了变电站主要设备的示意图，图中除了所示的变压器、导线、绝缘子、互感器、避雷器、隔离开关和断路器等电气设备外，还有电容器、套管、阻波器、电缆、电抗器和继电保护装置等，这些都是变电系统中必不可缺的设备。

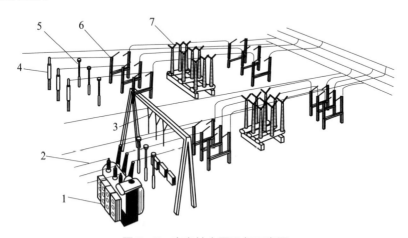

图3-2 变电站主要设备示意图

1—变压器；2—导线；3—绝缘子；4—互感器；5—避雷器；6—隔离开关；7—断路器

（1）变压器。变压器是利用电磁感应原理对变压器两侧交流电压进行变换的电气设备，实现电网的电压等级变换，是变电站主要设备。

电力变压器绕组的绝缘和冷却方式是影响变压器使用的主要因素。一般按变压器绕组的绝缘和冷却方式进行划分，分为油浸式、干式两种形式。

油浸式变压器：以油为变压器绕组的绝缘和冷却方式，散热较好，性价比较适中，但防火、防爆性能较差。

干式变压器：以环氧树脂为变压器绕组的绝缘和冷却方式（用环氧树脂浇注变压器绕组）散热稍差，价格高，但防火、防爆性能好，在现代建筑中的应用日益增多。

（2）断路器。它不仅可以切断或闭合高压电路中的空载电流和负荷电流，而且当系统发生故障时在继电器保护装置的作用下，可迅速地切断过负荷电流和短路电流，以防止故障扩大。

作为闭合和开断电路的高压断路器，必须有完善有效的措施迅速灭弧。因此，断路器按灭弧介质和灭弧方式进行分类如下：

1）少油断路器（少油、多油）。以油作为灭弧介质，多油断路器已趋于淘汰，少油断路器由于价格适中，在早期的建筑供配电系统中较常用，但有火灾危险。

2）空气断路器。以压缩空气作为灭弧介质，断路器分断电流能力强，但造价高、维护要求高，一般只在大型变电站采用。

3）六氟化硫（SF$_6$）断路器。采用具有良好灭弧和绝缘性能的 SF$_6$ 气体作为灭弧介质，灭弧性能好，开断能力强，允许连续开断次数较多，适用于频繁操作，噪声小，无火灾危险，机电磨损小等，是一种性能优异的"维修"断路器。在高压电路中应用越来越多，但价格较高。

4）真空断路器。采用真空作为灭弧介质，具有分断电流能力强、结构简单、重量轻、体积小、维护要求低、无爆炸危险等优点，近年来发展较快，在建筑供配电系统中使用越来越多，不足之处是价格较贵。

高压断路器在发生故障时，能够在继电保护装置的控制下，自动切断故障电流，因此高压断路器还应配有相应的操作机构以实现自动动作，操作机构有以下几种形式：

手动式：以人工手动方式进行分、断操作，简单，但不能提供自动分、断操作；

电动式：以电磁力作为断路器分、断操作的动力；

弹簧式：以弹簧力作为断路器分、断操作的动力；

液压式：用液压机构提供断路器分、断操作的动力；

气动式：用压缩空气提供断路器分、断操作的动力。

高压断路器是变电站主要的电力控制设备，当系统正常运行时，它能切断和接通线路及各种电气设备的空载和负载电流；当系统发生故障时，它和继电保护配合，能迅速切断故障电流，以防止扩大事故范围。因此，高压断路器工作的好坏，直接影响到电力系统是否安全运行。目前，我国无人值班变电站最常用的两种高压断路器是 SF$_6$ 断路器和真空断路器。

（3）隔离开关。隔离开关不具备分断负载电流的作用，一般与断路器配合使用，隔离开关在断开后有明显的断开点，以确保"隔离"作用。主要体现在：

1）在对高压电气设备检修时，用隔离开关将检修的设备与其他带电体可靠地分隔，以保证检修人员的安全；

2）在需要进行"倒闸操作"时，利用隔离开关将设备或供电线路从一组母线切换到另一组母线。

（4）互感器。互感器是按比例变换电压或电流的设备。主要功能是将变电站高电压导线对地电压或流过高电压导线的电流按照一定的比例转换为标准低电压或标准小电流（5A 或 1A，均指额定值），以便实现测量仪表、保护设备及自动控制设备的标准化、小型化；互感器还可用来隔开高电压系统，以保证人身和设备的安全。

对于大电流、高电压系统，不能直接将电流和电压测量仪器或表计接入系统，这就需要将大电流、高电压按照一定的比例变换为小电流、低电压。通常利用互感器完成这种变换。互感器分为电流互感器和电压互感器，分别用于电流和电压变换，由于它们的变换原理和变压器相似，因此也称为测量变压器。互感器的主要作用：① 互感器可将测量或保护用仪器仪表与系统一次回路隔离，避免短路电流流经仪器仪表，从而保证设备和人身安全；② 由于互感器一次侧和二次侧只有磁联系，而无电的直接联系，因而降低了二次仪表对绝缘水平的要求；③ 互感器可以将一次回路的高压统一变为 100V 或 100/3V 的低电压，将一次回路中的大电流统一变为 5A 的小电流。这样，互感器二次侧的测量或保护用仪器仪表的制造就可做到标准化。

1）电流互感器。电流互感器是将一次回路的大电流变换成二次回路的小电流（通常额定电流为 5A）。变换的目的是为了降低监视、检测、计量系统工作状态的二次回路的电流，以提高安全性能和降低二次回路的设备成本。

按电流变换原理可分为电磁式电流互感器和光电式电流互感器。电磁式电流互感器是根据电磁感应原理实现电流变换的电流互感器；光电式电流互感器是通过光电变换原理以实现电流变换的电流互感器。

随着电力传输容量的不断增长和电网电压的提高，传统的电磁式结构的互感器已暴露出许多缺点，其主要包括以下两方面：

a. 电压等级越高，其制造工艺越复杂，可靠性越差，造价越高。

b. 带导磁体的铁芯易产生磁饱和与铁磁谐振，且有动态范围小、使用频带窄等缺陷。上述问题难以满足目前电力系统对设备小型化和在线监测、高精度故障诊断、数字传输等发展的需要。

2）电压互感器。电压互感器和变压器原理类似，都是用来变换线路上的电压。但是变压器变换电压的目的是为了输送电能，因此容量很大，一般都是以千伏安或兆伏安为计算单位；而电压互感器变换电压的目的，主要是用来给测量仪表和继电保护装置供电，用来测量线路的电压、功率和电能，或者用来在线路发生故障时保护线路中的贵重设备、电机和变压器，因此电压互感器的容量很小，一般都只有几伏安、几十伏安，最大也不超过1kVA。

电压互感器按电压变换原理划分可分为电磁式电压互感器、电容式电压互感器和光电式电压互感器。电磁式电压互感器根据电磁感应原理变换电压，原理与基本结构和变压器完全相似，我国多在 220kV 及以下电压等级采用。电容式电压互感器由电容分压器、补偿电抗器、中间变压器、阻尼器及载波装置防护间隙等组成，目前我国 110～500kV 电压等级均有应用，超高压只生产电容式电压互感器。光电式电压互感器通过光电变换原理以实现电压变换，近年来才开始使用。

（5）电抗器。在电力系统发生短路时，会产生数值很大的短路电流。如果不加以限制，要保持电气设备的动稳定和热稳定是非常困难的。因此，为了满足某些断路器遮断容量的要求，常在出线断路器处串联电抗器，增大短路阻抗，限制短路电流。

由于采用了电抗器，在发生短路时，电抗器上的电压降较大，所以也起到了维持母线电压水平的作用，使母线上的电压波动较小，保证了非故障线路上的用户电气设备运行的稳定性。

电抗器按结构及冷却介质分为空芯式电抗器、铁芯式电抗器、干式电抗器、油浸式电抗器等，例如干式空芯电抗器、干式铁芯电抗器、油浸铁芯电抗器、油浸空芯电抗器、夹持式干式空芯电抗器、绕包式干式空芯电抗器、水泥电抗器等。

按接法分为并联电抗器和串联电抗器。其中，并联电抗器一般接在超高压输电线的末端和地之间，起无功补偿作用。发电机满负载试验用的电抗器是并联电抗器的雏形。串联电抗器（通常也称阻尼电抗器）与电容器组或密集型电容器相串联，用以限制电容器的合闸涌流，这一点，作用与限流电抗器相类似。滤波电抗器与滤波电容器串联组成谐振滤波器，一般用于 3 次至 20 次的谐振滤波或更高次的高通滤波，直流输电线路的换流站、相控型静止补偿装置、中大型整流装置、电气化铁道，以至于所有大功率晶闸管控制的电力电子电路都是谐波电流源，必须加以滤除，不让其进入系统。

（6）组合电器。为了减少变电站的占地面积近年来积极发展气体绝缘金属封闭开关设备（GIS）。它把断路器、隔离开关、母线、接地开关、互感器、出线套管或电缆终端头等分别装在各自密封间中，集中组成一个整体外壳充以六氟化硫气体作为绝缘介质。这种组合电器具有结构紧凑体积小、重量轻、不受大气条件影响、检修间隔长、无触电事故和电噪声干扰等优点，它的缺点是价格贵，制造和检修工艺要求高。

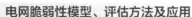

GIS 的发展与 SF_6 断路器的发展休戚相关。GIS 的发展主要表现在高电压大容量化、三相共筒化、小型化三个方面。三相共筒化代表着 GIS 在较低电压等级的发展方向，三相共筒式的 GIS 是指将主回路元件的三相装在公共的接地外壳内，通过环氧树脂浇注绝缘子支撑和隔离。这种 GIS 结构紧凑，一般可缩小 40%以上的占地面积；由于外壳数量减少，故可大大节省材料；又由于密封点数和密封长度减少，故漏气率低，还可减少涡流损失和现场安装工作量。

GIS 因组合又密封，体积大为缩小，大大节省了变电站的面积，带来综合效益。GIS 在大城市和工业密集区的中心变电站，重污秽、高海拔、多地震区、高层建筑内部或地下室及其他场合使用，具有很大的优越性。电压等级越高，技术经济效益越好。

2. 输电线路

输电线路是电网的重要组成部分，若输电线路存在的安全隐患不能得到及时、有效治理，就不可能保证线路的安全运行，不但会危及电网安全运行，还可能造成用户停电，直接影响企业正常生产、居民生活用电。

输电系统电压等级一般分为高压、超高压和特高压。在国际上，对于交流输电系统，通常把 35～220kV 的输电电压等级称为高压（HV），把 330～750（765）kV 的输电电压等级称为超高压（EHV），而把 1000kV 及以上的输电电压等级通称为特高压（UHV）。另外，一般把 ±500kV 电压等级的直流输电系统称为高压直流输电系统（HVDC）。对我国目前绝大多数交流电网来说，高压电网指的是 110kV 和 220kV 电压等级的电网，超高压电网指的是 330、500kV 和 750kV 电压等级的电网，特高压电网指的是正在建设的 1000kV 交流电压等级和 ±800kV 直流电压等级的输电系统。除了实现电能的大规模和远距离输送的需求之外，特高压电网还可以大幅度提高电网自身的安全性、可靠性、灵活性和经济性，具有显著的社会、经济效益。

输电线路按结构分为架空线路和电缆线路，本项目中只研究架空线路。架空线路是通过铁塔、水泥杆塔架设在空气中的导线，一般为裸导线。架空线路造价低廉，是目前主要的线路形式，缺点是占用通道面积大。

架空线路主要由避雷线、导线、金具、绝缘子、杆塔、拉线和基础等元件组成。架空线路的显著优点是线路结构简单、施工周期短、建设费用低、输送容量大、维护检修方便。架空输电线路组成简图如图 3-3 所示。

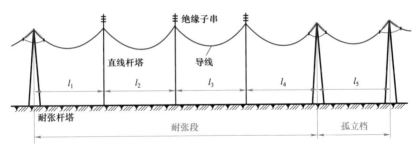

图 3-3　架空输电线路的组成

（1）导线。导线是线路的主要组成部分，用来传输电流，结构可分为单股线、单金属多股绞线、复合金属多股绞线三种形式。

由于导线常年在大气中运行，经常承受拉力，并受风、冰、雨、雪和温度变化的影响，以及空气中所含化学杂质的侵蚀。因此，导线的材料除了应有良好的电导率外，还须具有足够的机械强度和防腐性能。目前在输电线路设计中，架空导线和避雷线通常用铝、铝合金、铜和钢材料做成，它们具有电导率高，耐热性能好，机械强度高，耐振、耐腐蚀性能强，重量轻等特点。

现在的输电线路多采用中心为机械强度高的钢线，周围是电导率较高的硬铝绞线的钢芯铝绞线。钢芯铝绞线比铜线电导率略小，但是具有机械强度高、重量轻、价格便宜等特点，特别适用于高压输电线。钢芯铝绞线由于其抗拉强度大，弧垂小，所以可以使档距放大。此外，还有以下几种特殊用途的导线：

1）大档距导线。国外大跨越中，要求导线具有特高抗拉强度，采用过硅铜线、镀锌钢线、铝包钢线等。

2）防腐蚀导线。线路经过海边及污秽地区，为提高导线的抗腐蚀能力，延长使用寿命，制造了各种防腐蚀导线，例如镀铝钢线、铝包钢线、钢芯涂防腐油等。北欧一些国家生产钢芯铝线时钢芯就涂以凡士林进行防腐蚀保护。

3）自阻尼导线。又称防振导线，加拿大、挪威等国已使用，认为使用它可以提高运行应力而不必加防振措施。

4）光滑导线。光滑导线由于外径较普通导线略小，可减少导线承受的风和冰荷载，由于表面光滑可减少导线舞动现象。在欧洲，美国、日本都已得到应用。

5）分裂导线。一般每 2 根为水平排列，3 根为两上一下倒三角排列，4 根为正方形排列。分裂导线在超高压线路得到广泛应用。它除具有表面电位梯度小，临界电晕电压高的特性外，还有以下优点：单位电抗小，其电气效果与缩短线路长度相同；单位电纳大，等于增加了无功补偿；用普通标号导线组成，制造较方便；分裂导线装间隔棒可减少导线振动，实测表明二分裂导线比单根导线减小振幅 50%，减少振动次数 20%，四分裂减少更大。

（2）避雷线。避雷线作用是防止雷电直接击于导线上，并把雷电流引入大地。避雷线悬挂于杆塔顶部，并在每基杆塔上均通过接地线与接地体相连接，当雷云放电雷击线路时，因避雷线位于导线的上方，雷首先击中避雷线，并借以将雷电流通过接地体泄入大地，从而减少雷击导线的概率，起到防雷保护作用。35kV 线路一般只在进、出发电厂或变电站两端架设避雷线，110kV 及以上线路一般沿全线架设避雷线，避雷线常用镀锌钢绞线。常用的截面积是 25、35、50、70mm²，导线的截面积越大，使用的避雷线截面积也越大。

（3）杆塔。

1）杆塔按其作用分为直线杆塔、直线转角杆塔、耐张杆塔、转角杆塔、终端杆塔、跨越杆塔、换位杆塔、分支杆塔等。

a. 直线塔（z）。用于线路的直线中间部分，以悬垂的方式支持导、地线，主要承受导、地线自重或覆冰等垂直荷载和风压及线路方向的不平衡拉力。直线杆塔是线路中使用最多的一种杆塔，一般占全线杆塔总数的 80%以上。在正常情况只承受导线风压和重量，结构比较简单，材料消耗量较少，造价较低。

b. 直线转角塔。除起直线塔的作用外，还用于小于 5°的线路转角。

c. 耐张塔（N）。支承导线和地线，能将线路分段，限制事故范围，便于施工检修；除承受直线杆塔承受的荷载外，还承受导、地线的直接拉力，事故情况下承受断线拉力。故杆塔强度要求较高，结构也较复杂，钢材消耗量和造价都比较高。

d. 转角杆塔（J）。用于线路转角处，一般是耐张型的。除承受耐张塔承受的荷载外，还承受线路转角造成的合力。

e. 终端杆塔（D）。用于整个线路的起止点，是输电线路进出变电站或发电厂的最后或最初一基杆塔。是耐张杆塔的一种形式，但受力情况较严重，需承受单侧架线时全部导、地线的拉力。

f. 分支杆塔（F）。用于线路的分支处。受力类型为直线杆塔、耐张杆塔和终端杆塔的总和。

g. 跨越塔（K）。用于高度较大或档距较长的跨越河流、铁路及电力线路杆塔。

h. 换位杆塔（H）。用于较长线路变换导线相位排列的杆塔。

2）按根据杆塔材料分：木杆、钢筋混凝土杆塔和铁塔。

3）按回路分类分：单回杆塔、双回杆塔和多回杆塔。

（4）金具。架空线路上使用的金属部件，统称为线路金具。起支持、紧固、连接、保护导线和避雷线的作用，金具可分为如下种类。

1）支持金具（悬垂线夹）。起支撑作用，具备固定性和释放性，将导线悬挂于直线杆塔上，有较好的动态应力承受能力，可提供足够地握紧力来保护导线。

2）紧固金具（耐张线夹）。承受全张力，将导线或地线连接至终端杆塔、耐张杆塔上。

3）连接金具。专用连接金具和通用连接金具，用于将悬式绝缘子组装成串，并将绝缘子串连接、悬挂在杆塔横担上。

4）接续金具。用来连接导线或避雷线的，主要为导线各种压接方式（钳压、液压、爆压等）所用的接续管及补修管、并沟线夹、预绞丝等。

导线用接续条来连接铝绞线、钢芯铝绞线、铝包钢绞线和铝包钢芯铝绞线等导线，使其达到原有机械强度和导电性能；钢绞线用接续条用来连接钢绞线，使其达到原有机械强度。

5）拉线金具。主要用于固定拉线杆塔。用于拉线的紧固、调整和连接，可分为紧线、调节及连接三类。

6）固定金具。用来将导线固定在绝缘子串上，或将避雷线固定在金具串上，如悬垂线夹、耐张线夹。此外，在超高压线路上为了防止和减少电晕的影响，还采用了 XGF 型防晕悬垂线夹。

7）保护金具。包括导线及避雷线的防振金具和绝缘金具。防振金具有：防震锤、护线条、阻尼线、补修条、铝包带等。绝缘金具有：间隔棒、均压环、屏蔽环、重锤等。

（5）绝缘子。绝缘子是线路绝缘的主要元件，用来支撑或悬吊导线使之与杆塔绝缘，保证线路具有可靠的电气绝缘强度，用来支持或悬挂导线，并使导线与杆塔间不发生闪络，它是由硬质陶瓷或玻璃、塑料制成的。绝缘子的种类如下：

1）针式绝缘子。主要用于线路电压不超过 35kV，导线张力不大的直线杆或小转角杆塔。优点是制造简易、价廉，缺点是耐雷水平不高，容易闪络。

2）瓷横担绝缘子。这种绝缘子已广泛用于 110kV 及以下线路，它具有许多显著的优点，如绝缘水平高；同时起到横担和绝缘子的作用，能节约大量钢材，并能提高杆塔悬挂点高度，可节约线路投资 25%～30%；运行中便于雨水冲洗。

3）悬式绝缘子：在 35kV 及以上架空线路采用。通常把它们组装成绝缘子串使用，每串绝缘子的数目与额定电压有关。

另外，按其制造材料可分为瓷绝缘子和钢化玻璃绝缘子；按其金属附件连接方式分为球形和槽形。按机电破坏荷载可分为 4、6、7、10、16、21、30t 共 7 个级别。每种绝缘子又分普通型、耐污型、空气动力型和球面型等多种类型。防污绝缘子用于通过污秽地区（如工业、化工区或接近沿海、盐场、盐碱地区等）的线路区段上。因为线路通过这些地区时，绝缘子表面易沉积一层污秽物质，在下雾、毛毛细雨的天气，绝缘子表面沉积的污秽物质受到潮湿后，会使绝缘子的耐压值显著降低，往往引起闪络，即所谓污闪。防污绝缘子的高度与普通绝缘子相同，但泄漏距离较大，从而可以防止绝缘子的污闪。

（6）杆塔基础。杆塔基础是用来支撑杆塔的，一般受到下压力、上拔力和倾覆力等作用。

1）钢筋混凝土杆塔基础。钢筋混凝土杆塔一般为装配式预制基础，包括底盘、卡盘，其中带拉线杆塔基础包括底盘和拉线盘。底盘承受下压力，卡盘承受倾覆力，拉线盘承受上拔力。

2）铁塔基础。铁塔基础的种类繁多，有普通混凝土基础、钢筋混凝土基础、装配式混凝土基础、圆锥形薄壳基础、板条式基础、拉 V 塔基础、金属基础。

3. 换流站

换流站是指在高压直流输电系统中，为了完成将交流电变换为直流电或者将直流电变换为交流电的转换，并达到电力系统对于安全稳定及电能质量的要求而建立的站点。换流站主要设备布置如图 3-4 所示。

换流站中应包括的主要设备或设施有：换流阀、换流变压器、平波电抗器、交流开关设备、交流滤波器及交流无功补偿装置、直流开关设备、直流滤波器、控制与保护装置、站外接地极以及远程通信系统等。交流场中的设备基本同变电站，这里就不做赘述。

（1）换流变压器和换流阀。由换流变压器和换流阀组成的换流装置是换流站的核心。换流阀有早期的汞弧换流阀和近代的晶闸管换流阀。20 世纪 50 年代末以来，晶闸管技术的迅速发展，使单个元件容量增大，可靠性提高，价格逐步降低、无逆弧故障，维护检修方便，占地面积小。20 世纪 70 年代晶闸管换流阀已经代替汞弧阀。

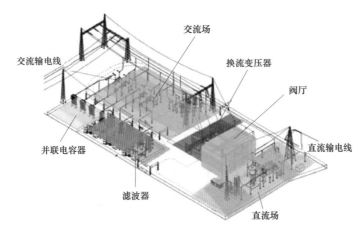

图 3-4　换流站主要设备布置图

直流输电系统中换流器所包含的变压器称为换流变压器，换流变压器是直流输电系统中的关键设备之一。在整流换流器中换流变压器为换流设备提供交流电能，换流器将交流电能转换为直流电能并通过直流输电线路传输；在逆变换流器中换流变压器接受逆变换流器将直流电能转换为交流的电能，并将其输送到其他交流供电网路中。

换流变压器在漏抗、绝缘、谐波、直流偏磁、有载调压和试验等方面与普通电力变压器有着不同的特点。换流变压器由于直流偏磁电流和谐波电流使得噪声增大。换流变压器与普通变压器最大的不同是阀侧绕组除承受交流电压外，还承受直流电压的作用。绝缘设计上要考虑直流耐压和极性反转作用。

（2）平波电抗器。平波电抗器作用如下：

1）限制故障电流的上升率。

2）平滑直流电流的纹波。

3）防止直流低负荷时的电流断续。

4）防止直流线路或直流场所产生的陡波冲击波进入阀厅，保护换流阀免受过电压应力而损坏。

5）与直流滤波器一起构成直流谐波滤波回路，分为干式平波电抗器、油浸式平波电抗器两类。

（3）直流断路器。

1）直流断路器种类。

a. 中性母线高速开关（NBS）：在每站每极的中性母线上都安装了中性母

线高速开关。其功能是开断极或线路的任何故障造成的直流故障电流。直流断路器无法像交流断路器那样，可以利用交流电流过零的机会实现灭弧。为了使直流断路器也能有效开断直流电流，目前使用较多的方法就是利用一个LC串联电路对主触头间的弧道放电产生振荡电流，叠加在将被断开的直流电流上，造成过零点，从而实现灭弧。

b. 金属回路转换开关（MRTB）：一般安装在整流侧。其功能是将直流电流从低阻抗的大地回路转换到高阻抗的金属回路。

c. 大地回路转换开关（GRTS）：一般安装在整流侧。其功能是将直流电流从高阻抗的金属回路转换到高阻抗的大地回路。

d. 高速接地开关（NBGS）：整流站和逆变站都配置。其功能是在双极运行条件下，当失去接地极时，快速将中性母线接至站内接地网。该开关需具备将双极运行不平衡电流转换到临时接地极的能力。

2）直流断路器形式。

a. 无源型叠加振荡电流方式：利用电弧电压随电流增大而下降的非线性负电阻效应，在与电弧间隙并联的LC回路中产生自激振荡，使电弧电流叠加上增幅振荡电流，在总电流过零时实现遮断。

b. 有源型叠加振荡电流方式：由外部电源先向振荡回路的电容C充电，然后电容C通过电感L向断路器的电弧间隙放电，产生振荡电流叠加在原电弧电流之上，并强迫电流过零。这种方式容易产生足够幅值的振荡电流，开断的成功率较高。

（4）直流电流互感器。直流电流互感器也分为电磁型和光电型两类。

电磁型直流电流互感器的原理：主要组成部分为饱和电抗器、辅助交流电源、整流电路和负荷电阻等，工作原理类似于磁放器，当主回路直流电流变化时，将在负荷电阻上得到与一次电流成比例的二次直流信号。

光电型直流电流互感器的原理：采样电信号，经电光转换后以光信号传输至接收终端，再经光电转换后以电信号进入控制保护系统。

（5）直流电压互感器。直流电压互感器的原理：利用组容分压的原理，又叫阻容分压器。分为充油式和充气式。

（6）高频阻波器。高频阻波器的作用：串接在高压线路两端，专供高频保护及高频载波通信遥控、遥测等使用的高压电器设备，对高频信号进行阻塞，起到减少高频能量损耗的作用。高频阻波器与耦合电容器、结合滤波器、高频电缆、高频通信机等组成电力线路高频通信通道。

（7）耦合电容器。耦合电容器的作用：使强电与弱电两个系统通过电容耦合，给高频信号构成通路，并且阻止高压工频电流进入弱电系统，使强电系统与弱电系统隔离，保证人身安全。

3.2.3　脆弱性中的承灾体和灾害体之间的关系

根据电网应急脆弱性的定义，脆弱性中的恢复力是指承灾体在面对灾害体伤害的同时也具有对灾害体的抵御和恢复能力。主要是指电力系统二次设备的自我保护功能和电网重要基础设施的应急响应恢复能力。

1. 电力系统二次设备

电力系统二次设备包括继电保护及安全自动装置（简称继保装置）、直流系统单元、防误闭锁装置、综合自动化系统和 RTU 单元。

（1）继保装置。在电力系统运行中，外界因素（如雷击、鸟害等）、内部因素（绝缘老化，损坏等）及操作等，都可能引起各种故障及不正常运行的状态出现。电力系统继保装置是在电力系统发生故障和不正常运行情况时，用于快速切除故障，消除不正常状况的重要自动化技术和设备。电力系统发生故障或危及其安全运行的事件时，他们能及时发出告警信号，或直接发出跳闸命令以终止事件。继保装置的作用如下：

1）监视电力系统的正常运行，当被保护的电力系统元件发生故障时，应该由该元件的继保装置迅速准确地给脱离故障元件最近的断路器发出跳闸命令，使故障元件及时从电力系统中断开，以最大限度地减少对电力系统元件本身的损坏，降低对电力系统安全供电的影响。当系统和设备发生的故障足以损坏设备或危及电网安全时，继保装置能最大限度地减少对电力系统元件本身的损坏，降低对电力系统安全供电的影响。（如单相接地，变压器轻、重瓦斯信号，变压器温升过高等）。

2）反应电气设备的不正常工作情况，并根据不正常工作情况和设备运行维护条件的不同发出信号，提示值班员迅速采取措施，使之尽快恢复正常，或由装置自动地进行调整，或将那些继续运行会引起事故的电气设备予以切除。反应不正常工作情况的继保装置允许带一定的延时动作。

3）实现电力系统的自动化和远程操作，以及工业生产的自动控制。如：自动重合闸、备用电源自动投入、遥控、遥测等。

电力系统继保装置包括：线路（含电缆）、母线、变压器、电抗器、断路器、电容器和电动机等的保护装置；电力系统故障录波及测距装置；电力系统安全自动装置（简称安自装置）。

1）线路保护。线路保护包括：

a. 线路主保护，包括全线速动保护以及不带时限的线路 I 段保护；

b. 线路后备保护，包括接地距离保护、相间距离保护、相电流保护、零序电流保护；

c. 其他保护。

2）母线保护。母线保护包括：

a. 母线主保护，包括差动保护；

b. 集中配置的失灵保护；

c. 其他保护。

3）变压器保护。变压器保护包括：

a. 变压器主保护，包括重瓦斯保护、差动保护等；

b. 变压器后备保护，包括阻抗保护、相电流保护、零序保护、间隙接地保护；

c. 变压器异常保护，包括过负荷保护、过励磁保护、过电压保护；

d. 其他保护。

4）并联电抗器保护。并联电抗器保护包括：

a. 并联电抗器主保护，包括差动保护、重瓦斯保护、匝间保护；

b. 并联电抗器后备保护，包括相电流保护、零序电流保护。

5）断路器保护。断路器保护包括：

a. 失灵保护；

b. 充电保护、死区保护、非全相保护；

c. 其他保护。

6）故障录波及测距装置。故障录波装置是电力系统发生短路故障、系统振荡、频率崩溃、电压崩溃等大扰动时能自动记录的一种装置，一般可记录故障前几百毫秒、故障后几千毫秒时间段内的电压、电流、功率变化及继电保护动作的情况。

故障测距装置又称为故障定位装置，是一种测定故障点位置的自动装置。它能根据不同的故障特征迅速准确地测定故障点，这不仅大大减轻了人工巡线的艰辛劳动，而且还能查出人们难以发现的故障。因此它给电力生产部门带来的社会和经济效益是难以估计的。

故障录波及测距装置包括故障录波器和故障测距装置。

7）安全自动装置。安全自动装置指防止电力系统失去稳定和避免电力系统发生大面积停电的自动保护装置。如输电线路自动重合闸、电力系统稳定控制装置、电力系统自动解列装置、按频率降低自动减负荷装置和按电压降低自动减负荷装置等。其作用是反应电力系统及其部件运行异常，并能自动控制其在尽可能短的时间内恢复到正常运行状态。安全自动装置包括：

a. 解列装置：振荡解列、低压解列、过负荷解列、低频解列、功角超值解列装置；

b. 就地安全自动装置：就地切机、就地切负荷装置；

c. 远方安全自动装置：远方切机、远方切负荷、综合稳定装置；

d. 减负荷装置：低频减负荷、低压减负荷、过负荷减负荷装置；

e. 备用电源自动投入装置。

（2）其他设备。

1）直流系统单元。直流系统单元是应用于水力、火力发电厂，各类变电站和其他使用直流设备的用户，为给信号设备、保护、自动装置、事故照明、应急电源及断路器分、合闸操作提供直流电源的电源设备。直流系统是一个独立的电源，它不受发电机、厂用电及系统运行方式的影响，并在外部交流电中断的情况下，保证由后备电源—蓄电池继续提供直流电源的重要设备。

2）防误闭锁装置。防误闭锁装置具备以下功能：

a. 防止误分、误合断路器；

b. 防止带负荷拉、合隔离开关；

c. 防止带电挂（合）接地极；

d. 防止带电挂地线或带地线合刀闸；

e. 防止误入带电间隔。

3）变电站综合自动化系统。变电站综合自动化系统是利用先进的计算机技术、现代电子技术、通信技术和信息处理技术等实现对变电站二次设备（包括继电保护、控制、测量、信号、故障录波、自动装置及远动装置等）的功能进行重新组合、优化设计，对变电站全部设备的运行情况执行监视、测量、控制和协调的一种综合性的自动化系统。通过变电站综合自动化系统内各设备间相互交换信息、数据共享，完成变电站运行监视和控制任务。变电站综合自动化替代了变电站常规二次设备，简化了变电站二次接线。变电站综合自动化是提高变电站安全稳定运行水平、降低运行维护成本、提高经济效益、向用户提供高质量电能的一项重要技术措施。

变电站实现综合自动化后，不论是有人值班还是无人值班，操作人员不是在变电站内，就是在主控站或调度室内，面对彩色屏幕显示器，对变电站的设备和输电线路进行全方位的监视和操作。

4）远程终端单元（remote terminal unit，RTU）。RTU 就是电网监视和控制系统中安装在发电厂或变电站的一种远动装置，是调度自动化、变电站自动化、无人值守变电站、配电自动化和过程控制自动化系统中的关键设备。RTU 的职能是采集所在发电厂或变电站表征电力系统运行状态的模拟量和状态量，监视并向调度中心传送这些模拟量和状态量，执行调度中心发往所在发电厂或变电站的控制和调节命令。

2. 电力系统应急能力

根据应急的一般理论，电网应急的过程包括事故减缓、应急保障、指挥协调和善后恢复四个主要阶段。这四个阶段是一体和连续的动态过程，只有功能的连接过渡，没有明显的区间界限。在应急管理的每一个阶段，都需要落实相关的工作以应对突发事件的发生。

当前国外的电网应急体系都是作为社会应急的一部分来考虑。美国、日本、德国、英国、澳大利亚和俄罗斯等国家都先后建立了比较完善的应急管理体系。

通过实施应急能力评价加强应急能力建设，美国是世界上做得最早、也是最成功的国家。联邦紧急事务管理局（FEMA）和联邦紧急事务管理委员会（national emergency management association，NEMA）联合开发了应急管理准备能力评估程序（capability assessment for readiness，CAR）。该评估着重于应急管理工作中的 13 项管理职能，分别为法律与职权、灾害鉴定和风险评估、灾害管理、物资管理、计划、指挥控制协调、通信和预警、行动程序、后勤装备、训练、演习、公众教育信息、财政管理。每个紧急事务管理职能分成若干个属性，每个属性又细分为若干个特征。评分标准分为 4 种，分别为 3、2、1 分以及 N/A，分数定义如下：3 分，列表说明各评价要素完全符合；2 分，大致上都符合；1 分，急需加强、改进；N/A，不需评估。

日本于 2002 年设定了防灾能力及应急管理应急能力的评价项目，主要包括：危机的掌握与评估，减轻危险的对策，整顿体制，情报联络体系，器材与储备粮食的管理，应急反应与灾后重建计划，居民间的情报流通，教育与训练以及应急水平的维持与提升。根据以上每一个项目设定具体问题进行评分，在回答时从两方面评价：① 是否实施方面，在有或无之间选择其一；② 实施程度方面，应尽可能利用数字来进行客观的评估判断。

澳大利亚在 2001 年由政府委员会（the council of australian governments）对国家自然灾害管理办法进行了一次评估，评估内容包括：与灾害有关的政策制定，备灾措施，应急反应措施，减灾措施，灾后评估，灾害风险评估，长期救济和恢复措施，短期救济措施。通过评估分析得出当前自然灾害管理办法的优势和弱势，给出 12 条改革建议。

　　加拿大为引导和加强各政府部门的通力合作，确保各级不同政府部门的行动计划的一致性和互补性，以保护所有加拿大人的安全，制定了加拿大应急管理框架。该框架确定了应急管理的四大支柱及其相关内容，即预防和减灾、准备、应对和恢复，在管理能力评价上（以安大略省为例），安大略省 2003 年的全面应急计划（ontario county comprehensive emergency management plan）中拟定从预防和减灾、应对和恢复方面对应急管理能力进行评估，即① 在减灾阶段进行应急反应能力评价，评价项目包括社区备灾水平、预警系统的有效性、社区预期伤亡和损失的反应能力；② 在应对阶段评估灾害对安全、卫生、经济、环境、社会、人道主义、法律和政治产生的影响；③ 在恢复阶段进行损害评估，包括公共评估（对公共财产和基础设施的损害）和个体评估（对个人、家庭、农业和私营部门的影响或损害）。

　　2003 年，我国台湾借鉴美国和日本灾害应急评价方法的经验，结合台湾省灾害防救工作考评方法，提出了一套评估机制及标准。评估框架涉及以下两个方面：① 在省级主管机关方面，将灾害防救工作分为 4 个层级：决策目标、防灾基本项目（包括减灾、整备、灾害紧急应变、灾后复原重建等 4 个项目）、主因素层级、次因素层级；② 在省级以下地方绩效评估架构方面，灾害防救工作的 4 个层级与省级一致，而防灾基本项目则分为危险评估的掌握、计划与方针、防灾体制的建置、相关救灾器材及紧急储金的确保与管理、紧急应变计划、民众信息传达与教育训练、灾后复原重建等 7 个项目。大体评估方法为：建立评估架构以后，利用专家问卷调查以及 AHP 层次分析法，得出各个基本项目和主因素的权重。评价时将主因素分成多个次因素，并以问题的形式转换成表格，评分时把每个问题分成优、甲、乙、丙、丁 5 个等级，分别对应 5.0～4.6 分，4.5～4.1 分，4.0～3.6 分，3.5～3.0 分，2.9～0 分。

　　我国内地民盟中央常务副主席张梅颖对我国灾害应急能力评价提出了若干建议，认为我国应急能力评价体系应具体包括灾害监测与预警能力评价、社会控制效能评价、居民反应能力评价、工程防御能力评价、灾害救援能力评价和资源保障能力评价等内容。邓云峰、郑双忠等在分析了当前我国开展城市应急能力评估的目的和意义后，构造了城市应急能力评估体系的基本框架，包括 18 个一级指标（称为类），分别是法制基础、管理机构、应急中心、专业队伍、专职队伍与志愿者、危险分析、监测与预警、指挥与协调、防灾减灾、后期处置、通信与信息保障、决策支持、装备和设施、资金支持、培

电网脆弱性模型、评估方法及应用

训、演习、宣传教育、预案编制。之后，郑双忠、邓云峰等利用 Kappa 统计方法对城市应急能力评估体系的设置进行分析，并将此法在南方某城市应急能力评价中进行了实际应用。

2005 年，我国颁布了《国家处置电网大面积停电事件应急预案》，此后国家电网有限公司和中国南方电网有限责任公司也制定了相应的应急预案，来指导建立规范的大面积停电应急救援与处理体系。周孝信、薛禹胜等电力系统内的技术权威专家就电网可靠性、电力安全等问题进行了深入讨论，就如何完善电力传输网，有效减少事故扩大机会等提出了一系列方案。田世明、朱朝阳等提出了电力系统突发灾害风险计算公式，论述了突发灾害的危险性、灾害承载体及其脆弱性、防灾减灾能力 4 个致灾因子。

针对电力突发公共事件而实施的应急管理，既是政府公共管理的一部分，也是电力企业日常经营管理活动不可缺少的内容，在进行电力突发公共事件应急管理的过程中，其主要目的是为了解决电力突发事件而造成的影响和后果，一方面对已经产生的突发事件进行有效的管理和控制，另一方面也需要制定相应的管理规范和制度，对可能产生的电网突发事件来进行预防和控制，从而尽可能将其产生的影响降低到最小化。简单来说，电网突发公共事件的应急管理主要包括探讨可能会发生的电网突发事件、制定相应的应急预案、控制和解决突发事件，这是一个系统性的管理工程。构建电网突发公共事件应急管理制度，就是在保障电网正常的运行。

3.3 电网脆弱性作用机理分析

3.3.1 灾害体的危险性分析

1. 自然灾害

自然灾害对电力系统的危害主要体现在以下两个方面：一是毁坏电力基础设施，造成供电中断；二是影响电力系统的正常运行，造成事故隐患。同时自然灾害的发生也会对事故救援产生不利影响。

（1）地震。地震灾害是一种破坏性巨大的自然灾害，它具有突发性和不可预测性，频度较高，并产生严重次生灾害，对社会产生很大影响等特点。

72

其破坏程度与震级（烈度）、震内人口密度、发展水平、地质情况、地面建筑结构以及震前预报和预防情况有关。

电力系统的震害主要集中在发电、变电以及开关设备。地震导致大量的电力设备遭到破坏，特别是变电站和开关站的设备；输电塔的破坏；铁塔折断倒塌，带动连接的输电线断裂；悬挂母线的绝缘子被拉断；电力系统内建构筑物由于刚度和强度不足而极易发生震坏、倒塌。

1）综合 3.2 中所述案例分析可以发现，在地震中，典型的电力设施的震害包括：

a. 变压器。其震害表现一般为主体位移、扭转、跳出轨道或倾倒，与之相伴，出现顶部瓷套瓶破坏、散热器或潜油泵等附件的破坏。造成震害的主要原因是电力变压器放在轨道或基础平台上，未采取固定措施，或虽采取了固定措施，但强度不足，地震时将固定螺栓剪断或将焊缝拉开而导致震害。变压器破坏会大大延缓系统恢复供电的时间。

b. 瓷质高压电气设备。由于强烈的地面运动以及设备之间连接的相互作用，高压变电站中的一些设备比较容易在地震中遭受破坏。这类电气设备包括断路器、隔离开关、电流互感器、电压互感器、支柱绝缘子、避雷器等。这些电气设备固有频率在 1～10Hz 范围内，与地震波的卓越周期接近。同时，这类设备阻尼值一般较小，其主体材料瓷柱属脆性材料，耗能能力较小，因此在地震中极易因类共振影响使设备遭受破坏。震害主要特征是绝缘子断裂、设备倾斜或跌落等。

c. 支撑结构震害。高压变电站的变电设备往往安装在钢或混凝土类支撑结构上。在历史震害中，因支撑结构破坏导致变电站设备破坏的不乏其例。

d. 输配电线路杆塔。由于输电线的低频振动对输入地震能量的解耦作用，同时也由于输电线路杆塔抗风和抗冰设计的要求，输电线路杆塔结构的震害相对较轻。震害经验表明：输电线路杆塔的震害绝大多数源于地震所引起的次生灾害，如地面变形、不均匀沉降、滑坡、泥石流或沙土液化发生塔体倾斜、倾倒、构件损坏等。在地震高烈度区，也会产生输电塔结构的动力破坏（如 1999 年中国台湾集集地震）。

e. 没有固定或锚固的电力设备是很容易受地震作用而破坏的，特别是那些设置在轨道上的设备以及没有可靠连接的支柱架设的设备。

2）地震对电力系统的危害特点显示：

a. 地震破坏程度随离震中距离的增加迅速减小；

b. 地震几乎可以损毁电力系统所有设施，引起的停电时间可长达数天甚至数月；

c. 随着输电电压的提高，大型变电站设备规模增大，其抗震能力降低。这是因为：

a）随着变电站设备规模增大，设备的固有震动频率下降至地震频率特性的频段范围内。电力设备将承受一个附加的、扩大的地震力。

b）电气设备，特别是大型尺寸的绝缘子等器件所特有的低能量耗散特性，决定其脆弱性本质，更易遭受破坏。

c）由于高压电气设备本身的特点，在实际工程中，高压电气设备均有高大支架支撑，或安置在一定高度的台座上，所以一般在地震中，高压电气设备的各个连接环节破坏较重，一些具有较大长细比的各种瓷棒，如电流互感器、变压器的接线杆等，在地震中也表现出相当的脆弱性。

（2）风害。风害对电力系统的危害程度与风速的大小有着直接的关系。瞬间大风，常常造成输电线振动、横向碰击和线架的物理倒断。风速超过一定值的时候，可使悬垂绝缘子串偏斜，容易发生相间短路、对树放电和导线烧伤等事故；风速过大时还有可能导致输电杆塔发生倒杆、折弯，变电站内架空软母线、跳线、引下线易对挂点放电或者短线之间相间短路。

台风是对电网重要基础设施影响最为典型的风灾。台风造成的损失与暴风雨的强度、路径、登陆地区人口密度和经济发展等因素有关。

台风既可以直接吹袭配电网设备造成破坏，也可以间接对配电网设备造成影响，危害电网的安全运行。台风对电网的输配电线路——架空线路的影响最大，可能造成的影响和破坏主要有杆塔倾斜、倒塌，横担断裂和脱落，导线拉断、接地或相间短路烧断导线等，台风还会刮倒树木导致输配电线路短路故障。伴随台风而至的暴雨会冲刷杆塔基础，引起杆塔倒塌或倾斜。而为修复这些输电设施却需要花费大量人力去清除倒塌的树木、输电塔、配电杆和导线等。使恢复时间大为延长。

（3）雨雪冰冻灾害。电线积冰将增加导线和杆塔的荷载，扩大了线路受风面积，极易产生不稳定的弛振，常造成跳头、扭转、断线、停电等严重电力事故。覆冰是一个复杂的过程，覆冰量与导线半径、过冷水滴直径、含风量、风速、风向、气温及覆冰时间等因素有关。

1）雨雪冰冻灾害危害电力系统的表现形式。由覆冰导致的断线或倒塔等事件是覆冰影响电网安全稳定运行的最重要表现形式。当覆冰达到一定厚度，在合适风速和风向作用下，风口地段线路易动作，导线会产生大振幅低频率的自激振动，一旦动作时间过长，则会使导线、绝缘子、金具和杆塔受到不平衡冲击损伤。当覆冰的厚度超过杆塔和线路的设计标准时，覆冰杆塔两侧张力不平衡就易引起断线倒塔事故。断线或倒塔与设备自身结构和强度、覆冰厚度、覆冰不均匀性以及风速、风向均有一定关系，覆冰导线易发生舞动进而引起杆塔、导线、底线、金具及部件损坏，还可能造成频繁跳闸、停电、断线、倒塔等严重事故。

在覆冰导致断线、倒塔之前往往伴随着大量由冰闪导致的跳闸事故，当绝缘子发生覆冰现象后，特定条件和温度下绝缘子表面被桥接，绝缘强度下降，泄漏距离缩短，融冰时引起绝缘子串电压分布畸变，从而降低覆冰绝缘子串的闪络电压，最终造成冰闪事故。冰闪电压与覆冰厚度、污秽程度以及气压等因素密切相关，覆冰越厚，冰闪电压越低；当绝缘子串表面被冰柱完全桥接时，冰闪电压最低；覆冰导致输电导线重量倍增，弧垂增大，进而发生闪络事故；融冰时期易形成冰闪，持续电弧可能烧伤绝缘子，引起绝缘子绝缘强度下降。

低温雨雪冰冻灾害主要导致电力导线、地线相接，或导线接地短路；绝缘子被冰闪击穿，引起闪络（放电），导致跳闸断电、烧伤；绝缘子串破损、掉串、翻转；绝缘子钢帽炸裂或球头脱落或导线坠地；导致间隔棒、线夹等金具疲劳损坏；线路覆冰超过横担的承受能力会导致横担弯曲、摆动、断裂；输电杆塔扭曲、坍塌和倒塌，杆塔被拉裂拉弯拉斜或拉倒；变电站严重受损；电网震荡、解列，电网结构严重破坏，被迫改变电网运行方式。

2）雨雪冰冻灾害对电网的影响特点。

a. 雨雪冰冻灾害对电网运行设备影响大。部分变电设备支柱绝缘子冰冻开裂，变压器、断路器等注油设备滴漏加重，大风舞动使线路滑移、断线和绝缘子撞碎，风偏、覆冰、融冰和大雾造成线路跳闸，部分线路倒塔或杆塔倾斜等灾害性事故均有发生。

b. 随着电网规模的逐渐扩大，雨雪冰冻灾害的影响也越来越大。雨雪冰冻灾害造成缺煤停机不断扩大，机组故障停运频繁，输电通道稳定受限，电力交易被迫减少，电力供应缺口不断加大，被迫加强需求侧管理和实施拉闸限电措施，人民生产生活受到影响。

c. 雨雪冰冻灾害等灾害性气候出现的频率虽然不高，但是灾害持续时间较长，每次造成的影响与损失巨大。2008 年 1 月，在雨雪冰冻天气持续侵袭下，我国南方部分省份经历了百年一遇的罕见冰冻灾害，造成的直接经济损失达到 1110 亿元，电力系统的直接经济损失超过 300 亿元。

（4）水灾。强降水对于电力系统的危害程度与降水量大小和持续时间以及降水发生地区的地貌有着较为密切的关系。水灾对电网重要基础设施的损坏主要表现在变电站围墙倒塌、设备进水、线路杆塔基础浸水、输电线路倒杆断线、杆塔被淹、变电站、换流站内涝。

（5）滑坡、泥石流。滑坡、泥石流对电力系统的危害与地质构造、地形地貌、陡坡垦殖情况、森林采伐情况、矿山开采与弃渣情况、工程开挖与弃土情况等因素有关。

滑坡、泥石流容易造成电力设施基础损坏、地基下陷，导致杆塔倾斜倒塌，因山体滑坡、地表塌陷沉降地质灾害等引起的过大拉力容易使输电线路中间接头或电缆本体拉断。

（6）雷害。雷害对电网影响比较大，经常导致大量线路同时跳闸，有时还使线路多次跳闸、多次重合，使开关设备受到冲击，也给调度运行处理带来困难。雷电还易造成配电网线路断线，对电力系统通信、自动化设备也会产生不良影响。雷电危害电网重要基础设施的原因分析如下：

1）雷电流高压效应会产生高达数十万伏甚至数千万伏的冲击电压，巨大的电压在瞬间冲击电气设备，足以烧毁电力系统的发电机、变压器、断路器等设备及电气线路，引起绝缘击穿而发生短路，导致着火、爆炸等直接灾害。

2）雷电流的高热效应主要是雷电放出的几十安到几千安强电流，有的峰值电流高达数万安到十万安，在极短时间内转换为大量的热能，在雷击点的热量很高，可导致金属熔化或气化，往往引起火灾和爆炸。

3）雷电流机械效应主要表现为遭受雷击的物体内部出现强大机械压力，致使物体遭受严重扭曲、崩溃、撕裂、爆炸等现象，导致财产损失和人员伤亡。

4）雷电流静电感应可使被击金属设备感生出与雷电性质相反的大量电荷，雷电消失后金属物上感生的电荷却不能立即逸散，即会产生高达几万伏的静电感应电压，可以击穿数十厘米的空气间隙，发生火花放电，导致火灾。

5）雷电流电磁感应会在雷击点周围产生强大的交变电磁场，其感生出的电流可引起变压器局部过热或发生火花放电而导致火灾。

6）雷电波侵入建筑物内时可造成配电装置和电气线路绝缘击穿而产生短路，或者使建筑物内易燃、可燃物品燃烧及爆炸。

7）雷电反击作用会引起电气设备绝缘破坏，金属管路烧穿，甚至造成着火和爆炸事故。

（7）森林火灾。森林火灾一般发生在秋冬季节，火灾的起因是人为、雷电、自燃等，发生的概率与森林火险等级有较大关系，而且线路走廊着火对电力系统影响最大。森林火灾的影响特点是不易抢救、危害时间长，一般为永久性故障，线路跳闸后重合、强送均难以成功。

（8）污秽闪络。当输电线路经过环境污染地区时，空气中可溶性酸、碱、盐类尘埃不同程度地落在电瓷绝缘子表面形成污秽层，这些污秽层一旦遇到潮湿气象条件时，绝缘子沿面闪络电压将显著下降，严重时可导致在工频电压之下发生击穿闪络，此种绝缘污闪是电力生产中重点预防的事故之一。

2. 人为破坏

一般来说，对电力系统基础设施的人为破坏有两种方式：随机攻击和恶意攻击。随机攻击一般将输电线路或杆塔上的绝缘子作为攻击目标，也有窃取杆塔上的金属部件的偷盗者，这类攻击相对来说后果较轻，系统恢复较易。最为危险的攻击者是熟悉电力系统结构、具有专业水平的破坏分子，他们对电力系统实施智能性的恶意攻击，制造大面积停电事故。作为无标度网络的电力系统，对随机攻击（意外故障）具有惊人的鲁棒性，随机攻击所破坏的主要是那些不重要的、数目较大的、只拥有少量联结的一般节点，攻击它们不会对网络结构产生重大影响，但是当拥有大量联结的集散节点遭受恶意的智能攻击时，网络可能不堪一击，暴露系统固有的脆弱性。

根据人为破坏的主观程度将人为破坏类型归纳为故意破坏和意外损坏两类，其中故意破坏包括偷盗、恶意破坏和恐怖袭击，与电网重要基础设施服务对象的重要性、所处位置的交通便利程度、当地居民素质、公共道德与财产意识等有关；意外损坏包括外物砸线、车辆交通和工程施工，主要取决于当地人口密度、工程施工以及车辆交通情况等。

3.3.2　承灾体的特征分析

承灾体的脆弱性特征受承灾体的暴露程度、应对打击的敏感性、结构性脆弱，以及社会经济因素的影响有不同的表现形式。

1. 暴露程度

承灾体的暴露是指暴露在致灾因子影响范围之内的承灾体（如建筑、设备、基础等）数量或者价值，它是灾害风险存在的必要条件，承灾体的暴露取决于致灾因子的危险性和区域内承灾体总量。暴露既是脆弱性的表现形式，又是脆弱性的影响因素。暴露使得承灾体的脆弱性发生变化，在易受灾地区，暴露于灾害的人口和财产的比例上升，是灾害损失增加的一个重要原因。暴露是以社会和物质生活的地理分布以及人们集中活动的地点来描述的。可以是家庭、工厂、道路、水域、生命线系统、农田、经济作物等各种类型。

2. 应对打击的敏感性

承灾体敏感性是指由承灾体本身的物理特性决定的接受一定强度打击后受到损失的难易程度，是由承灾体自身性质决定的脆弱性。比如，不同要素如温度、降水、风、水陆接触在界面处形成水平梯度较大区域，要素变化急剧，对人类活动干扰非常敏感，系统表现出内在的脆弱性。再如老人、孩子、残疾者，或正在从其他灾害中恢复的人，对各种灾害的抗御能力显著地低于正常人，而在各种灾害中成为主要的受害者。某些类型的植被在干旱、炎热的天气下常常容易发生火灾；某些土地类型易受台风、暴雨等灾害的打击；木质房屋在地震后易发生火灾等次生灾害等。

3. 结构性脆弱

结构性脆弱与环境不利条件有关，诸如没有塔基，电力杆塔将会很容易倾斜，无法承载多回路线路。这种脆弱性产生于电力杆塔整体结构，而不是致灾条件或偶然变化。

3.3.3 电网应急的恢复力分析

在电力系统运行中，外界因素（如雷击、鸟害等）、内部因素（绝缘老化、损坏等）及操作等，都可能引起各种故障及不正常运行的状态出现。电网重要基础设施的恢复力主要是指电力系统二次设备的自我保护功能和电网重要基础设施的应急响应恢复能力。

1. 二次设备的自我保护

二次设备是指对一次设备的工作进行控制、保护、监察和测量的设备。电力系统二次设备的自我保护是指在电力系统发生故障和不正常运行情况时，用于快速切除故障，消除不正常状况的重要自动化技术和设备。电力系统发生故障或危及其安全运行的事件时，他们能及时发出告警信号，或直接发出跳闸命令以终止事件。

随着科学技术的进步，电力系统的二次设备其硬件构成和功能原理越来越完善、可靠。但二次设备相对原理复杂、理论性强，故障时有发生，并且故障种类也不尽相同，因此二次设备的故障依然多方面存在。

为了降低电网重要基础设施的脆弱性，必须提高电力系统二次设备运行的可靠性，减少电力系统二次设备的故障发生。因此必须要加强二次设备管理的各个环节，只要能做到设计合理、安装正确、调试验收合格、不断提高运行水平，做好日常维护等工作，就能够有效地提高设备运行的可靠性，从而减少事故的发生。

2. 电网重要基础设施的应急能力

电力系统的突发事件时有发生，而且可能造成较大影响，应急体系是否合理和完善，直接关系到应急处理的效率和结果。有效的应急能够最大限度地降低大面积停电造成的损失，对保持社会和经济稳定具有十分重要的意义，中国政府对此也十分重视，把电网大面积停电应急处置预案列为国家级预案，2005 年，我国颁布了《国家处置电网大面积停电事件应急预案》，用于指导与规范我国大面积停电事件应急救援工作。

电网应急能力建设包括预防与准备、监测与预警、应急处置与救援、事后恢复与重建这四个方面。

（1）预防与准备能力，是指对可能引起电网突发事件的各种因素制定计划、采取措施，以确定在突发事件出现的时候做出有效的应对，从根本上防止突发公共事件的爆发，其作用就是要"防患于未然"，将突发事件消灭在潜伏时期或者萌芽状态，达到突发事件管理最理想的效果。其内容可以概括为：一是建立健全法律规章制度，在企业内部进行宣传、培训和落实。二是将应急规划纳入企业安全发展规划，并同步实施、同步推进。三是建立应急组织体系，明确各级人员应急管理职责。四是依据风险分析做好应急预案的编制、发布、评审和管理。五是制定并实施应急培训与演练计划，对培训和演练效果进行评估。六是推进应急队伍建设，明确专家队伍及应急抢险队伍的职责和任务。七是从资金、物资、装备、通信等方面进行协调，强化应急保障能力。

（2）监测与预警能力，是指在重点危险区域和高风险工作岗位，对可能发生的突发事件进行监测和预警，以便迅速采取行动，将企业可能遭到的损失降到最小化。其主要内容包括：一是建立分级负责的常态监测网络，明确各级、各专业部门的监测职责和范围；与上级主管单位、政府有关部门和专业机构建立联络机制。二是建立突发事件预警机制，明确预警的具体条件、方式方法和信息发布程序，根据事态发展调整预警级别并重新发布或解除。

（3）应急处置与救援能力，是指突发事件发生时，第一时间启动应急管理预案和措施，以防止事故扩大，保障人员生命和财产安全。一是进行先期处置，控制事件的发展；二是实施紧急处置和救援；三是协调应急管理组织和行动；四是向社会通报突发事件状况及政府采取的措施；五是恢复关键性公共设施项目。突发事件响应过程中，最重要的是两个方面：首先是处理既发突发事件，平缓其造成的冲击。要达到这个目标，要求有关部门在极端困难的情况下为决策者提供准确而必要的信息，决策者依靠这些信息迅速找到

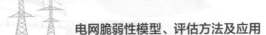

突发事件要害，及时出击，在最短的时间内遏制突发事件的冲击。其次，要注意隔绝突发事件，避免既发突发事件的蔓延，一种途径是通过迅速而有效的突发事件响应防止事件扩大，另一种途径是加强媒体管理，在防止不利于突发事件管理的谣言流行的同时，向受突发事件冲击人员及时发送准确而权威的信息。

（4）事后恢复与重建能力，是指向事件受害者提供援助，通过各种措施，恢复正常的社会运作和秩序。其内容主要包括：启动恢复计划和措施，进行重建、修复，提供补偿、赔偿、社会求助，进行评估、总结和审计。

进行电网突发事件应急能力评价，是强化电网基础设施突发事件应急能力建设、提高预防和处置突发公共事件能力的有效途径和方法，具有重要的理论意义和实用价值。

第4章

脆弱性的评估模型方法

脆弱性分析框架与模型概述

4.1.1 脆弱性分析框架

1. ADV 评估框架

交互式脆弱性评估框架（agents differential vulnerability，ADV）评估框架如图 4－1 所示。随着脆弱性研究的深入，学者们越来越重视人在脆弱性评估中的作用。作为受到自然和社会经济变化影响的人类发展需求以及对适应方式的选择等因素被纳入脆弱性评价体系之中，L.Acosta－Michlik 等提出了以人为中心的交互式脆弱性评估框架❶，即 ADV 评估框架。该框架更能体现将脆弱性形成的时间和空间的动态变化过程，以及包括气候变化和全球化过程在内的多种全球变化过程结合起来的脆弱性评价理念，并且提出要将大多数研究中的一般性指标评价方法转变为面向适应者的脆弱性评价❷。作为适应者的脆弱性不仅是暴露水平、敏感性和适应能力的函数，而且还包括适应者对变化和风险的认知过程，如对变化及风险的感知、评估，是对适应方式的权衡与选择、决策过程以及对自身适应行为产生效果的评价等诸多过程。这些过程更好的涉及各种经济、社会和行为科学理论，不同风险承担者会有不同的认知策略。但由于人们感知的脆弱性很难度量❸，适用性还值得进一步检验。

2. VSD 评估框架

VSD（vulnerability scoping diagram）评估框架如图 4－2 所示。C.Polsky 等人受美国公共空间计划（project for public spaces）整合框架的启示，把脆弱性分解为"暴露—敏感—适应" 3 个组分，使用 VSD 评估框架来组织数据、

❶ Acosta-Michlik L，Espaldon V. Assessing Vulnerability of Selected Farming Communities in the Philippines Based on A Behavioural Model of Agent's Adaptation to Global Environmental Change ［J］. Global Environmental Change，2008，18（4）：554－563.

❷ 方修琦，殷培红. 弹性、脆弱性和适应——IHDP 三个核心概念综述 ［J］. 地理科学进展，2007，26（5）：11－22.

❸ Adger W N. Vulnerability ［J］. Global Environmental Change，2006，16（3）：268－281.

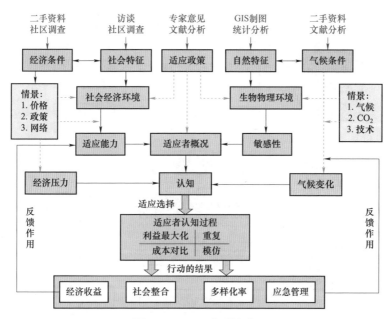

图 4-1　ADV 评估框架

统一概念和构建脆弱性评价指标体系❶。图 4-2 展示了运用 VSD 评估框架进行脆弱性评价的流程，可以看出整个过程包括整合、分析、VSD 评估框架 3 个系列。VSD 评估框架模型的一般形式，模型中心为脆弱性，外层是维度层，由暴露、敏感性和适应能力构成；在具体的评价中指标和参数层逐级细化。由中心层、维度层、指标层和参数层逐级构建了分析框架，指标和参数的选择根据具体评价对象和研究目的而定。VSD 评估框架的优势在于：① 具有明确涵义，将脆弱性分解为暴露程度、敏感性和适应能力 3 个维度；② 用方面层—指标层—参数层逐级递进、细化的方式来组织评价数据；③ 有规范评价流程的 8 个步骤。VSD 评估框架具有较好的兼容性，明晰的评价流程可以系统指导从数据整理到结果应用的全过程。该框架提供了一个系统地进行脆弱性分析和评价的基本思路，囊括了从抽象的定性分析到具体的指标和参数选取的全过程，在数据理想的情况下，作为脆弱性评价的实践指导，其圈层式的数据组织框架具备良好的延展性❷，具有重要的应用价值。

❶ Polsky C，Neff R，Yarnal B.Building Comparable Global Change Vulnerability Assessments：The Vulnerability Scoping Diagram［J］. Global Environmental Change，2007，17（34）：472-485.

❷ 刘小茜，王仰麟，彭建. 人地耦合系统脆弱性研究进展［J］. 地球科学进展，2009，24（8）：917-927.

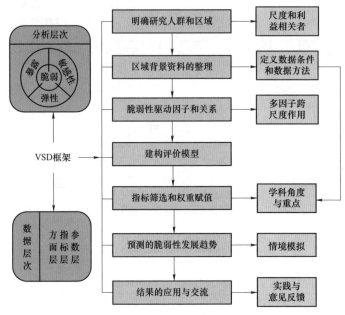

图 4-2　VSD 评估框架构

3. MOVE 框架

MOVE 框架（Methods for the Improvement of Vulnerability Assessment in Europe）由联合国大学环境和人类安全研究院（UNU-EHS）提出，如图 4-3 所示。MOVE 框架旨在建立一个综合的理论模型，从政治、经济、文化、社会、环境、生态等多元视角，挖掘影响脆弱性的不利因素和应对能力，并运用系统理论进行融合。该模型是自然与社会因素相互作用的复杂系统构成，且呈现动态化、多样化特征。MOVE 框架为社会脆弱性的系统评估提供了指导，主要应用在灾害管理、气候变化、极端天气等状态下的社会脆弱性问题[1]。

4. BBC 框架

BBC 框架由 Bogardi，Birkmann 和 Cardona 3 位学者的首字母命名，如图 4-4 所示，该模型从不同层面对脆弱性进行分析，由于应对能力不足，对经济社会发展和自然环境保护造成不同程度的伤害。该模型指出脆弱性是一个动态变化过程，该过程由脆弱性的产生、降低脆弱性的举措、促进系统恢复等若干步骤组成。Fekete 通过该模型对洪水灾害在德国造成的影响及带来的社会脆弱性进行了评估，反映了社会脆弱性的闭环防控过程。

---

❶ Birkmann J，Cardona O D，Carreno M L. Framing vulnerability，risk and societal responses：the MOVE framework ［J］. Nature Hazards，2013，67（2）：193-211.

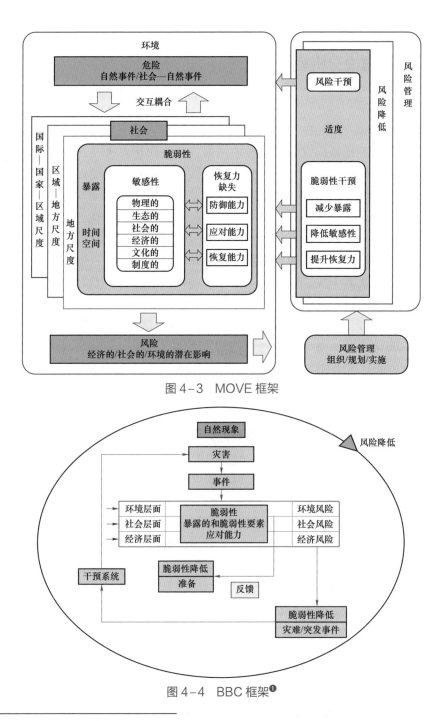

图 4-3　MOVE 框架

图 4-4　BBC 框架❶

❶ Bogardi J, Birkmann J. Vulnerability assessment: the first step towards sustainable risk reduction [J]. Disaster and Society—From Hazard Assessment to Risk Reduction, Logos Verlag Berlin, Berlin, 2004, 1: 75 – 82.

4.1.2 脆弱性分析模型

1. RH 模型

RH（the risk-hazard）模型中，脆弱性是自然灾害强度与损失程度之间的关系，灾害影响是暴露性与敏感性的函数，认为自然灾害是在致灾事件和人类进行互相作用时产生的，此模型将脆弱性界定为容易遭受自然灾害影响的程度。Burton 等人是风险与灾害模型的代表，他们侧重强调脆弱性对系统产生的破坏。2002 年，Burton 等人拓展了风险与灾害模型，他们在模型中纳入了多重关系，包括人与人之间、区域与区域之间、国家与国家之间的关系等[1]。他们运用新的风险与灾害模型分析了城镇化、经济一体化、生态变化、气候变化等各种因素对个人、区域甚至国家脆弱性产生影响。尤其是，学者提出应对自然灾害的根本出路是人类对灾害的适应与调整。

RH 模型重要贡献在于将极端事件的影响分为了两个组成部分，即面对危险的暴露程度和特定承灾体的敏感性，二者是考量灾害影响的基本依据。但该模型存在以下几个不足方面：① 所研究的承灾体主要局限于物理（结构）脆弱性，比如建筑等，而无法对人群这一类承灾体进行描述，原因在于个人或者群体的活动决定暴露性，而这主要受社会经济因素的影响；② 无法考虑在致灾因子作用下承灾体所受影响是否会放大或缩小；③ 没有考虑不同承灾体（个体或系统）在同一致灾事件的作用下所受影响后果不同的原因；④ 没有注意社会经济条件及防灾措施等因素的重要影响。

2. HOP 模型

HOP（hazard-of-place）模型的理论根源来自 Hewitt 和 Burton 对区域生态的研究，他们试图探索一种区域生态在面临社会、政治以及经济等多种因素交互作用下所导致的极端破坏事件时的应对策略[2]，Cutter 等在此基础上提出了区域灾害（Hazard－of－place）的概念，其目的在于考察脆弱性在区域空间上的差异并试图解释自然灾害与社会脆弱耦合作用下可能导致的区域脆弱性问题，从这一概念出发，她提出了区域脆弱性概念模型，该模型可以用图 4－5 表示[3]。

---

[1] Burton，C. Introduction to complexity: In Complexity and Healthcare [M]. Abingdon，Oxon：An Introduction（Sweeney K& Griffiths F，E dS），Radcliffe Medical Press，2002：1－18.

[2] Hewitt K，Burton I. The Hazardousness of a place: A regional ecology of damaging events [M]. Toronto：Department of Geography，University of Toronto，1971.

[3] Cutter SL. Vulnerability to environmental hazards[J]. Progress in Human Geography，1996，20：529－539.

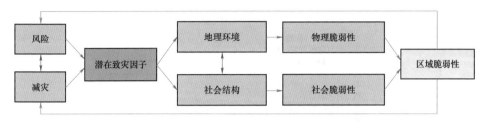

图 4-5 基于 HOP 模型的区域脆弱性模型❶

该模型的基本思想是：自然灾害风险与人类社会的减灾措施交互作用，其综合作用结果就产生了潜在的致灾因子，潜在的致灾因子对区域社会—环境耦合系统产生影响，当这种潜在的致灾因子作用于地理层面时，就表现为物理脆弱性（模型用灾害暴露水平进行测量），当潜在的致灾因子作用于社会层面时，就表现为社会脆弱性，物理脆弱性与社会脆弱性的交互作用最终表现为区域脆弱性，对区域脆弱性的分析结果可以进行反馈并指导具体的风险管理与减灾政策。

该模型有效地对灾害暴露与社会脆弱进行了区分，既注重自然灾害本身所具有的地理区位特征以及灾害的种类、频率、强度等自然属性特征，同时也强调了不同地理区位的人类社会群体在社会经济特征方面的脆弱性差异，因此对自然灾害的区域脆弱性具有很强的解释力。在灾害暴露方面，主要根据不同灾害类型的自身特点来确定其区位分布特征，在社会脆弱性方面，则通过建立系统的指标体系，采用因子分析方法来测量社会脆弱性，并通过灾害暴露和社会脆弱性在空间上的叠加最终获得区域脆弱性的空间特征，最后运用 GIS 技术将分析结果进行直观展现。

正如 Cutter 本人所说，该模型的侧重点在于最后三个单元，即物理脆弱性、社会脆弱性与区域脆弱性，其缺陷在于对具体产生脆弱性的根源缺乏足够的理论分析，同时对脆弱性可能导致的灾后影响缺乏相应的探讨❷。

3. McEntire 模型

McEntire 模型提出一个脆弱性逻辑关系图，如图 4-6 所示。

❶ 杨俊，向华丽. 基于 HOP 模型的地质灾害区域脆弱性研究——以湖北省宜昌地区为例 [J]. 灾害学，2014，第 29 卷（3）：131-138.

❷ Cutter S L，Barnes L，Berry M，et al. A place-based model for understanding community resilience to natural disasters [J]. Global Environmental Change，2008，18：598-606.

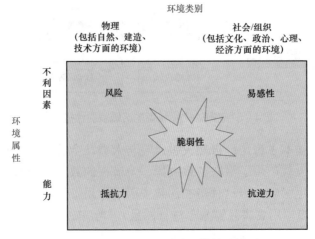

图 4-6　McEntire 的脆弱性关系模型

从环境属性角度，脆弱性由不利因素和能力构成，不利因素来源于固有风险和社会易感性，能力则是由对于灾害的自然抵抗力及面对灾害的社会抗逆力共同构成。根据 McEntire 模型可以理解为若单从脆弱性来源进行分类，可以将其简略划分为自然物理性和社会人文性。

4. PAR 模型

PAR（pressure-and-release）模型，脆弱性不再被视为一种结果而是现存的状态和过程，它关注的重点是脆弱性产生的原因和灾害发生之间的互动关系，模型中风险是灾害和脆弱性的函数，而脆弱性可以从根源、动态压力和所处环境的危害条件三方面解释。以 Blaikie 等为代表的压力与释放模型试图描述灾害形成的过程，继而探讨形成的根本原因，见图 4-7。该模型认为系统的特征是脆弱性的决定因素，会对脆弱性产生巨大的影响。脆弱性测度的是采用适当的方式和途径调配资源对灾害进行预警和抵抗以及在灾害发生后逐步恢复的可能性。另外，压力与释放模型把灾害的发生描述为压力产生和作用的过程，PAR 模型认为，灾害是在压力和致灾因素共同作用下形成的。当多种因素相互作用共同造成压力时，脆弱性就表现出来了。PAR 模型从压力释放角度提出，对灾害的缩减应该通过缓解压力的方式，降低承灾体脆弱性的关键，是提高抵抗自然灾害的能力，一方面从根源上减轻压力，例如合理分配资源，观念的转变研究与开发的推动等；另一方面从致灾时间段掌控上缓解压力。

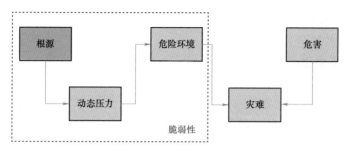

图 4-7　压力释放模型示意图

5. AHV 脆弱性模型

AHV（airlie house vulnerability）模型在压力与释放模型的基础上，提出人类与环境组成的整体系统决定了脆弱性大小，turner 等提出的"人—环境耦合系统"作为可持续性理论的脆弱性代表❶，认为系统的暴露性、敏感性和恢复力是系统脆弱性的组成部分。灾害受到系统的影响，当人类采取适应和调整措施时对系统就会产生影响。脆弱性由这两方面的共同作用决定。按照可持续脆弱性模型可以看出脆弱性具有动态变化的特性，它随着时间、空间变化而变化，另外，人类行为也影响脆弱性，因为人类与脆弱性是相互关联的。因此，降低脆弱性的有效方式应以人类的主动行为作为参考点，例如科技发展、文化进步、政策合理性提升。

6. PSR 模型

PSR（pressure-state-response）模型就是"压力–状态–响应"模型，是联合国经济合作与发展组织（OECD）提出的用于研究环境问题的框架体系，也是一种环境与生态评估指标体系确定方法。这种模型以因果关系为基础，从系统论的角度来考查环境问题变化的起源与结果。即人类活动对环境施加一定的压力；因为这些压力，环境改变了其原有的性质或自然资源的数量（状态）；人类又通过环境、经济和管理策略等对这些变化做出反应，以恢复环境质量或防止环境退化。对于环境和生态评估问题来说，人为因素给环境造成的压力、环境自身的状态，以及环境在承受压力后自然产生的反馈与响应，这一过程正是环境和生态发生变化的过程，也就是说，PSR 模型是通过指标之间的相关性和指标产生的机理所建立的模型。有研究人员提出将 PSR 模型应用于城市燃气管网系统脆弱性研究，并按照其脆弱性影响因素进行分类，

---

❶ Turner B L，Matson P A，McCarthy J J et al. Illustrating the coupled human-environment system for vulnerability analysis：three case studies［J］. Proceedings of the National Academy of Sciences，2003，100（14）：8080-8085.

建立了燃气管网脆弱性评估指标体系。

4.1.3 基于 PSR 模型建立电网脆弱性评估体系

1. 评估目的

电网脆弱性评估研究主要满足以下评估目的：

（1）针对某一特定的事故灾害，评估电网系统脆弱性。

（2）评估某一特定基础设施应对各种事故灾害过程中表现出的综合脆弱性。

（3）在同一基础设施内部，还可能需要比较不同设备的脆弱性。

2. 评估单元

基于上述评估目的，脆弱性评估应以电网重要基础设施枢纽变电站、换流站和高压输电线路（含杆塔）为评估单元。在同一单元内，电网系统的脆弱性表现为各具体设备的脆弱性，因此，我们以设备为基本评估对象。

3. 评估要素

本书的研究将电网系统脆弱性定位在"功能失效"上，通过分析可以知道，城市的各类基础设施系统，就其功能失效这一事故来说，需要从人与环境对基础设施造成的压力、设施自身状态以及功能失效后管理者的响应等方面进行分析，着重从"外部行为＋电网重要基础设施自身状态→系统功能失效后的应急响应"这一过程来阐述风险的发生、发展与评估。也就是说，电网系统的"压力"来自自然灾害环境要素和人为破坏要素，电网系统的"状态"主要是指电网系统的一些物理属性，电网系统的"响应"则是指在发生风险事故后，电网系统管理者的补救措施。因此，作为城市生命线之一的电网，其脆弱性与事故发生过程中人为/环境因素有关联，符合 PSR 模型的特征。PSR 模型可用于电网重要基础设施脆弱性评估。

要确定电网重要基础设施脆弱性评估要素，首先要对其脆弱性的定义、构成及相互作用机理进行分析。结合 PSR 模型确定评估要素如下：

（1）压力—灾害体。PSR 模型中的压力，也就是电网系统承受的来自外界的压力，可以对应电网系统脆弱性定义中的"灾害体"，用自然灾害和人为因素来具体表征。

（2）状态—承灾体。PSR 模型中的状态，也就是电网基础设施自身所处的运行状态，可以对应电网系统脆弱性定义中的"承灾体"，用表征电网系统特征的一些因素来反映，这里用设施的基本物理属性、技术状态、预防与应急准备能力、运行缺陷以及故障跳闸率等参数来表征。

（3）响应—承灾体与灾害体之间的关系。PSR 模型中的响应，即针对设施运行所出现的突发事件所采取的一些补救措施。可以对应电网系统脆弱性定义中的"承灾体和灾害体之间的关系"，用电力系统二次设备（继电保护及安全自动装置、直流系统单元、防误闭锁装置、综合自动化系统和 RTU 单元）的自我保护功能以及电网系统的应急救援和恢复能力来反映。

综上所述，电网脆弱性评估应以电网重要基础设施枢纽变电站、换流站和高压输电线路（含杆塔）为评估单元，以评估单元内的一次设备（主要设备）为基本评估对象。在明确上述研究对象和脆弱性内涵基础上，基于 PSR（压力—状态—响应）模型，提出电网脆弱性评估体系。

4.1.4 基于三角图法的电网脆弱性评估

1. 三角图法的适用性

近年来，三角图法被广泛应用于生态学领域的分类和评估系统当中，该法在系统研究中是个很实用的方法，与传统方法相比具有很多的优点，简单易于操作，并且很清楚地看到结果及趋势，因而在 PSR 模型中，应用此法是合理的。

（1）三角图法应用于电网脆弱性评估中具有很好的实用性。三角图法从三个维度反应系统特征，很适合 PSR 模型，即分别从压力、状态和响应的维度，构建三角图形，进行脆弱性的评估。

（2）三角图法能够划分系统脆弱性区间。根据一定的原理在三角图中划分多种脆弱性区间，将能清楚地看到评估系统脆弱性的主要影响因素，这样就能使后续措施的制定更具有针对性。

（3）三角图法能够预测系统脆弱性发展趋势。通过观察系统脆弱性在三角图中各脆弱性区间的位置情况，可以初步预测系统各脆弱性构成因素的变化情况，从而可以为我们制定措施提供依据，指明方向。

三角图法曾广泛应用于生态学领域和经济领域的各类风险评估中，因其从三维的角度很好地概括了评估对象特征，本书采用 PSR 模型进行建模，因此三角图法能很好的应用于电力应急的脆弱性评估中。同时，通过三角图法能够划分系统脆弱性区间和预测其可持续发展趋势，因此在定量性上相对于传统方法更进一步。

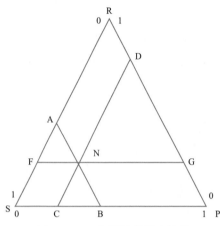

图 4-8 三角图法的基本构造

2. 三角图法构造原理

如图 4-8 所示，正三角形 PSR 的三个顶点 P、S、R 分别代表压力、状态和响应的值。对于 P 点，其值 V_P 在顶点 P 处为 1，分别沿边长 PR、PS 线性递减至另一顶点 R、S，其值为 0。R、S 点的值 V_R、V_S 同理。

设正三角形 PSR 边长为 a，过 N 点的三条线段均平行于正三角形的一边。则落于 N 点的各压力、状态和响应的脆弱性值为 $V_P=DR/a$，$V_R=SF/a$，$V_S=AR/a$，$DR+SF+AR=1$，因此，$V_P+V_R+V_S=1$。非顶点的脆弱性值均为 0～1。

3. 三角图法确定电网脆弱性类型

根据电网系统 3 个指标相对大小，可以判断系统当前脆弱性处于何种状态。如果压力指标的值较大，那么表明当前系统很容易受到外界影响；如果响应指标的值较大，则说明系统对外界压力的抵抗性能较强；如果状态指标的值较大，说明当前系统受到外界压力影响较小。

根据数理统计的规律，我们通常认为：总系统中的众多单元中，如果前 N（$N \geqslant 1$）个单元所占的比例超过总体系统的 80%，则可将总体系统用这 N（$N \geqslant 1$）个单元的特征近似表示。将此原理应用于电网脆弱性评估中，即若单一或 2 个子系统脆弱性值所占的比例超过电网脆弱性总指数的 80%，则该地区电网可认为是具有该特征的脆弱性。单一子系统和 2 个子系统绝对优势见图 4-9。

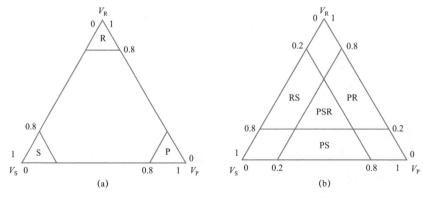

图 4-9 单一子系统和 2 个子系统绝对优势

(a) 单一子系统；(b) 2 个子系统

考虑到上述数理统计规律，三角图中每个指标轴的取值都是 0~1，对每个坐标轴不进行等分，而是将其分为三段，分别是 0~0.2、0.2~0.8 和 0.8~1。

在图 4-10 中，根据 P、S、R 三个综合指数方面的相对比例，共划分成 10 种不同的状态，对应图中的 10 个区域，其中：P′、S′和 R′区域，其单一子系统脆弱性和任意 2 个子系统脆弱性所占的比例均未达到 80%，但这 3 个区域中有单一子系统脆弱性比例达到 60%，所占份额也比较多，因此可将 P′、S′和 R′分别并入 P、S 和 R 类型。

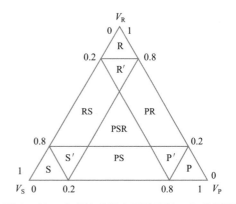

图 4-10　本书构建的电网脆弱性三角分类图

据此，可将电网重要基础设施脆弱性类型分为以下 7 类：

（1）压力型脆弱性（P）；

（2）状态型脆弱性（S）；

（3）响应型脆弱性（R）；

（4）压力-状态型脆弱性（PS）；

（5）压力-响应型脆弱性（PR）；

（6）状态-响应型脆弱性（SR）；

（7）压力-状态-响应型脆弱性（PSR）。

4. 三角图法确定电网脆弱性类型变化趋势

为了能够进一步描述压力、状态和响应这三类指标的变化情况，可以将每个轴从小到大分为 5 段，分别是 0~0.2、0.2~0.4、0.4~0.6、0.6~0.8、0.8~1.0，分别对应每一个指标的 5 个范围，即"很低""低""一般""高"和"很高"，其结构如图 4-10 所示。这样，三角图表明了 3 个指数 P、S 和 R 的相对比例，根据 3 个指数相对比例的变化，可在三角图中辨别出 $T_1 \sim T_6$ 的 6 个不同的运动方向，分别代表 6 种变化趋势（如图 4-11 所示），分别为状态-响应化趋势、响应化趋势、压力-响应化趋势、压力化趋势、压力-状态化趋势、状态化趋势。根据电力应急当前脆弱性指标的取值范围和历史数据的定量定性判别规则，就可以判断当前电力应急的脆弱性发展趋势。

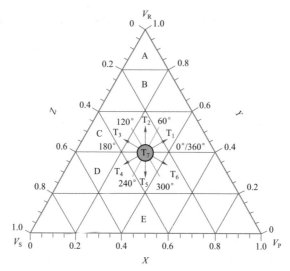

图 4-11　基于 PSR 模型的电网脆弱性状态和趋势

4.2　综合评估方法概述

4.2.1　定性分析方法

在电网脆弱性评估过程中，由于大量数据的获取有一定的难度，因此需要采取一些定性分析。

（1）专家调查法。专家调查法就是通过征求大量专家意见，对其进行分析、处理和归纳的定性分析法。该方法是一种最常见、最简单、易于应用的分析方法。它的应用由两部分组成：首先，通过风险辨识将系统中可能发生的所有风险一一列出，设计风险调查表；其次，利用专家经验对风险因素的重要性进行评估，再综合整个系统的风险。但这种方法对专家的经验和水平要求高。

（2）访谈法。访谈法又称晤谈法，是指通过访员和受访人面对面地交谈来了解受访人的心理和行为的心理学基本研究方法。因研究问题的性质、目的或对象的不同，访谈法具有不同的形式。根据访谈进程的标准化程度，可将它分为结构型访谈和非结构型访谈。访谈法运用面广，能够直接收集多方面的工作分析资料。通过现场座谈、检查资料与现场勘查等手段，检查电网公司应急规章制度、应急预案、以往突发事件处置、历史演练等相关文字、影像和数据信息，通过现场勘查对应急物资、装备、应急指挥中心、信息系统建设等问题进行深入了解。

（3）问卷调查法。问卷法是国内外社会调查中较为广泛使用的一种方法。问卷是指为统计和调查所用的、以设问的方式表述问题的表格。问卷法就是研究者用这种控制式的测量对所研究的问题进行度量，从而搜集到可靠资料的一种方法。问卷法大多用邮寄、个别分送或集体分发等多种方式发送问卷，由调查者按照表格所问来填写答案。一般来讲，问卷较之访谈表要更详细、完整和易于控制。问卷法的主要优点在于标准化和成本低。因为问卷法是以设计好的问卷工具进行调查，问卷的设计要求规范化并可计量。问卷一般由卷首语、问题与回答方式、编码和其他资料四部分组成，问卷设计应遵从以下几个原则：

1）客观性原则，即设计的问题必须符合客观实际情况。

2）必要性原则，即必须围绕调查课题和研究假设设计最必要的问题。

3）可能性原则，即必须符合被调查者回答问题的能力。凡是超越被调查者理解能力、记忆能力、计算能力、回答能力的问题，都不应该提出。

4）自愿性原则，即必须考虑被调查者是否自愿真实回答问题。凡被调查者不可能自愿真实回答的问题，都不应该正面提出。

通过向电网公司管理人员与应急救援人员发放调查问卷，了解电网公司应急管理现状与电力设备设施基础情况，获得相应数据，从而便于进行电网脆弱性评估。

4.2.2　定量分析方法

1. 危险指数评估法

危险指数评估是从安全角度出发，对所要分析问题，确定其工艺及操作有关危险性，通过对工艺属性进行比较分析计算，进而确定哪一个区域的相对危险性更大，对重点关键的区域单元（危险性大的单元）进行进一步的安全评估补偿。指数评估法最为典型的是美国道化学公司的火灾、爆炸指数评估法。

火灾、爆炸指数评估法是美国道（DOW）化学公司于 1964 年首先提出的一种风险评估方法，受到了全世界的关注。该公司在第一版的基础上不断对其实用性和合理性进行调整修改，使评估效果大为提高，评估结果可接近实际。该法有广泛的实用性。它不仅用于评估生产、储存，处理具有可燃、爆炸、化学活泼性物质的化工过程，而且还用于供、排水（气）系统，污水处理系统，配电系统以及整流器、变压器、锅炉、发电厂的某些设施和具有一定潜在危险的中试装置等。

这种方法是根据工厂所用原料的一般物理化学性质，结合它们具有的特殊危险性，再加上进行工艺处理时的一般和特殊危险性，以及量方面的因素，换算成火灾、爆炸指数，然后按指数大小进行危险等级划分。最后根据不同等级确定在建筑结构、消防设备、电器防爆、监测仪表、控制方法等方面的安全要求。美国道（DOW）化学公司火灾爆炸指数评估法评价流程图如图4-12所示。

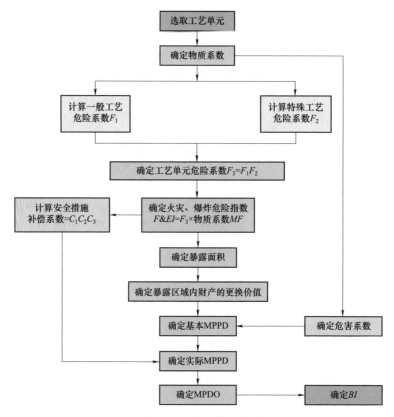

注：MPPD—最大可能财产损失。

MPDO—最大可能损失工作日。

图4-12 美国道（DOW）化学公司火灾爆炸指数评估法评价流程图

（1）选择工艺单元。

1）确定评价单元。进行危险指数评价的第一步是确定评价单元，单元是装置的一个独立部分，与其他部分保持一定的距离。

2）定义。

a. 工艺单元：工艺装置的任一主要单元。

b. 生产单元：包括化学工艺、机械加工、仓库、包装线等在内的整个生产设施。

c. 恰当工艺单元：在计算火灾、爆炸危险指数时，只评价从预防损失角度考虑对工艺有影响的工艺单元，简称工艺单元。

（2）物质系数的确定。物质系数（MF）是表述物质在燃烧或其他化学反应引起的火灾、爆炸时释放能量大小的内在特性，是一个最基础的数值。

物质系数是由美国消防协会规定的 N_F、N_R（分别代表物质的燃烧性和化学活性）决定的。通常，N_F 和 N_R 是针对正常温度环境而言的。物质发生燃烧和反应的危险性随着温度的升高而急剧加大，如在闪点之上的可燃液体引起火灾的危险性就比正常环境温度下的易燃液体大得多，反应的速度也随着温度的升高而急剧加大，所以当温度超过 60℃，物质系数要修正。对于可燃性粉尘而言，确定其物质系数时用粉尘危险分级值（Sc）而不是 N_F。

（3）计算一般工艺危险系数。按单元的工艺条件，选用适当的危险系数。工艺单元危险系数（F_3）包括一般工艺危险系数（F_1）和特殊工艺危险系数（F_2），对每项系数都要恰当地进行评价。

一般工艺危险是确定事故损害大小的主要因素，共有 6 项，根据实际情况，并不是每项系数都采用。一般工艺危险系数取值表见表 4-1。

表 4-1　　　　　　　　　　一般工艺危险系数取值表

一般工艺危险	危险系数范围	采用危险系数
基本系数	1.00	
（1）放热化学反应 F_{11}	0.3～1.25	
（2）吸热反应 F_{12}	0.20～0.40	
（3）物料处理与输送 F_{13}	0.25～1.05	
（4）密闭式或室内工艺单元 F_{14}	0.25～0.90	
（5）通道 F_{15}	0.20～0.35	
（6）排放和泄漏控制 F_{16}	0.25～0.50	
一般工艺危险系数（F_1）		

一般工艺危险系数的计算。一般工艺危险系数（F_1）=基本系数+所有选取的一般工艺危险系数之和，即

$$F_1 = 1 + \sum_{i=1}^{6} F_{1i} \qquad (4-1)$$

式中　1——基本系数；

F_{1i}——单项一般工艺危险的修正系数。

（4）计算特殊工艺危险系数。特殊工艺危险是影响事故发生概率的主要因素，特定的工艺条件是导致火灾、爆炸事故的主要原因。特殊工艺危险有12项。

评价了所有的特殊工艺危险之后，将它填入特殊工艺危险系数取值表中。

特殊工艺危险系数的计算。特殊工艺危险系数（F_2）=基本系数+所有选取的特殊工艺危险系数之和，即

$$F_2 = 1 + \sum_{i=1}^{12} F_{2i} \qquad (4-2)$$

式中　1——基本系数；

F_{2i}——单项特殊工艺危险的修正系数。

（5）确定工艺单元危险系数。用一般工艺危险系数和特殊工艺危险系数相乘求出工艺单元危险系数，即

$$F_3 = F_1 \times F_2 \qquad (4-3)$$

（6）确定火灾爆炸危险指数。将工艺单元危险系数与物质系数 MF 相乘，求出火灾、爆炸危险指数（$F\&EI$），即

$$F\&EI = MF \times F_3 \qquad (4-4)$$

火灾、爆炸危险指数（$F\&EI$）被用来估计生产事故可能造成的破坏。各种危险因素，如反应类型、操作温度、压力和可燃物的数量等，表征了事故发生概率、可燃物的潜能以及由工艺控制故障、设备故障、振动或应力疲劳等导致的潜能释放的大小。

根据火灾、爆炸危险指数（$F\&EI$）的大小，将危险程度划分为5级，如表4-2所示。下表是 $F\&EI$ 值与危险程度之间的关系，它使人们对火灾、爆炸的严重程度有一个相对的认识。

表 4-2　　　　　　　　　　　　火灾、爆炸危险等级划分

F&EI	危险等级	*F&EI*	危险等级
1～60	最轻	128～158	很大
61～96	较轻	>159	非常大
97～127	中等		

2. 危险指数评估法选择理由

在安全评价中，美国道（DOW）化学公司的火灾、爆炸指数评估法，英国帝国化学公司蒙德工厂的蒙德评价法，日本的六阶段安全评价法，我国化工厂危险程度分级方法等均为指数方法。

指数的采用使得化工厂这类系统结构复杂、用概率难以表述各类因素危险性危险源评价有了一个可行方法。这类方法操作简单，是目前比较可行的评价方法之一。指数的采用，避免了事故概率及其后果难以确定的困难。这类方法均以系统中的危险物质和工艺为评价对象，评价指数值同时考虑事故频率和事故后果两个方面因素。指数的采用，将一组相同或不同指数值通过统计学处理，使不同计量单位、性质的指标值标准化，最后转化成一个综合指数，可以准确地评价工作的综合水平。

鉴于上述危险指数评价方法的众多优点，在分析比较各类脆弱性评估方法的基础上，考虑电网突发事件的特点及电网脆弱性评估科学性、实用性与可操作性的要求，在电网脆弱性评估中，也借鉴与采用指数法进行脆弱性评估工作。

电网脆弱性评估是一项复杂的系统工程，指标体系庞杂，涉及因素众多，综合考虑了构成电网脆弱性的三个方面：灾害体、承灾体以及灾害体与承灾体之间的关系，囊括了脆弱性事故概率、事故后果，并且涵盖了脆弱性事故与安全保障体系间的相互作用关系。

指数法以电力基础设施与应急能力为评估单元，充分利用专家经验，将不同计量单位、性质的指标值标准化，转化为一个综合指数，用于准确地评价电力应急各方面的脆弱性。

指数法科学实用、可操作性强。通过专家调查结合标准规范等方法将各项指标分级赋值，然后各指标值之间通过简单的加和即可得到电网脆弱性指数。与层次分析法、模糊综合评判法相比，省去了繁杂的数学计算过程。层次分析法、模糊综合评判法虽然计算烦琐，看似准确客观，但在实际运用过程中，对于指标权重的确定、各指标的等级评定等工作，都必须邀请专家填

写判断矩阵、进行评价打分，所以实际上还是充分利用了专家的权威经验和主观判断。

4.3 电网脆弱性评估的基本步骤

结合 PSR 模型和三角图法进行电网脆弱性评估可以建立一套比较实用的电网脆弱性评估方法，其应用步骤大致如下：

（1）相关指标体系的分类，即利用 PSR 模型对所获取指标进行重组和分类，建立起三维的评估指标体系。

（2）相关指标数据的获取及处理，通过现场调研或者专家咨询法获取相关指标的原始数据及指标值，对于不便获取数据的指标，可进行相关性分析，选取与其具有相关性的指标进行代替；然后对所获取的原始数据进行无量纲化处理使之便于应用。

（3）根据所选指标与脆弱性的相关性，压力与脆弱性呈正相关，及压力越大，脆弱性越大；而状态和响应则与脆弱性呈负相关。根据压力、状态、响应各指标与脆弱性的相关性，按照一定规则，计算出电网重要基础设施脆弱性中的压力指数值 V_P、状态指数值 V_S 和响应指数值 V_R。

（4）三角图法基本模型的建立。最后，将各自的指数值占三个指数值之和的比例作为对应的指标值。

（5）计算 V_P、V_S、V_R 在各自的比例记作 V_P'、V_S'、V_R'，将其作为终值，即：$V_P' = V_P / (V_P + V_S + V_R)$，$V_S' = V_S / (V_P + V_S + V_R)$，$V_R' = V_R / (V_P + V_S + V_R)$，$V_P' + V_S' + V_R' = 1$。

（6）三角图的构建，利用相关软件建立起 PSR 模型的三角图，进行电网重要基础设施的脆弱性分类。

第 5 章

脆弱性评估指标体系构建

5.1 指标体系构建方法

在电网重要基础设施脆弱性评估技术中，指标体系的构建是关键问题之一，也是脆弱性评估技术的核心部分。构建合理的评估指标体系是科学评估的前提，关系到评估该结果的可信度。指标体系的构建过程是一个根据研究目的，选择若干个相互联系的统计指标，以组成一个统计指标体系的过程。原则上说，选取统计指标应坚持几个基本原则。

1. 全面性与代表性相结合

一套科学的指标体系首先应根据评估目的反映有关评估对象的各方面状况，如果指标体系不全面，就无法对评估对象做出整体判断。影响电网重要基础设施脆弱性的因素错综复杂，在筛选指标建立指标体系时，必须全面考虑系统各方面的脆弱性因素，将其按一定的逻辑关系进行综合，坚持全局意识、整体观念，指标体系要综合地反映电网系统中各子系统、各要素相互作用的方式、强度和方向等各方面内容，把电网重要基础设施脆弱性作为一个系统问题，综合考虑多因素、多灾种来进行综合评估。

另外，在众多的脆弱性指标中，某些指标意义相似，具有一定重复性，指标间的重叠会导致评估结果失真，即使对重叠进行适当修正，也会增加计算难度和工作。因此要对其进行相关性分析，选出一个包含其他指标信息的、具有代表性的指标来代替。

2. 层次性与系统性相结合

电网重要基础设施脆弱性是多层次、多因素综合影响和作用的结果，评估体系也应具有层次性，能从不同方面、不同层次反映电网重要基础设施脆弱性的实际情况。一是指标体系应选择一些指标从整体层次上把握评估目标的协调程序，以保证评估的全面性和可信度。二是在指标设置上按照指标间的层次递进关系，尽可能体现层次分明，通过一定梯度，能准确反映指标间的支配关系，充分落实分层次评估原则，这样既能消除指标间的相容性又能保证指标体系的全面性、科学性。

同时，同层次指标之间尽可能界限分明，避免相互有内在联系的若干组、若干层次的指标体系体现出很强的系统性。① 指标数量的多少及其体系的结构形式以系统优化为原则，即以较少的指标（数量较少、层次较少）较全面系统的反映评估对象的内容，既要避免指标体系过于庞杂，又要避免单因素选择。② 评估指标体系要统筹兼顾各方面关系，由于同层次指标之间存在制约关系，在设计指标体系时，应该兼顾到各方面的指标。③ 设计评估指标体系的方法应采用系统方法，例如系统分解和层次结构分析法（AHP），由总指标分解成次级指标，再由次级指标分解成次次级指标（通常人们把这三个层次称为目标层、准则层和指标层），并组成树状结构的指标体系，使体系的各个要素及其结构都能满足系统优化要求。也就是说，通过各项指标之间的有机联系方式和合理的数量关系，体现出对上述各种关系的统筹兼顾，达到评估指标体系整体功能最优，客观、全面的评估电网重要基础设施的脆弱性。

3. 定性分析与定量分析结合（以定量为主）

定量分析能够更准确反映电网系统基础设施的脆弱性特征，如果能够进行定量化分析，我们应采取定量的方法来筛选指标体系。但有时某些指标原始基础数据难以获取，使其定量化变得困难，这时可以通过对相关资料的分析、实地考察以及专家咨询的方法，凭借经验对指标筛选过程进行定性描述。

4. 科学性与可操作性相结合

所谓科学性就是指电网系统基础设施脆弱性指标的筛选和建立应该能客观反映出系统的脆弱性特征；而可操作性则是指在科学性的前提下，对指标筛选要从实际出发，判断其数据是否易获取、获取的数据是否可靠。

5.1.1　传统的指标体系建立方法

指标体系建立方法有很多，通过文献调研，这些方法一般有调查研究法、目标分解法、多元统计法以及德尔菲法等。

1. 调查研究法

调查研究法是在通过调查研究及广泛收集有关指标（对个体进行问卷、访谈或通过他人收集的调查数据进行分析）的基础上，利用比较归纳法进行归类，并根据评估目的设计评估指标体系，再以问卷形式把所设计的评估指标体系寄给相关专家填写的一种分析影响因素的研究方法，也称"问卷调查"或"统计调查"。它要求所选样本具有代表性，必须渗透、折射出在这一个体上的总体情况，从而实现收集指标的目的。调查研究要先从目标总体中确定调查总体，再在调查总体中确定调查样本，最后确定有效样本。

这种方法最大的优点就是简单、容易操作，调查法能搜集到难以从直接观察中获得的资料，这可以从时间和空间的维度来理解，其应用可以跨越时空界限。在时间上，观察法只能获得正在发生着的事情的资料，而调查法可以在事后从当事人或其他人那里获得有关已经过去的事情的资料。在空间上，只要研究课题需要，调查法甚至可以跨越国界，研究数目相当大的总体以及一些宏观性的教育问题。调查法还具有效率较高的特点，它能在较短的时间里获得大量资料。调查过程本身能起到推动有关单位工作的作用。由于调查法不局限对于研究对象的直接观察，它能通过间接方式获取材料，故有人把调查法称为间接观察法。但是缺点是人为主观要素可能会表现很强烈。

2. 目标分解法

目标分解法是通过对研究主体的目标或任务具体分析来构建评估指标体系。对研究对象的分解一般是从总体目标出发，按照研究内容的构成进行逐次分解，直到分解出来的指标达到可测的要求。早在 20 世纪 70 年代，Huynen就提出了"目标信息分解"的概念，后来，又有学者针对目标分解法进行了更深入的研究。

这种方法其实是一种自顶向下的系统化分析方法，优点是只要明确目标，通过层层深入的分解，能够得到多层次的评估指标体系，但缺点是对分析者的综合要求非常高。

3. 多元统计法

多元统计法是通过将主成分分析和聚类分析、定性分析和定量分析相结合的一种指标分析法，它能够从初步建立的众多指标中找出关键性指标。具体地说，多元统计法分两个阶段进行，在第一阶段，它一般先进行定性分析，初步拟定出具体研究对象所要评估的各种要素；接着进行第二阶段的定量分析，也就是对第一阶段所提出的分析结果通过定量分析进行深化和扩展。在这一阶段，用聚类分析和主成分分析法对前一阶段所拟的指标进行分析。两者目的各有不同：对于聚类分析，它的目的在于找出初拟指标体系中各指标之间的相互关系，把相似的指标聚类，相当于进行指标间的相关性分析；主成分分析的目的在于找出初拟指标体系中那些起决定作用的综合性较大（能够反映其他指标信息，且缺之不可，起到关键作用的指标）的指标。通过聚类分析和主成分分析，可以得出初拟指标体系中各指标的相关性和贡献度，然后就参照初拟指标体系中各项指标间关系的相关程度（相关系数）与综合能力（贡献度）大小，筛选出具有代表性和决定意义的指标，建立指标体系。接着再对各指标的因子分析，对约简后的新指标体系中各指标按照主次进行位置排序。多元统计法对系统模型精确度要求不高，它可以用来处理高维变量，并且可诊断出其中的问题，确定关键因素。

多元统计法是解决多因子问题，处理高维度数据的一种有效方法。其主要优点是具有逻辑和统计意义，科学性强；能综合简化要素，解决要素归属、要素间的联系和隶属位次等问题；能建立定性与定量相结合的评估指标体系；能处理大量数据和信息。

4. 德尔菲法

德尔菲法由美国兰德公司的 Olaf Helmer 和 Norman Dalkey 于 20 世纪 50 年代提出，它是以古希腊城市德尔菲命名的规定程序专家调查法，德尔菲法既可用于预测，也可以用于评估。该方法的基本原理是以调查征询的形式向选定的专家提出一系列问题，并汇总整理专家意见，每完成一次提问和回答的过程称为一轮。将上轮咨询所得意见的一致程度和各位专家的不同观点等信息，匿名反馈给每一位专家，再次征询意见。如此反复多次（一般情况下为 3～4 轮），使意见趋于一致。由最后一轮征询得到的专家意见，组合成专家群体的集体意见，即可得到影响因素列表❶。

5.1.2　基于 PSR 模型的指标体系建立方法

利用上述方法对电网重要基础设施脆弱性指标进行筛选时，必须考虑各指标之间存在一定的逻辑联系。但是通过前面 4 类方法筛选的指标大都缺乏直接联系，不能将相关性指标进行归类。因此，这几种方法在电网重要基础设施脆弱性指标体系建立方面，还不能直接套用，有待进一步研究优化。

本节以 PSR 模型为基础，对电网重要基础设施脆弱性体系进行建模。与传统指标选取体系相比，PSR 模型有系统性、可操作性、易获取性的优点。

（1）系统性。由于 PSR 模型的构造思路是考虑"人"与"环境"之间的相互作用和相互影响，因此，由 PSR 模型建立的评估指标体系，更能反映被评估对象影响脆弱性因素的系统性。

（2）可操作性。PSR 模型是按照被评估对象从"人为因素对脆弱性的影响"到"因脆弱性导致的风险发生后的反馈"这一过程中表现出的"行为"来组建评估指标体系，这一构建思路和人们分析问题、解决问题的思路是一致的，因此可操作性非常强。

（3）易获取性。目前国内外还没有关于电网重要基础设施脆弱性的综合

---

❶ 邵立周，白春杰. 系统综合评价指标体系构建方法研究 [J]. 海军工程大学学报，2008（3）：48—52.

评估指标体系研究，因此，对于 PSR 模型来说，只要按照构建思路对辨识到的影响因素进行分类即可，各项指标要素的数据来源都可以通过其他方法获得，因此利用 PSR 模型来构建评估指标体系是非常容易的。

这里需要强调的一点是：PSR 模型只是确定了评估指标体系的第一层，即准则层。对于要素层、指标因子的确定还需要结合传统指标体系建立方法如目标分解法、德尔菲法等方法来进行。

5.2 基于 PSR 模型的电网脆弱性评估指标

应用 PSR 模型构建评估指标体系的关键之处是要按照"压力""状态"和"响应"这三个方面来选择指标要素。这三个方面从正反两个方向去表征电网重要基础设施的脆弱性，具体来讲，压力指标与脆弱性是呈正相关的，即电网重要基础设施所处周围环境给其施加的压力越大，其自身脆弱性越高；状态指标与脆弱性呈负相关的，电网重要基础设施自身状态越好，它的各种运行参数都处于正常范围，那么它抵抗外界干扰能力越强，也即脆弱性越低；响应指标也与电网重要基础设施脆弱性呈负相关的，即人们对为保证电网重要基础设施正常运行所采取的一些措施越及时、越有效，那么电网重要基础设施的脆弱性就越低。他们之间的关系如图 5-1 所示。

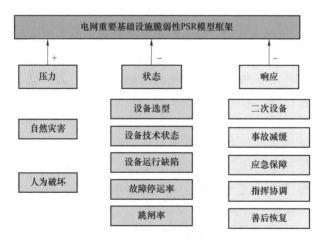

图 5-1　电网重要基础设施脆弱性 PSR 模型框架

5.2.1　压力指标体系

1. 设计思路

由于各评估单元所处地理位置不同，各地自然环境（地质、地形、地貌、气候、气象、水文、植被等）千差万别，社会经济条件（人口密度、人口素质、居民公共道德和财产意识，对电力设施的保护意识等；车辆交通及施工情况等）也各不相同，因而不同评估单元可能发生的事故灾害类型也不尽相同，例如在平原地区，滑坡、泥石流发生的概率几乎可以忽略不计；在内陆地区，台风发生的概率也微乎其微。

因此按照事故灾害类型选取压力评估一级指标。在事故灾害类型中，根据第 2 章，影响电力系统的自然灾害主要有地震、风灾、雨雪冰冻、洪涝灾害、滑坡、泥石流、雷击、森林火灾、污闪等；人为破坏主要有偷盗、恶意破坏、恐怖袭击、外物砸线、车辆交通和工程施工等。人为破坏类型按主观程度分为故意破坏和意外损坏两类，其中故意破坏包括偷盗、恶意破坏和恐怖袭击，意外损坏包括外物砸线、车辆交通和工程施工。

考虑各事故灾害的影响因素选取评估指标，自然灾害影响因素主要分为基础设施的位置因素、地质因素、气象因素等，人为破坏则考虑位置因素、人口情况和人类活动情况等几个方面。地震灾害破坏程度与震级（烈度）、震内人口密度、发展水平、地质情况、地面建筑结构以及震前预报和预防情况有关；风害对电力系统的危害程度与风速的大小有着直接关系，台风造成的损失与暴风雨强度、路径、登陆地区人口密度和经济发展等因素有关；覆冰是一个复杂过程，覆冰量与导线半径、过冷水滴直径、含风量、风速、风向、气温及覆冰时间等因素有关，断线、倒塔与设备自身结构和强度、覆冰厚度、覆冰不均匀性以及风速、风向均有一定关系；强降水对于电力系统的危害程度与降水量大小和持续时间以及降水发生地区地貌有着较为密切的关系；滑坡、泥石流对电力系统的危害与地质构造、地形地貌、陡坡垦殖情况、森林采伐情况、矿山开采与弃渣情况、工程开挖与弃土情况等因素有关；森林火灾一般发生在秋冬季节，火灾起因是人为、雷电、自燃等，发生的概率与森林火险等级有较大关系；污闪与当地污染程度和污秽层厚度等有关。故意破坏与电网重要基础设施服务对象的重要性、所处位置的交通便利程度、当地居民素质、公共道德与财产意识等有关；意外损失则主要取决于当地人口密度、工程施工以及车辆交通情况等。

2. 压力指标要素

压力指标体系指标要素见表 5-1。

表 5-1 压力指标体系指标要素

一级指标	二级指标	二级指标评判内容
A. 地震	A1 位置参数	A11 中国地震烈度区划图
		A12 中国地震分布图
		A13 地理位置
	A2 地质因素	A21 地段
		A22 场地
		A23 岩土地震稳定性
		A24 场地覆盖层厚度
	A3 灾害案例	A31 地震等级
		A32 强震持续时间
		A33 地震发生频率
		A34 灾害对电网重要基础设施的破坏程度
B. 风灾	B1 位置参数	B11 风灾分布图
		B12 地理位置
	B2 气象参数	B21 最大风速
		B22 最大风力
		B23 主导风向
	B3 风灾灾害案例	B31 发生频率
		B32 持续时间
		B33 风力等级
		B34 风的类型
		B35 对电网重要基础设施的破坏程度
C. 雨雪冰冻	C1 位置参数	C11 雪灾分布
		C12 地理位置
	C2 气象参数	C21 最低气温
		C22 最大降雪量

续表

一级指标	二级指标	二级指标评判内容
C. 雨雪冰冻	C2 气象参数	C23 覆冰厚度统计
		C24 低温雨雪冰冻最长持续时间
	C3 雨雪冰冻灾害案例	C31 雪灾频率
		C32 积雪覆盖率
		C33 雨雪冰冻灾害等级
		C34 雪灾对电网重要基础设施的破坏
D. 洪涝灾害	D1 位置参数	D11 洪水分布区域
		D12 地理位置
	D2 气象参数	D21 年降雨量
		D22 年最大降雨强度
	D3 地形地势	D31 历史最高洪水水位
		D32 单位站址标高
		D33 位置区域的防洪工程体系
		D34 水系特征
		D35 河道特征
	D4 灾害案例	D41 洪涝淹没范围
		D42 淹没深度
		D43 洪水发生频率
		D44 洪水等级
		D45 洪水对电网重要基础设施的破坏程度
E. 滑坡、泥石流	E1 位置参数	E11 地质灾害分布图
		E12 地理位置
	E2 地质因素	E21 地质构造
		E22 岩石类型
		E23 岩层
		E24 植被覆盖
		E25 工程开挖与弃土情况
		E26 地形坡度

续表

一级指标	二级指标	二级指标评判内容
E. 滑坡、泥石流	E3 灾害案例	E31 发生频率
		E32 灾害等级
		E33 对基础电网设施的破坏程度
F. 雷击	F1 气象因素	F11 雷电分布
		F12 地闪密度
		F13 雷灾频数
	F2 灾害案例	F21 雷暴日
		F22 雷电类型
		F23 雷电对基础设施的破坏程度
G. 森林火灾	G1 位置参数	G11 森林分布图
		G12 地理位置
		G13 人口密度
		G14 交通条件
	G2 气象因素	G21 年平均气温
		G22 夏季最高气温
		G23 空气相对湿度
	G3 灾害案例	G31 燃烧时间
		G32 火灾等级
		G33 可燃物状况
		G34 火灾发生地
		G35 火场面积
		G36 灾害频率
		G37 灾害对基础设施的破坏程度
H. 污闪	H1 位置参数	H11 污秽等级
		H12 当地污染状况
	H2 气象条件	H21 全年阴雨、高湿、有雾等潮湿天气日
	H3 灾害案例	H31 污闪频率

续表

一级指标	二级指标	二级指标评判内容
H. 污闪	H3 灾害案例	H32 污秽层厚度
		H33 污物对电网重要基础设施的破坏程度
I. 故意破坏	I1 位置参数	I11 交通便利程度
		I12 电网重要基础设施服务对象的重要性（电力负荷等级：分一、二、三级）
	I2 人口情况	I21 当地居民素质
		I22 流动人口情况
		I23 居民公共道德与财产意识
	I3 恶意破坏事故案例	I31 事故频率
		I32 对电网重要基础设施产生的破坏程度
J. 意外损坏	J1 人类活动情况	J11 人口密度
		J12 工程施工以及车辆交通情况
	J2 意外损坏事故案例	J21 事故频率
		J22 对电网重要基础设施产生的破坏程度

5.2.2　状态指标体系

1. 设计思路

状态指标表征评估单元设备目前的运行状态与自身的易损性和敏感性，主要是反映作为承灾体的各类设备其自身的抗压抗灾能力、在运行过程中的安全稳定情况。

电力基础设施的脆弱性表现为各具体设备的脆弱性，而且在电力基础设施脆弱性评估中，可能需要比较同一单元内不同设备的脆弱性。因此，我们以设备为评估对象。

在状态指标体系设计中，将各类一次设备作为一级指标。

从大量事故分析报告统计结果可知，影响导致设备故障或损坏的主要原因包括设备自身安全系数、技术状态、运行缺陷、故障停运及跳闸情况。

（1）设备自身安全系数。从设备选型、结构类型、材质等基本物理属性方面考虑设备自身的抗外界干扰，抗外力破坏能力。

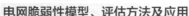
（2）技术状态。利用设备设施原始资料、运行资料、检修试验资料和其他资料（包括同型同类设备的运行、修试、缺陷和故障情况等），综合考虑设备使用年限、各项技术参数、设备完好性、运行工况、各组（附）件、部件、设备基础、构架、设备外观及周围环境、防震设施等因素，确定设备设施的运行状态。

（3）设备缺陷。设备缺陷是指使用中的设备，设备发生的异常或存在的隐患。这些异常或隐患将影响人身、设备和电网安全，影响电网和设备的可靠经济运行、设备出力或寿命以及电能质量等。设备缺陷按其严重程度分为紧急缺陷、重大缺陷和一般缺陷三类。紧急缺陷：设备或设施发生直接威胁安全运行并需立即处理，否则随时可能造成设备损坏、人身伤亡、大面积停电、火灾等事故的设备缺陷；重大缺陷：对人身、电网和设备有严重威胁，尚能坚持运行，不及时处理有可能造成事故者；一般缺陷：短时之内不会劣化为重大缺陷、紧急缺陷，对运行虽有影响但尚能坚持运行者。

（4）故障停运及跳闸情况。故障停运是指电力设备因故障而退出运行所引起的基础设施（变电站、输电线路、换流站等）停运。跳闸是指由于设备故障而导致断路器断开的情况。

2. 状态指标要素

状态指标体系指标要素见表5-2。

表5-2　　　　　　　　　　状态指标体系指标要素

一级指标	二级指标	二级指标评判内容
2.1　枢纽变电站		
A.变压器（含站用变压器）	A1 设备选型/设备本身安全系数	A11 设备类型
	A2 技术状态	A21 设备使用时间与期限
		A22 各项技术参数
		A23 预防性试验项目
		A24 红外诊断结果
		A25 设备完好性
		A26 运行工况
		A27 各组（附）件、部件
		A28 充油设备
		A29 消防设施
		A210 通风设备
		A211 照明设备

续表

一级指标	二级指标	二级指标评判内容
A. 变压器（含站用变压器）	A2 技术状态	A212 贮油池
		A213 排油设施
		A214 防震设施
		A215 端子排的标志
		A216 设备编号及相色标志
		A217 设备基础、构架
		A218 设备接地
		A219 设备外观及周围环境
		A220 技术档案
	A3 运行缺陷	A31 缺陷类型
		A32 缺陷次数
		A33 消缺率
	A4 设备故障率/停运次数（时长）	A41 故障率
		A42 停运次数
		A43 停运时长
		A44 检修频率或周期
		A45 每次检修时间
B. 断路器	B1 设备选型/设备本身安全系数	B11 设备类型
	B2 技术状态	B21 设备使用时间与期限
		B22 各项技术参数
		B23 预防性试验项目
		B24 红外诊断结果
		B25 断路器本体、操动机构的各部件
		B26 分、合闸指示
		B27 辅助开关及电气闭锁动作
		B28 电气回路传动
		B29 液压、气动操作机构
		B210 断路器整体运行工况

电网脆弱性模型、评估方法及应用

续表

一级指标	二级指标	二级指标评判内容
B. 断路器	B2 技术状态	B211 设备基础、构架
		B212 设备接地
		B213 设备外观及周围环境
		B214 充油设备
		B215 端子排的标志
		B216 设备编号及相色标志
		B217 遮栏
		B218 技术档案
		B219 额定操作次数
		B220 满容量故障开断次数
	B3 运行缺陷	B31 缺陷类型
		B32 缺陷次数
		B33 消缺率
	B4 设备故障率/停运次数（时长）	B41 故障率
		B42 停运次数
		B43 停运时长
		B44 检修频率或周期
		B45 每次检修时间
C. 隔离开关	C1 设备选型/设备本身安全系数	C11 设备类型
	C2 技术状态	C21 设备使用时间与期限
		C22 各项技术参数
		C23 预防性试验项目
		C24 红外诊断结果
		C25 隔离开关本体、操作机构、传动机构
		C26 分、合闸指示
		C27 隔离开关主开关与接地开关间机械或电气闭锁及辅助开关动作
		C28 电气回路传动
		C29 合闸时三相不同期值

续表

一级指标	二级指标	二级指标评判内容
C. 隔离开关	C2 技术状态	C210 相间距离及分闸时触头打开角度和距离、各带电部位与地及相互间的距离
		C211 整体工况
		C212 设备本身及周围环境
		C213 充气设备
		C214 密度继电器各定值、年漏气率和 SF_6 气体含水量
		C215 端子排的标志
		C216 设备编号及相色标志
		C217 设备基础、支架
		C218 技术档案
	C3 运行缺陷	C31 缺陷类型
		C32 缺陷次数
		C33 消缺率
	C4 设备故障率/停运次数（时长）	C41 故障率
		C42 停运次数
		C43 停运时长
		C44 检修频率或周期
		C45 每次检修时间
D. 电流互感器和电压互感器	D1 设备选型/设备本身安全系数	D11 设备类型
	D2 技术状态	D21 变比，精确等级，动、热稳定电流等参数
		D22 各个二次绕组的保护接地
		D23 预防性试验项目
		D24 设备基础、支架
		D25 互感器的接地端子
		D26 设备本身及周围环境
		D27 编号及相序标志
		D28 对于油浸式互感器

续表

一级指标	二级指标	二级指标评判内容
D. 电流互感器 和电压互感器	D2 技术状态	a）油位指示
		b）电流互感器过负荷情况、引线端子过热现象
		c）电压互感器端子箱内熔断器及自动开关等二次元件
		d）异常振动、异常声响及异味情况
		D29 对于电容式电压互感器
		a）分压电容器及电磁单元
		b）分压电容器各节之间防晕罩
		c）分压电容器低压端子
		D210 对于 SF_6 气体绝缘互感器
		a）压力表、密度继电器
		b）绝缘套管
		D211 对于树脂浇注互感器
		a）过热、异常振动及声响情况
		b）受潮，外露铁芯锈蚀情况
		c）外绝缘表面
		D212 技术档案
		D213 设备使用时间与期限
	D3 运行缺陷	D31 缺陷类型
		D32 缺陷次数
		D33 消缺率
	D4 设备故障率/停运次数（时长）	D41 故障率
		D42 停运次数
		D43 停运时长
		D44 检修频率或周期
		D45 每次检修时间
E. 电抗器	E1 设备选型/设备本身安全系数	E11 设备类型
	E2 技术状态	以油浸式电抗器为例：
		E21 设备使用时间与期限
		E22 各项技术参数

续表

一级指标	二级指标	二级指标评判内容
E. 电抗器	E2 技术状态	E23 预防性试验项目
		E24 红外诊断结果
		E25 设备完好性
		E26 运行工况
		E27 各组（附）件、部件
		E28 充油设备
		E29 消防设施
		E210 通风设备
		E211 照明设备
		E212 贮油池
		E213 排油设施
		E214 防震设施
		E215 端子排的标志
		E216 设备编号及相色标志
		E217 设备基础、构架
		E218 设备接地
		E219 设备外观及周围环境
		E220 技术档案
		E221 编号及相序标志
		E222 外绝缘表面
		E223 线圈
		E224 阻波器内部的电容器和避雷器
	E3 运行缺陷	E31 缺陷类型
		E32 缺陷次数
		E33 消缺率
	E4 设备故障率/停运次数（时长）	E41 故障率
		E42 停运次数
		E43 停运时长

电网脆弱性模型、评估方法及应用

续表

一级指标	二级指标	二级指标评判内容
E. 电抗器	E4 设备故障率/停运次数（时长）	E44 检修频率或周期
		E45 每次检修时间
F. 电力电容器、耦合电容器	F1 设备选型/设备本身安全系数	F11 设备类型
	F2 技术状态/运行工况/缺陷状况	F21 设备使用时间与期限
		F22 各项技术参数
		F23 预防性试验项目
		F24 设备基础、构架和接地
		F25 设备本身及周围环境
		F26 编号及相序标志
		F27 瓷件表面
		F28 异常振动、异常声响及异味情况
		F29 对于并联电容器
		a）外壳
		b）过电压、过电流保护装置
		c）通风
		d）防火、防爆设施
		e）单台电容器的电容值与额定值的偏差
		F210 对于耦合电容器
		a）密封性
		b）设备运行温度、压力
		F211 红外诊断结果
		F212 技术档案
	F3 运行缺陷	F31 缺陷类型
		F32 缺陷次数
		F33 消缺率
	F4 设备故障率/停运次数（时长）	F41 故障率
		F42 停运次数
		F43 停运时长

118

续表

一级指标	二级指标	二级指标评判内容
F. 电力电容器、耦合电容器	F4 设备故障率/停运次数（时长）	F44 检修频率或周期
		F45 每次检修时间
G. 阻波器及滤波器	G1 设备选型/设备本身安全系数	G11 设备类型
	G2 技术状态	G21 设备使用时间与期限
		G22 各项技术参数
		G23 预防性试验项目
		G24 红外诊断结果
		G25 设备基础、支架、接地
		G26 设备本身及周围环境
		G27 编号及相序标志
		G28 外绝缘表面
		G29 线圈
		G210 阻波器内部的电容器和避雷器
		G211 技术档案
	G3 运行缺陷	G31 缺陷类型
		G32 缺陷次数
		G33 消缺率
	G4 设备故障率/停运次数（时长）	G41 故障率
		G42 停运次数
		G43 停运时长
		G44 检修频率或周期
		G45 每次检修时间
H. 避雷接地设施（避雷器、避雷针、接地网）	H1 设备选型/设备本身安全系数	H11 设备类型
	H2 技术状态	H21 各项技术参数
		H22 预防性试验项目
		H23 放电记录器
		H24 避雷器安装、基础、构架
		H25 接地引下线

一级指标	二级指标	二级指标评判内容
H. 避雷接地设施（避雷器、避雷针、接地网）	H2 技术状态	H26 设备本身及周围环境
		H27 编号及相序标志
		H28 瓷件表面
		H29 红外诊断结果
		H210 技术档案
		H211 对于避雷针和接地网
		a）接地网接地线和导体截面
		b）预防性试验项目
		c）避雷针结构、安装及锈蚀情况
		d）引线的机械强度及接地
		e）主接地网、接地引下线及电缆沟中接地带与接地网锈蚀情况
		f）运行环境
		g）开挖检查情况
		h）技术档案
	H3 运行缺陷	H31 缺陷类型
		H32 缺陷次数
		H33 消缺率
	H4 设备故障率/停运次数（时长）	H41 故障率
		H42 停运次数
		H43 停运时长
		H44 检修频率或周期
		H45 每次检修时间
I. 母线	I1 设备选型/设备本身安全系数	I11 设备类型
	I2 技术状态/运行工况/缺陷状况	I21 设备使用时间与期限
		I22 各项技术参数
		I23 预防性试验项目
		I24 红外诊断结果

续表

一级指标	二级指标	二级指标评判内容
I. 母线	I2 技术状态/运行工况/缺陷状况	I25 硬母线、软母线、绝缘子、穿墙套管、连接金具、保护金具、伸缩节、紧固件（紧固用螺栓、垫圈锁紧螺母、闭口销等）等各部件
		I26 各带电部位与地及相互间的距离
		I27 软母线
		I28 扩径导线
		I29 整体工况
		I210 设备本身及周围环境
		I211 充气设备
		I212 密度继电器各定值、年漏气率和含水量
		I213 设备编号及相色标志
		I214 设备基础、支架
		I215 技术档案
	I3 运行缺陷	I31 缺陷类型
		I32 缺陷次数
		I33 消缺率
	I4 设备故障率/停运次数（时长）	I41 故障率
		I42 停运次数
		I43 停运时长
		I44 检修频率或周期
		I45 每次检修时间
J. GIS	J1 设备选型/设备本身安全系数	J11 设备类型
	J2 技术状态	J21 设备使用时间与期限
		J22 各项技术参数
		J23 预防性试验项目
		J24 红外诊断结果
		J25 气体密度继电器
		J26 各气室气密性、气压
		J27 断路器开断额定电流及故障电流次数

续表

一级指标	二级指标	二级指标评判内容
J. GIS	J2 技术状态	J28 密度监视器的设定值功能
		J29 整体工况
		J210 设备基础、地脚螺栓
		J211 设备本身及周围环境
		J212 技术档案
	J3 运行缺陷	J31 缺陷类型
		J32 缺陷次数
		J33 消缺率
	J4 设备故障率/停运次数（时长）	J41 故障率
		J42 停运次数
		J43 停运时长
		J44 检修频率或周期
		J45 每次检修时间

2.2 架空线路（杆塔）

一级指标	二级指标	二级指标评判内容
A. 杆塔	A1 设备选型/设备本身安全系数	A11 设备类型
	A2 技术状态	A21 杆塔倾斜（包括挠度）
		A22 杆塔横担歪斜
		A23 铁塔结构
		A24 杆塔铁件、主材表面
		A25 主材相邻节点弯曲度
		A26 塔材各部件
		A27 钢筋混凝土电杆保护层
		A28 普通混凝土电杆裂纹
		A29 拉线装置
		A210 拉线基础
B. 绝缘子	B1 设备选型/设备本身安全系数	B11 设备类型、材质
	B2 技术状态	B21 绝缘污秽情况
		a）表面清洁度

续表

一级指标	二级指标	二级指标评判内容
B. 绝缘子	B2 技术状态	b）等值盐密
		c）爬电比距
		B22 绝缘子本体情况
		a）外观
		b）各类连接金属销
		c）钢帽、绝缘件、钢脚相对位置
		d）盘形绝缘子的绝缘电阻
		e）直线杆塔的绝缘子串顺线路方向的偏斜角及其最大偏移值
C. 导、地线	C1 设备选型/设备本身安全系数	C11 设备类型
	C2 技术状态	C21 导、地线损伤情况：断股、损伤截面
		C22 导、地线弧垂情况
		a）导、地线弧垂偏差
		b）导、地线相间弧垂偏差
		c）同相子导线间弧垂偏差
		d）导线对地距离、交叉跨越距离情况
		e）导、地线连接器情况
		f）导、地线锈蚀及疲劳状态
	C3 运行缺陷	C31 缺陷类型
		C32 缺陷次数
		C33 消缺率
	C4 故障停运	C41 故障停运次数
		C42 故障停运率
	C5 跳闸	C51 线路跳闸次数
		C52 线路跳闸率
D. 金具	D1 设备选型/设备本身安全系数	D11 设备类型
	D2 技术状态	D21 各种金属销的完备性
		D22 金具外观、位移、松动情况

续表

一级指标	二级指标	二级指标评判内容
D. 金具	D2 技术状态	D23 连接处转动灵活性
		D24 强度
E. 基础及基础防护	E1 设备选型/设备本身安全系数	E11 设备类型
	E2 技术状态	E21 外观情况
		E22 地质状况
		E23 防护设施情况
F. 防雷设施及接地装置	F1 设备选型/设备本身安全系数	F101 设备类型
	F2 技术状态	F21 复合外套金属氧化锌避雷器外观：各部位连接、复合外套表面，计数器或在线监测装置、镀锌件
		F22 综合防雷装置各部位连接及外观
		F23 接地装置
		a）本体情况
		b）敷设情况
		c）接地电阻情况
G. 线路防护区	G1 设备选型/设备本身安全系数	G11 设备类型
	G2 技术状态	G21 防护区树木情况
		G22 防护区内建筑物情况

2.3 换流一次设备（除换流变压器、换流阀以外，其他都参考变电站指标）

一级指标	二级指标	二级指标评判内容
A. 换流变压器（含站用变压器）	A1 设备选型/设备本身安全系数	A11 设备类型
	A2 技术状态	A21 设备使用时间与期限
		A22 各项技术参数
		A23 预防性试验项目
		A24 红外诊断结果
		A25 设备完好性
		A26 运行工况
		A27 各组（附）件、部件
		A28 充油设备
		A29 消防设施

续表

一级指标	二级指标	二级指标评判内容
A. 换流变压器 （含站用变压器）	A2 技术状态	A210 通风设备
		A211 照明设备
		A212 贮油池
		A213 排油设施
		A214 防震设施
		A215 端子排的标志
		A216 设备编号及相色标志
		A217 设备基础、构架
		A218 设备接地
		A219 设备外观及周围环境
		A220 技术档案
		A221 对于换流变压器
		a）换流变压器各部温度、油位
		b）换流变压器有无异常声音和明显震动
		c）本体储油柜、分接开关的储油柜、套管油位、SF_6 压力正常，吸湿器内硅胶无严重变色，各部分无渗油现象
		d）套管
		e）分接头调节驱动装置及控制柜加热器
		f）冷却器
		g）外壳接地
		h）在线滤油机装置
		i）在线气体分析装置
		j）潜油泵的运行情况
		k）调压开关电机控制柜外观
		l）调压开关电机和档位计数器
		m）本体储油柜和有载调压开关储油柜吸湿器
		n）本体储油柜和有载调压开关储油柜油位
		o）有载调压开关在线滤油机
		p）器身外观

续表

一级指标	二级指标	二级指标评判内容
A. 换流变压器（含站用变压器）	A3 运行缺陷	A31 缺陷类型
		A32 缺陷次数
		A33 消缺率
	A4 设备故障率/停运次数（时长）	A41 故障率
		A42 停运次数
		A43 停运时长
		A44 检修频率或周期
		A45 每次检修时间
B. 换流阀	B1 设备选型/设备本身安全系数	B11 设备类型
	B2 技术状态	B21 晶闸管组件
		a）本体及屏蔽罩的锈蚀、污垢
		b）异常振动和声音
		c）熄灯检查
		d）红外测温
		e）运行中阀监控系统（VCU、TVM、VBE）状态量：阀跳闸、功能跳闸、阀报警、保护性触发PF报警、晶闸管监视报警、阀控系统报警
		f）停电检查：晶闸管控制单元（TE、TCU 或GU）、晶闸管控制模块反向恢复期保护单元、触发光纤、电抗器支撑绝缘板、电器元件支撑横担
		g）预防性试验：长棒绝缘子、阻尼电阻、组件电容、均压电容、阀电抗器、晶闸管堆
		h）同厂、同型、同期设备的故障信息
		B22 阀冷却组件
		a）停电检查：阀塔主水路、连接水管及接头、漏水检测装置、均压电极、散热器
		b）同厂、同型、同期设备的故障信息
		B23 阀避雷器
		a）本体锈蚀
		b）振动和声响
		c）放电电晕

续表

一级指标	二级指标	二级指标评判内容
B. 换流阀	B2 技术状态	d）红外测温
		e）停电检查：接地、支架
		f）预防性试验：阀避雷器及电子回路检查
		g）同厂、同型、同期设备的故障信息
	B3 运行缺陷	B31 缺陷类型
		B32 缺陷次数
		B33 消缺率
	B4 设备故障率/停运次数（时长）	B41 故障率
		B42 停运次数
		B43 停运时长
		B44 检修频率或周期
		B45 每次检修时间
C. 断路器	C1 设备选型/设备本身安全系数	C11 设备类型
	C2 技术状态	C21 设备使用时间与期限
		C22 各项技术参数
		C23 预防性试验项目
		C24 红外诊断结果
		C25 设备完好性
		C26 运行工况
		C27 各组（附）件、部件
		C28 充油设备
		C29 消防设施
		C210 通风设备
		C211 照明设备
		C212 贮油池
		C213 排油设施
		C214 防震设施
		C215 端子排的标志

电网脆弱性模型、评估方法及应用

续表

一级指标	二级指标	二级指标评判内容
C. 断路器	C2 技术状态	C216 设备编号及相色标志
		C217 设备基础、构架
		C218 设备接地
		C219 设备外观及周围环境
		C220 技术档案
	C3 运行缺陷	C31 缺陷类型
		C32 缺陷次数
		C33 消缺率
	C4 设备故障率/停运次数（时长）	C41 故障率
		C42 停运次数
		C43 停运时长
		C44 检修频率或周期
		C45 每次检修时间
D. 隔离开关	D1 设备选型/设备本身安全系数	D11 设备类型
	D2 技术状态	D21 设备使用时间与期限
		D22 各项技术参数
		D23 预防性试验项目
		D24 红外诊断结果
		D25 隔离开关本体、操作机构、传动机构
		D26 分、合闸指示
		D27 隔离开关主开关与接地开关间机械或电气闭锁及辅助开关动作
		D28 电气回路传动
		D29 合闸时三相不同期值
		D210 相间距离及分闸时触头打开角度和距离、各带电部位与地及相互间的距离
		D211 整体工况
		D212 设备本身及周围环境
		D213 充气设备

续表

一级指标	二级指标	二级指标评判内容
D. 隔离开关	D2 技术状态	D214 密度继电器各定值、年漏气率和 SF_6 气体含水量
		D215 端子排的标志
		D216 设备编号及相色标志
		D217 设备基础、支架
		D218 技术档案
	D3 运行缺陷	D31 缺陷类型
		D32 缺陷次数
		D33 消缺率
	D4 设备故障率/停运次数（时长）	D41 故障率
		D42 停运次数
		D43 停运时长
		D44 检修频率或周期
		D45 每次检修时间
E. 电流互感器和电压互感器	E1 设备选型/设备本身安全系数	E11 设备类型
	E2 技术状态	E21 变比，精确等级，动、热稳定电流等参数
		E22 各个二次绕组的保护接地
		E23 预防性试验项目
		E24 设备基础、支架
		E25 互感器的接地端子
		E26 设备本身及周围环境
		E27 编号及相序标志
		E28 对于油浸式互感器
		a）油位指示
		b）电流互感器过负荷情况、引线端子过热现象
		c）电压互感器端子箱内熔断器及自动开关等二次元件
		d）异常振动、异常声响及异味情况
		E29 对于电容式电压互感器

续表

一级指标	二级指标	二级指标评判内容
E. 电流互感器和电压互感器	E2 技术状态	a）分压电容器及电磁单元
		b）分压电容器各节之间防晕罩
		c）分压电容器低压端子
		E210 对于 SF_6 气体绝缘互感器
		a）压力表、密度继电器
		b）绝缘套管
		E211 对于树脂浇注互感器：
		a）过热、异常振动及声响情况
		b）受潮，外露铁芯锈蚀情况
		c）外绝缘表面
		E212 技术档案
		E213 设备使用时间与期限
	E3 运行缺陷	E31 缺陷类型
		E32 缺陷次数
		E33 消缺率
	E4 设备故障率/停运次数（时长）	E41 故障率
		E42 停运次数
		E43 停运时长
		E44 检修频率或周期
		E45 每次检修时间
F. 电抗器（含平波电抗器）	F1 设备选型/设备本身安全系数	F11 设备类型
	F2 技术状态	F21 设备使用时间与期限
		F22 各项技术参数
		F23 预防性试验项目
		F24 红外诊断结果
		F25 设备完好性
		F26 运行工况
		F27 各组（附）件、部件

续表

一级指标	二级指标	二级指标评判内容
F. 电抗器 （含平波电抗器）	F2 技术状态	F28 充油设备
		F29 消防设施
		F210 通风设备
		F211 照明设备
		F212 贮油池
		F213 排油设施
		F214 防震设施
		F215 端子排的标志
		F216 设备编号及相色标志
		F217 设备基础、构架
		F218 设备接地
		F219 设备外观及周围环境
		F220 技术档案
	F3 运行缺陷	F31 缺陷类型
		F32 缺陷次数
		F33 消缺率
	F4 设备故障率/停运次数（时长）	F41 故障率
		F42 停运次数
		F43 停运时长
		F44 检修频率或周期
		F45 每次检修时间
G. 电力电容器 （含耦合电容器）	G1 设备选型/设备本身安全系数	G11 设备类型
	G2 技术状态	G21 设备使用时间与期限
		G22 各项技术参数
		G23 预防性试验项目
		G24 设备基础、构架和接地
		G25 设备本身及周围环境
		G26 编号及相序标志

续表

一级指标	二级指标	二级指标评判内容
G. 电力电容器（含耦合电容器）	G2 技术状态	G27 瓷件表面
		G28 异常振动、异常声响及异味情况
		G29 对于并联电容器
		a）外壳
		b）过电压、过电流保护装置
		c）通风
		d）防火、防爆设施
		e）单台电容器的电容值与额定值的偏差
		G210 对于耦合电容器
		a）密封性
		b）设备运行温度、压力
		G211 红外诊断结果
		G212 技术档案
	G3 运行缺陷	G31 缺陷类型
		G32 缺陷次数
		G33 消缺率
	G4 设备故障率/停运次数（时长）	G41 故障率
		G42 停运次数
		G43 停运时长
		G44 检修频率或周期
		G45 每次检修时间
H. 阻波器及滤波器	H1 设备选型/设备本身安全系数	H11 设备类型
	H2 技术状态	H21 设备使用时间与期限
		H22 各项技术参数
		H23 预防性试验项目
		H24 红外诊断结果
		H25 设备基础、支架、接地
		H26 设备本身及周围环境

续表

一级指标	二级指标	二级指标评判内容
H. 阻波器及滤波器	H2 技术状态	H27 编号及相序标志
		H28 外绝缘表面
		H29 线圈
		H210 阻波器内部的电容器和避雷器
		H211 技术档案
	H3 运行缺陷	H31 缺陷类型
		H32 缺陷次数
		H33 消缺率
	H4 设备故障率/停运次数（时长）	H41 故障率
		H42 停运次数
		H43 停运时长
		H44 检修频率或周期
		H45 每次检修时间
I. 避雷接地设施（避雷器、避雷针、接地网）	I1 设备选型/设备本身安全系数	I11 设备类型
	I2 技术状态	I21 各项技术参数
		I22 预防性试验项目
		I23 放电记录器
		I24 避雷器安装、基础、构架
		I25 接地引下线
		I26 设备本身及周围环境
		I27 编号及相序标志
		I28 瓷件表面
		I29 红外诊断结果
		I210 技术档案
		I211 对于避雷针和接地网
		a）接地网接地线和导体截面
		b）预防性试验项目
		c）避雷针结构、安装及锈蚀情况

续表

一级指标	二级指标	二级指标评判内容
I. 避雷接地设施（避雷器、避雷针、接地网）	I2 技术状态	d）引线的机械强度及接地
		e）主接地网、接地引下线及电缆沟中接地带与接地网锈蚀情况
		f）运行环境
		g）开挖检查情况
		h）技术档案
	I3 运行缺陷	I31 缺陷类型
		I32 缺陷次数
		I33 消缺率
	I4 设备故障率/停运次数（时长）	I41 故障率
		I42 停运次数
		I43 停运时长
		I44 检修频率或周期
		I45 每次检修时间
J. 母线	J1 设备选型/设备本身安全系数	J11 设备类型
	J2 技术状态	J21 设备使用时间与期限
		J22 各项技术参数
		J23 预防性试验项目
		I24 红外诊断结果
		J25 硬母线、软母线、绝缘子、穿墙套管、连接金具、保护金具、伸缩节、紧固件（紧固用螺栓、垫圈锁紧螺母、闭口销等）等各部件
		I26 各带电部位与地及相互间的距离
		J27 软母线
		J28 扩径导线
		J29 整体工况
		J210 设备本身及周围环境
		J211 充气设备
		J212 密度继电器各定值、年漏气率和含水量
		J213 设备编号及相色标志

一级指标	二级指标	二级指标评判内容
J. 母线	J2 技术状态	J214 设备基础、支架
		J215 技术档案
	J3 运行缺陷	J31 缺陷类型
		J32 缺陷次数
		J33 消缺率
	J4 设备故障率/停运次数（时长）	J41 故障率
		J42 停运次数
		J43 停运时长
		J44 检修频率或周期
		J45 每次检修时间
K. GIS	K1 设备选型/设备本身安全系数	K11 设备类型
	K2 技术状态/运行工况/缺陷状况	K21 设备使用时间与期限
		K22 各项技术参数
		K23 预防性试验项目
		K24 红外诊断结果
		K25 气体密度继电器
		K26 各气室气密性、气压
		K27 断路器开断额定电流及故障电流次数
		K28 密度监视器的设定值功能
		K29 整体工况
		K210 设备基础、地脚螺栓
		K211 设备本身及周围环境
		K212 技术档案
	K3 运行缺陷	K31 缺陷类型
		K32 缺陷次数
		K33 消缺率
	K4 设备故障率/停运次数（时长）	K41 故障率
		K42 停运次数

续表

一级指标	二级指标	二级指标评判内容
K. GIS	K4 设备故障率/停运次数（时长）	K43 停运时长
		K44 检修频率或周期
		K45 每次检修时间

5.2.3 响应指标体系

1. 设计思路

响应指标表征应对特定情境压力下遭受破坏或损失的保护和恢复能力，主要反映电力系统二次设备的自我保护功能和电力系统应急救援能力。

根据应急的一般理论，电网应急过程包括事故减缓、应急保障、指挥协调和善后恢复四个主要阶段。这四个阶段是一体和连续的动态过程，只有功能的连接过渡，没有明显的区间界限。在应急管理的每一个阶段，都需要落实相关的工作以应对突发事件的发生。

因此，遵循评估指标体系设置的原则，本项目以二次设备以及电网应急的四个主要阶段作为指标体系的一级指标，结合对电力系统的行业特点和二次设备的运行分析，将一级指标细化为若干二级指标，二级指标又继续分为若干指标属性。指标属性可作为二级指标的判定内容。

电力系统二次设备包括继保装置、直流系统单元、防误闭锁装置、综合自动化系统和 RTU 单元。其中，继保装置又包括线路（含电缆）、母线、变压器、发电机、电抗器、断路器、电容器和电动机等的保护装置；电力系统故障录波及测距装置；电力系统安全自动装置（简称安自装置）。

二次系统安全防护主要从设备运行状况这方面进行评价。利用设备设施原始资料、运行资料、检修试验资料和其他资料（包括同型同类设备的运行、修试、缺陷和故障情况等），综合考虑设备使用年限、各项技术参数、设备完好性、运行工况、各组（附）件、部件、设备基础、构架、设备外观及周围环境、防震设施、故障和缺陷情况等因素，可以确定设备设施的技术工况和运行状态。

2. 响应指标要素

响应指标体系指标要素见表 5-3。

表 5-3　　　　　　　　　　　响应指标体系指标要素

一级指标	二级指标	三级指标
A. 二次设备	A1 主变压器保护单元	A11 技术状态
	A2 高压并联电抗器保护单元	A21 技术状态
	A3 线路保护单元	A31 技术状态
	A4 3/2 接线断路器保护及辅助保护单元	A41 技术状态
	A5 母线保护单元	A51 技术状态
	A6 安全自动装置	A61 技术状态
	A7 故障录波器	A71 技术状态
	A8 直流系统单元	A81 技术状态
	A9 防误闭锁装置	A91 技术状态
	A10 综合自动化系统	A101 技术状态
B. 事故减缓	B1 工程防御能力	B11 防护措施
	B2 安保宣传	B21 电力行政执法力度 B22 宣传力度
	B3 日常巡护	B31 巡检频率 B32 每次巡检时间 B33 巡检人员数量
	B4 预测预警	B41 自然灾害预测预警率 B42 人为破坏预警率
C. 应急保障	C1 应急预案	C11 应急预案体系完备情况 C12 应急预案有效性 C13 培训、宣传与演习
	C2 应急救援组织机构	C21 健全程度
	C3 救援队伍	C31 完备等级
	C4 救援设施	C41 完好性
	C5 救援物资	C51 资金储备情况 C52 物资调配、供应情况
D. 指挥协调	D1 应急处置	D11 事件分级与现场处置 D12 救援出警率 D13 指挥部门到达现场速度 D14 现场指挥能力
	D2 应急协调能力	D21 调度指挥协调性 D22 交通状况对救援影响
E. 善后恢复	E1 恢复供电能力	E11 恢复供电方式 E12 恢复供电时间
	E2 善后处理	E21 故障清除率

表 5-3 中，B11 防护措施是指电网重要基础设施自身设置的防止自然灾害和人为破坏的措施，如装设围栏围墙，浇灌防撞墩，安装防盗螺栓，在人口、车辆密集地区设置警示标识，监控自动报警装置等；B21 电力行政执法力度是指电力设施保护执法队伍的执法能力，对盗窃、破坏电力设施的处罚力度，严格执法情况；B22 宣传力度是指对广大人民群众进行电力基础设施保护的宣传力度，如利用广播、电视、报刊、墙报、宣传栏、标语和横幅等形式，开展保护电力设施的宣传活动，提高社会公众对电力设施的保护意识，促进其维护电力设施的自觉性和积极性。

5.3 基于粗糙集的电网重要基础设施脆弱性评估指标约简

在上一章建立了基于 PSR 模型的电网重要基础设施脆弱性评估指标体系，涉及众多的评估指标要素。在电网重要基础设施脆弱性评估工作中，考虑到指标原始数据的易获取性以及在具体实施过程中的可操作性，必须筛选出具有代表性的指标体系。目前有很多种方法可以实现。最常用的是聚类法、主成分分析法、粗糙集方法等。

（1）聚类法。聚类法要求事先由人来指定聚类中心，如果聚类中心选择的不好，会导致最后的聚类结果是发散的。因此，这种方法对负责人机交互的专家的依赖性非常高。

（2）主成分分析法。主成分分析法一般结合关联规则使用，根据计算，就可以计算出多维样本中哪些样本是边缘样本，而哪些样本是系统最后要保留的。而关联规则的方法，就是判定当前字段和其他字段之间有多少联系，有怎样的联系，这种量化关系并后并不能非常直观地表现数据的特性，尤其是在现场中获得的数据很多都是模糊的。

（3）粗糙集方法。粗糙集是近年来比较流行的人工智能方法。由于粗糙集在对知识的表示方面和属性简约计算方面，都相对其他方法要更容易。首先，是知识的表达不同；其次，是方法适用的前提不一样。由于粗糙集方法能够很好地处理不完备下的数据和信息，所以针对电网重要基础设施自身脆弱性的特点，本项目决定采用粗糙集的方法进行研究。

因粗糙集方法的内容介绍和具体的约简过程不是本书的重点，故在这里不再进行赘述，而是只介绍约简后得到的新指标体系。

5.3.1　约简后的压力指标

针对电网重要基础设施脆弱性压力指标原始数据，根据数据的类型和取值范围，进行归一化处理，将每个压力指标的原始数据都量化为 0～10 之间的正整数。

按照上述方法，可以得到表 5-4 中约简后的电网重要基础设施的压力指标。

表 5-4　　　　　　　约简后的电网重要基础设施的压力指标

一级指标	二级指标	二级指标评判内容
A. 地震	A1 静态指标	A11 地理位置
		A12 抗震等级（设防烈度）
	A2 动态指标	A21 地震等级
		A22 地震烈度
		A23 强震持续时间
B. 风灾	B1 静态指标	B11 地理位置
		B12 抗风等级
	B2 动态指标	B21 风灾等级
		B22 最大风速
		B23 持续时间
C. 雨雪冰冻	C1 静态指标	C11 地理位置
		C12 抗冰能力
	C2 动态指标	C21 最低气温
		C22 最大降雪量
		C23 覆冰厚度
		C24 低温雨雪冰冻持续时间
		C25 雨雪冰冻灾害等级
D. 洪涝灾害	D1 静态指标	D11 地理位置
		D12 防洪标准
	D2 动态指标	D21 洪灾等级
		D22 到洪涝灾害源头的距离
		D23 淹没深度

续表

一级指标	二级指标	二级指标评判内容
E. 滑坡、泥石流	E1 静态指标	E11 地理位置
		E12 地质环境条件复杂程度
	E2 动态指标	E21 灾害等级
		E22 地形坡度
		E23 地表覆盖
F. 雷击	F1 静态指标	F11 地理位置
		F12 全年雷电日
	F2 动态指标	F21 雷灾级别
		F22 雷电类型
		F23 雷闪频率
G. 森林火灾	G1 静态指标	G11 地理位置
		G12 年平均气温
	G2 动态指标	G21 火灾等级
		G22 火灾发生地的距离
		G23 燃烧持续时间
H. 污闪	H1 静态指标	H11 污秽等级
		H12 全年阴雨、高湿、有雾等潮湿天气日
	H2 动态指标	H21 污秽层厚度
		H22 污闪频率
		H23 污闪事故等级
I. 故意破坏	I1 静态指标	I11 地理位置（交通便利程度、居民公共道德与财产意识等）
		I12 电网重要基础设施服务对象的重要性
	I2 动态指标	I21 电力事故等级
J. 意外损坏	J1 静态指标	J11 人口密度
		J12 工程施工及车辆交通情况
	J2 动态指标	J21 电力事故等级

　　将约简后的电网重要基础设施的压力指标和未约简时的压力指标进行对比，可以发现：

（1）根据评估目的，针对每一种事故灾害类型，都设置了静态指标和动态指标，静态指标供灾前（平时）的脆弱性预测，动态指标用于灾时评估不同单元（枢纽变电站、换流站和输电线路）的脆弱性。

（2）对于每种自然灾害类型，静态指标有两个，主要由地理位置、抗灾能力或地质气象参数组成；动态指标有三个，主要考虑灾害等级、持续时间、基础设施到灾害发生地的距离等方面。

5.3.2　约简后的状态指标

约简后的电网重要基础设施的状态指标见表 5-5～表 5-7。

（1）变电站。

表 5-5　　　　　　　　　约简后的状态指标（变电站）

一级指标	二级指标	二级指标评判依据
A. 变压器（含站用变压器）	A1 技术状态	A11 状态分类
	A2 运行缺陷	A21 电压等级
		A22 运行年限
	A3 故障停运率	A31 电压等级
		A32 运行年限
B. 断路器	B1 技术状态	B11 状态分类
	B2 运行缺陷	B21 电压等级
		B22 运行年限
	B3 故障停运率	B31 电压等级
		B32 运行年限
C. 隔离开关	C1 技术状态	C11 状态分类
	C2 运行缺陷	C21 电压等级
		C22 运行年限
D. 电流互感器	D1 技术状态	D11 状态分类
	D2 运行缺陷	D21 电压等级
		D22 运行年限
	D3 故障停运率	D31 电压等级
		D32 运行年限

一级指标	二级指标	二级指标评判依据
E. 电压互感器	E1 技术状态	E11 状态分类
	E2 运行缺陷	E21 电压等级
		E22 运行年限
F. 并联电抗器	F1 技术状态	F11 状态分类
	F2 运行缺陷	F21 电压等级
		F22 运行年限
	F3 故障停运率	F31 电压等级
		F32 运行年限
G. 组合电器	G1 技术状态	G11 状态分类
	G2 运行缺陷	G21 电压等级
		G22 运行年限
	G3 故障停运率	G31 电压等级
		G32 运行年限

（2）输电线路。

表 5-6　　　　　　　　　约简后的状态指标（输电线路）

一级指标	二级指标	二级指标评判依据
A. 杆塔	A1 设备选型	A11 设备类型
	A2 技术状态	A21 状态分类
B. 绝缘子	B1 设备选型	B11 设备类型、材质
	B2 技术状态	B21 状态分类
C. 导、地线	C1 设备选型	C11 设备类型
	C2 技术状态	C21 状态分类
	C3 运行缺陷	C31 电压等级
		C32 运行年限
	C4 故障停运率	C41 电压等级
	C5 跳闸率	C51 电压等级
D. 金具	D1 设备选型	D11 设备类型
	D2 技术状态	D21 状态分类

续表

一级指标	二级指标	二级指标评判依据
E. 基础及基础防护	E1 设备选型	E11 设备类型
	E2 技术状态	E21 状态分类
F. 防雷设施及接地装置	F1 设备选型	F11 设备类型
	F2 技术状态	F21 状态分类
G. 线路防护区	G1 设备选型	G11 防护区类型
	G2 技术状态	G21 状态分类

（3）换流站。

表 5-7　　　　　　　　　约简后的状态指标（换流站）

一级指标	二级指标	二级指标评判依据
A. 变压器（含换流变压器）	A1 技术状态	A11 状态分类
	A2 运行缺陷	A21 电压等级
		A22 运行年限
	A3 故障停运率	A31 电压等级
		A32 运行年限
B. 断路器	B1 技术状态	B11 状态分类
	B2 运行缺陷	B21 电压等级
		B22 运行年限
	B3 故障停运率	B31 电压等级
		B32 运行年限
C. 隔离开关	C1 技术状态	C11 状态分类
	C2 运行缺陷	C21 电压等级
		C22 运行年限
D. 电流互感器	D1 技术状态	D11 状态分类
	D2 运行缺陷	D21 电压等级
		D22 运行年限
	D3 故障停运率	D31 电压等级
		D32 运行年限

续表

一级指标	二级指标	二级指标评判依据
E. 电压互感器	E1 技术状态	E11 状态分类
	E2 运行缺陷	E21 电压等级
		E22 运行年限
F. 平波电抗器	F1 技术状态	F11 状态分类
	F2 运行缺陷	F21 电压等级
		F22 运行年限
	F3 故障停运率	F31 电压等级
		F32 运行年限
G. 组合电器	G1 技术状态	G11 状态分类
	G2 运行缺陷	G21 电压等级
		G22 运行年限
	G3 故障停运率	G31 电压等级
		G32 运行年限

将约简后的电网重要基础设施的状态指标和未约简时的状态指标进行对比，可以发现：

（1）待评估的设备种类发生了变化。变电站和换流站中的电力电容器、耦合电容器、阻波器及滤波器、避雷接地设施（避雷器、避雷针、接地网）和母线被约简掉了，因为这些设备对变电站和换流站基础设施脆弱性起到的影响作用不大。

（2）设备选型指标。变电站和换流站的设备选型指标被约简掉了，只保留了输电线路各设备的选项指标。这是因为在变电站和换流站中，各关键设备的选型在设计时综合考虑了各项因素，不同形式设备有其不同的适用性，对设备设施脆弱性影响区分度不大。

输电线路的设备选型指标从设备选型、结构类型、材质等基本物理属性方面考虑设备自身的抗外界干扰，抗外力破坏能力。例如对于绝缘子，材料是影响其使用的主要因素，按绝缘子材料可分为陶瓷、玻璃、钢化玻璃、合成、半导体等。因此，绝缘子的设备选型参数按照陶瓷、玻璃、钢化玻璃、合成、半导体等几种类型分别赋值。

（3）设备的技术状态。统一按照状态分类进行评估。根据电力行业标准、国家电网公司企业标准等对输变电设备的运行评估规程、状态评估标准等，各种输变电设备的技术性能、运行工况都按照相应的评估准则被分为四类：一、二、三、四类或者正常状态、注意状态、异常状态、严重状态。因此本项目中每种设备都参考相应的标准，将技术状态分为一、二、三、四类进行描述，用于表征输变电设备工况对运行的安全稳定程度。一类设备（正常状态）是指技术性能完好、运行工况稳定、不存在缺陷且与运行条件相适应，必备技术资料齐全的设备。二类设备（注意状态）是指技术性能完好，运行工况稳定且与运行条件相适应，虽有一般缺陷，但不影响安全稳定运行，主要的技术资料齐全的设备。三类设备（异常状态）是指技术性能有所下降，运行工况基本满足运行要求，主要技术资料不全，存在可能影响安全稳定运行的缺陷。四类设备（严重状态）是指技术性能下降较严重，运行工况完全不能适应运行条件要求，继续运行将对安全稳定运行构成严重威胁的设备。

（4）运行缺陷参数中缺陷类型和消缺率被约简。缺陷次数按照电压等级和运行年限分别评定。运行缺陷中缺陷类型分为紧急缺陷、严重缺陷和一般缺陷，其中只有紧急缺陷和严重缺陷可能会引发事故，因此，本项目只考虑着两类缺陷。根据电网设备运行统计数据，设备对紧急缺陷和严重缺陷的消缺率一般都高于95%，接近100%，因此"消缺率"这项指标对设备不具有区分度，被约简掉了。设备的缺陷次数跟电压等级和运行年限密切相关，因此本书中各类设备的运行缺陷按照电压等级和运行年限分别评定。

（5）停运时长、检修频率和每次检修时间等指标被约简。变电站和换流站各设备的"设备故障率/停运次数（时长）"指标评判内容中只保留了关键参数"故障停运率"，停运时长、检修频率和每次检修时间等指标被约简掉了，同时，根据电网设备运行分析数据，故障停运率按照电压等级和运行年限分别评定。

隔离开关和电压互感器的"故障停运率"被约简掉了，这是因为这部分数据获取难度比较大。

（6）输电线路的故障停运率和跳闸率按照电压等级进行评定。输电线路的故障停运率和跳闸率按照电压等级进行评定。

5.3.3 约简后的响应指标

约简后的电网重要基础设施的响应指标见表5-8。

电网脆弱性模型、评估方法及应用

表 5-8 约简后的电网重要基础设施的响应指标

一级指标	二级指标	三级指标
A. 二次设备	A1 主变压器保护单元	A11 技术状态
	A2 高压并联电抗器保护单元	A21 技术状态
	A3 线路保护单元	A31 技术状态
	A4 3/2 接线断路器保护及辅助保护单元	A41 技术状态
	A5 母线保护单元	A51 技术状态
	A6 安全自动装置	A61 技术状态
	A7 故障录波器	A71 技术状态
	A8 直流系统单元	A81 技术状态
	A9 防误闭锁装置	A91 技术状态
	A10 综合自动化系统	A101 技术状态
B. 事故减缓	B1 工程防御能力	B11 防护措施
	B2 日常巡护	B21 巡检频率
	B3 预测预警	B31 灾害破坏预测预警率
C. 应急保障	C1 应急预案	C11 应急预案体系完备情况
	C2 应急救援组织机构	C21 健全程度
	C3 救援设施	C31 完好性
	C4 救援物资	C41 资金储备情况
D. 指挥协调	D1 应急处置	D11 救援出警率
	D2 应急协调能力	D21 调度指挥协调性
E. 善后恢复	E1 恢复供电能力	E11 恢复供电方式
		E12 恢复供电时间
	E2 故障清除率	E21 故障清除率

将约简后的电网重要基础设施的状态指标和未约简时的响应指标进行对比，可以发现：

（1）同状态指标体系，每种二次设备都参考相应的标准，将技术状态分为一、二、三、四类进行描述。

（2）在事故减缓指标中，舍弃了安保宣传参数。这是因为各地电力部门行政执法力度和电力设施保护宣传力度难以用定量的方式表达，而且各地在这方面区分度不大，宣传力度和宣传方式对电网失效事故的发生能够产生的影响基本上可以忽略不计。

日常巡护指标中，只保留了关键参数"巡检频率"，每次巡检时间和巡检人员数量被约简掉了。现实中可以找到合理解释：日常巡护更注重对电网系统巡检维修频率。而每次巡检时间和巡检人员数量等指标，更多的是一种工作规范，对事故发生基本上不产生任何影响，所以被约简掉了。

（3）应急保障指标中，应急预案中的应急预案有效性、培训宣传与演习指标被约简掉了。一是因为这些指标值在调研获取数据时难度比较大，二是很难量化表示，有时候只能以不完备信息出现在决策表中。

救援队伍被约简掉了。这是因为在应急救援组织机构中就包含了救援队伍。救援物资中只考虑了资金储备情况，至于物资调配、供应情况可以合并在应急协调能力中综合考量。

（4）指挥协调指标中，应急处置只保留了救援出警率，事件分级与现场处置、指挥部门到达现场速度和现场指挥能力被约简掉了，因为这些指标一方面难以量化，另一方面各电网重要基础设施在这些方面的表现区别不大，不能用以区分电网事故应急能力的大小。应急协调中，只保留了关键参数"调度指挥协调性"，交通状况被约简掉。

5.4　电网脆弱性评价

5.4.1　压力指标

1. 压力指标取值

压力指标借鉴危险指数评估方法，即美国道（DOW）化学公司火灾、爆炸指数法计算思路，对每项指标分级赋值，每项指标取值范围定为 0～10。

以下以地震灾害为例具体说明各指标赋值标准。针对地震灾害，其指标 A11 地理位置，结合中国地震烈度区划图（见图 5-2）、地震等级分布图，确定待评估对象所在城市处于几级地震基本烈度区域，根据《中国地震烈度表》（GB/T 17742—2020）中不同地震烈度对地面及地面上建筑物的影响和破坏程度对应取值。压力参数 A11 地理位置赋值表见表 5-9。

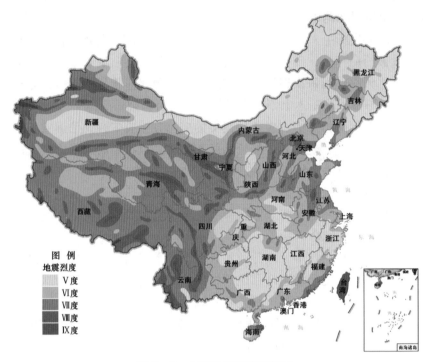

图 5-2　中国地震烈度区划图

表 5-9　　　　　　　　　　压力参数 A11 地理位置赋值表

地震烈度区	A11 取值范围
V 度	0≤A11＜1
VI 度	1≤A11＜2
VII 度	2≤A11＜4
VIII 度	4≤A11＜8
IX 度	8≤A11≤10

参数 A12 抗震等级，指的是电网重要基础设施的抗震设计标准，根据《电力设施抗震设计规范》（GB 50260—2013），抗震等级划分为四级，一至四级，分别对应设防烈度 9 度、8 度、7 度和 6 度，表示其很严重、严重、较严重及一般。压力参数 A12 抗震等级赋值表见表 5-10。

表 5-10　　　　　　　　　　压力参数 A12 抗震等级赋值表

抗震设计标准	A12 取值范围
1 级（9 度）	0≤A12＜1
2 级（8 度）	1≤A12＜4
3 级（7 度）	4≤A12＜8
4 级（6 度）	8≤A12≤10

参数 A21 地震等级使用国际上通用的里氏分级表，共分 9 个等级。震级每相差 1.0 级，能量相差大约 30 倍。按震级大小可把地震划分为以下几类：一般将小于 1 级的地震称为超微震；大于、等于 1 级，小于 3 级的称为弱震或微震，如果震源不是很浅，这种地震人们一般不易觉察；大于、等于 3 级，小于 4.5 级的称为有感地震，这种地震人们能够感觉到，但一般不会造成破坏；大于、等于 4.5 级，小于 6 级的称为中强震，属于可造成破坏的地震，但破坏轻重还与震源深度、震中距等多种因素有关；大于、等于 6 级，小于 7 级的称为强震；大于、等于 7 级，小于 8 级的称为大地震；8 级及以上的称为巨大地震。因此，可以制定如表 5-11 所示的赋值标准。

表 5-11　　　　　　　　　　压力参数 A21 地震等级赋值表

地震等级	A21 取值范围
3 级以下	0
等于或大于 3 级、小于或等于 4.5 级	0＜A21＜1
大于 4.5 级、小于 6 级	1≤A21＜5
大于、等于 6 级，小于 7 级	5≤A21＜8
大于、等于 7 级，小于 8 级	8≤A21＜9
8 级及以上	9≤A21≤10

参数 A22 地震烈度是指地震时某一地区的地面和各类建筑物遭受到一次地震影响的强弱程度。一次地震发生后，距震中不同地区，地震烈度不同，不仅与这次地震的释放能量（即震级）、震源深度、距离震中的远近有关，还与地震波传播途径中的工程地质条件和工程建筑物的特性有关。根据中国地震烈度表，不同地震烈度对脆弱性的贡献值如表 5-12 所示。

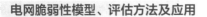

表5-12 压力参数 A22 地震烈度的赋值标准

地震烈度	A22 取值范围
4 度及以下（有感）	0≤A22＜1
5~7 度（轻微）	1≤A22＜3
8~9 度（严重）	3≤A22＜6
10~11 度（倒塌）	6≤A22＜8
12 度（地形剧烈变化）	8≤A22≤10

参数 A23 强震持续时间，一次地震的持续时间很短，一般仅几秒到几分钟。根据大量地震灾害统计，本书定义强震持续时间取值如表 5-13 所示。

表5-13 压力参数 A23 地震持续时间的赋值标准

强震持续时间	A23 取值范围
10s 以内	0≤A23＜2
10s~30s	2≤A23＜5
30s~1min	5≤A23＜8
1min 以上	8≤A23≤10

其他灾害类型各项参数取值思路基本与地震灾害相同。具体取值依据和标准见附录 A 和附录 B。

2. 压力指标计算及等级划分

对于灾前评判，影响某种事故灾害类型的两个因素，分别加和得到该事故灾害脆弱性压力指标，因此单种事故灾害脆弱性压力指标最大值为 20；为了尽可能避免在评估过程中主观决策，对每项灾害脆弱性压力指标直接加和得到总的电网重要基础设施脆弱性压力评估指标，本章中考虑了 8 种常见的自然灾害类型和 2 种人为破坏事故类型，所以灾前基于多灾种的综合脆弱性压力指标 V_p 最大值为 200。V_p 计算公式为

$$V_\mathrm{p} = \mathrm{A}11 + \mathrm{A}12 + \mathrm{B}11 + \mathrm{B}12 + \cdots + \mathrm{J}11 + \mathrm{J}12 = \sum_{P=A}^{J}\sum_{i=1}^{2} P_{1i} \qquad (5-1)$$

根据电网重要基础设施脆弱性压力指标的大小，将综合脆弱性压力指标划分为 4 级，如表 5-14 所示。

表 5-14　灾前评估的电网重要基础设施脆弱性压力指标等级划分

脆弱性指标	脆弱性等级
1～50	较低
50～100	一般
100～150	中等
150～200	较高

对于灾难发生时的实时评估，一般只针对某一确定的正在发生的自然灾害类型，采用动态指标，将三个动态指标相乘得到脆弱性压力指标。此时，脆弱性指标最大值为 1000。压力指标等级划分如表 5-15 所示。

表 5-15　实时评估的电网重要基础设施脆弱性压力指标等级划分

脆弱性指标	脆弱性等级
1～50	较低
50～200	一般
200～500	中等
500～1000	较高

5.4.2　状态指标

1. 状态指标取值

危险指数评估法，即借鉴火灾、爆炸指数法计算思路，对每项指标分级赋值，每项指标取值范围定为 0～10。

以变电站变压器为例具体说明各指标赋值标准。

对于技术状态指标，如前所述，变压器的技术状态也分为四类，技术状态指标与脆弱性呈负相关的，电网重要基础设施自身的状态越好，它的各种运行参数都处于正常的范围，那么它抵抗外界干扰的能力越强，也即脆弱性越低，也就是说技术状态越好，该项参数取值越低，具体取值范围通过专家调查问卷获得，技术状态取值如表 5-16 所示。

表5-16   状态参数 A11 技术状态取值表

状态分级	取值范围
一级设备	0～3
二级设备	3～5
三级设备	5～7
四级设备	7～10

运行缺陷指标，参考历年《国家电网公司电网设备运行分析年报》中的统计数据，按照相应电压等级发生事故与年度总事故数量的比值确定，运行年限指标同理，分别取值，如表5-17、表5-18 所示。

在《国家电网公司电网设备运行分析年报》中，分别按照电压等级和运行年限统计了国家电网公司所有变电站的运行缺陷，表5-17 是按照 2013 全年不同电压等级变电站运行缺陷次数比例进行赋值的。表5-18 则是按照 2013 全年不同运行年限变电站运行缺陷次数比例进行赋值的。

表5-17   状态参数 A21 运行缺陷—电压等级取值表

电压等级（kV）	A21 取值范围
66	0.578
110	7.079
220	2.098
330	0.052
500	0.178
750	0.013
1000	0.001

表5-18   状态参数 A22 运行缺陷—运行年限取值表

运行年限（年）	A22 取值范围
1 以内	0.320
2～5	3.328
6～10	2.928
11～15	1.872
16～20	0.943
21～25	0.416
26～30	0.163
31 以上	0.030

故障停运率，也参考《国家电网公司电网设备运行分析年报》，按照设备的电压等级和运行年限分别取值，如表 5−19、表 5−20 所示。

表 5−19　　　　　状态参数 A31 故障停运率—电压等级取值表

电压等级（kV）	A31 取值范围
66	0
110	3
220	0
330	4
500	3
750	0
1000	0

表 5−20　　　　　状态参数 A32 故障停运率—运行年限取值表

运行年限（年）	A32 取值范围
1 以内	0
2～5	5
6～10	4
11～15	1
16～20	0
21～25	0
26～30	0
31 以上	0

其他设备的各项参数取值思路基本与变压器相同，具体取值依据和标准见附录 C 和附录 D。

2. 状态指标计算及等级划分

对于每一种设备，运行缺陷指标按照电压等级和运行年限进行评定，因此电压等级和运行年限分别赋权重 0.5，加权求和得到"运行缺陷"指标值，同理，故障停运率指标中的电压等级和运行年限也分别赋权重 0.5，加权求和得到"故障停运率"指标值。然后技术状态、运行缺陷和故障停运率三项指标数值直接加和，即可得到该设备的状态指标。电网重要

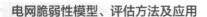

基础设施脆弱性状态指标 V_S 是所有七种设备的状态指标之和，V_S 计算公式为

$$V_S = \left[A11 + \frac{1}{2}(A21 + A22) + \frac{1}{2}(A31 + A32) \right] + \cdots$$
$$+ \left[G11 + \frac{1}{2}(G21 + G22) + \frac{1}{2}(G31 + G32) \right] \quad (5-2)$$
$$= \sum_{S=A}^{G} \left[S11 + \frac{1}{2}(S21 + S22) + \frac{1}{2}(S31 + S32) \right]$$

由状态指标的取值原则可知，每项指标在 0～10 之间，因此，电网重要基础设施（包括变电站、输电线路和换流站）的脆弱性状态指标 V_S 最大值为 210。

根据电网重要基础设施脆弱性状态指标的大小，将状态指标划分为 4 级，如表 5-21 所示。

表 5-21　　　　　　电网重要基础设施脆弱性状态指标等级划分

脆弱性指标	脆弱性等级
1～52	较低
52～105	一般
105～158	中等
158～210	较高

5.4.3　响应指标

1. 响应指标取值

同压力指标和状态指标，对响应指标体系中的每项指标分级赋值，每项指标取值范围定为 0～10。

对于二次设备技术状态分类指标，如前所述，参考变电站设备的技术状态取值标准，主变压器保护单元的技术状态也分为四类，技术状态越好，对脆弱性程度的贡献越小，该项参数取值越低，具体取值范围也是通过专家调查问卷获得，取值表如表 5-22 所示。

表 5-22　　　　　　　　响应参数 A11 技术状态取值表

状态分级	取值范围
一级设备	0～3
二级设备	3～5
三级设备	5～7
四级设备	7～10

对于应急能力中的事故减缓、应急保障、指挥协调和善后恢复各指标，通过现场检查、文献调研等方式获取各指标数据，然后通过专家调查问卷的方法以定性或者定量的方式划分数据范围并分别赋值。

表 5-23～表 5-25 以事故减缓各指标为例具体说明各指标赋值标准。

表 5-23　　　　　　　　响应参数 B11 防护措施取值表

防护措施	取值范围
警示标识	8～10
围栏、障碍物	6～8
防撞墩	5～6
监控	4～5
自动报警	1～4

表 5-24　　　　　　　　响应参数 B21 巡检频率取值表

巡检频率	取值范围
每天一次	1～3
每周一次	3～5
每半月一次	5～7
每月一次	7～10

表 5-25　　　　　响应参数 B31 灾害破坏预测预警率取值表

灾害破坏预测预警率	取值范围
85%以上	1～3
70%～85%	3～5
50%～70%	5～7
50%以下	7～10

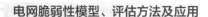
其他各项参数取值思路与事故减缓基本相同，具体取值依据和标准见附录 E 和附录 F。

2. 响应指标计算及等级划分

对于每一项二级指标，除了恢复供电指标按照恢复供电方式和恢复供电时间进行评定以外，其他都只对应一项评定内容（即三级指标）。

因此恢复供电方式和恢复供电时间分别赋权重 0.5，加权求和得到"恢复供电"指标值。然后所有二级指标数值直接加和，即可得到该电网重要基础设施的脆弱性响应指标 V_R。V_R 的计算公式为

$$V_R = (A11 + A21 + \cdots + A101) + (B11 + B21 + B31) +$$
$$(C11 + C21 + C31 + C41) + (D11 + D21) + \left[\frac{1}{2}(E11 + E12) + E21\right]$$

$$(5-3)$$

由响应指标的取值原则可知，每项指标在 0～10 之间，因此，电网重要基础设施（包括变电站、输电线路和换流站）的脆弱性响应指标 V_R 最大值为 210。

根据电网重要基础设施脆弱性响应指标的大小，将响应指标划分为 4 级，如表 5-26 所示。

表 5-26　　　　　电网重要基础设施脆弱性响应指标等级划分

脆弱性指标	脆弱性等级
1～52	较低
52～105	一般
105～158	中等
158～210	较高

5.4.4 总体脆弱性指标

将上述计算得到的压力指标、状态指标和响应指标求和即可得出电网重要基础设施的总体脆弱性指标。

根据表 5-14、表 5-21 和表 5-26，得到电网重要基础设施总体脆弱性指标等级划分标准如表 5-27 所示。

表 5-27　　　电网重要基础设施总体脆弱性指标等级划分标准

脆弱性指标	脆弱性等级
1～155	较低
155～310	一般
310～465	中等
465～620	较高

5.5　危险指数评估法选择的理由

在安全评价中，美国道（DOW）化学公司的火灾、爆炸指数法，英国帝国化学公司蒙德工厂的蒙德评价法，日本的六阶段安全评价法，我国化工厂危险程度分级方法等均为指数方法。

指数的采用使得化工厂这类系统结构复杂、用概率难以表述各类因素的危险性的危险源的评价有了一个可行的方法。这类方法操作简单，是目前比较可行的评价方法之一。指数的采用，避免了事故概率及其后果难以确定的困难。这类方法均以系统中的危险物质和工艺为评价对象，评价指数值的同时考虑事故频率和事故后果两个方面的因素。指数的采用，通过统计学处理将一组相同或不同指数值，使不同计量单位、性质的指标值标准化，最后转化成一个综合指数，可以准确地评价工作的综合水平。

鉴于上述危险指数评价方法的众多优点，在分析比较各类脆弱性评估方法的基础上，考虑电网突发事件的特点及电网重要基础设施脆弱性评估科学性、实用性与可操作性的要求，在电网重要基础设施脆弱性评估中，也借鉴与采用指数法进行脆弱性评估工作。

电网重要基础设施脆弱性评估是一项复杂的系统工程，指标体系庞杂，涉及因素众多，综合考虑了构成电网重要基础设施脆弱性的三个方面：灾害体、承灾体以及灾害体与承灾体之间的关系，囊括了脆弱性事故概率、事故后果，并且涵盖了脆弱性事故与安全保障体系间的相互作用关系。

指数法以电网重要基础设施为评估单元，以各具体设备为评估对象，充分利用专家经验，将不同计量单位、性质的指标值标准化，转化为一个综合指标，用于准确地评价电网重要基础设施各方面的脆弱性。

指数法科学实用，可操作性强。通过专家调查结合标准规范等方法将各项指标分级赋值，然后各指标值之间通过简单的加和即可得到电网重要基础设施脆弱性指标。与层次分析法、模糊综合评判法相比，省去了繁杂的数学计算过程。层次分析法、模糊综合评判法虽然计算烦琐，看似准确客观，但在实际运用过程中，对于指标权重的确定、各指标的等级评定等工作，都必须邀请专家填写判断矩阵、进行评价打分，所以实际上还是充分利用了专家的权威经验和主观判断。

第 6 章

实证研究

为验证电网重要基础设施脆弱性评估模型、指标体系及标准方法，进一步验证研究方法与脆弱性评估技术的科学性与实用性，特在国网某电力公司所辖范围，选取某变电站、输电线路、换流站进行电网重要基础设施脆弱性评估实例验证研究。

6.1 变 电 站

根据国网某电力公司某变电站的部分基础数据和我国电网重要基础设施历史事故资料，并结合专家咨询的方法，按照构建的电网重要基础设施脆弱性评估指标体系，分别从压力、状态和响应三个方面，对脆弱性评估指标进行计算并确定脆弱性等级，最后运用三角图法对变电站进行脆弱性评估，分析该变电站脆弱性的类型，从而有针对性地提出提高该变电站安全运行水平的对策措施。

6.1.1 某变电站概况介绍

该变电站（见图 6-1）占地面积 91 635m²，房屋建筑面积 3831m²。其中主控楼为 808m²，生活楼为 640m²。站前区设有绿化区域和水泵房等。

图 6-1 某变电站

该变电站由 500/220/35kV 三个电压等级组成，主变压器设计远景为安装 500kV 主变压器 4 组。500kV 远景规划为母线双分段，建 6 个完整串、12 个单元，即进出线 8 回和主变压器 4 组。

目前该变电站全站的变电容量为 350 万 kVA，共有 500、220、35kV 3 个电压等级。

6.1.2　变电站脆弱性压力指标

该变电站地区气候属北亚热带海洋性季风气候，全年四季分明，平均气温在 15.7℃，年降雨量 1123mm，全年雷电日 30.1 天，该变电站区域历史上记载无大的灾害，如地震、强烈台风、洪水等自然灾害的发生。

利用调研收集到的该变电站地理位置、相关地质参数和气象数据，与基于 PSR 的电网重要基础设施脆弱性评估指标体系以及评估标准，对该变电站进行脆弱性评估，得到其压力指标取值结果，如表 6−1 所示。

表 6−1　　　　　　　　某变电站脆弱性评估压力指标取值表

事故灾害类型	评估指标	取值
A. 地震	A11 地理位置	2
	A12 抗震等级（设防烈度）	6
	地震脆弱性指标 A＝A11＋A12	8
B. 风灾	B11 地理位置	5
	B12 抗风等级	4
	风灾脆弱性指标 B＝B11＋B12	9
C. 雨雪冰冻	C11 地理位置	1
	C12 抗冰能力	6
	雨雪冰冻脆弱性指标 C＝C11＋C12	7
D. 洪涝灾害	D11 地理位置	6
	D12 防洪标准	4
	洪涝灾害脆弱性指标 D＝D11＋D12	10
E. 滑坡、泥石流	E11 地理位置	1
	E12 地质环境条件复杂程度	3
	滑坡、泥石流脆弱性指标 E＝E11＋E12	4

电网脆弱性模型、评估方法及应用

续表

事故灾害类型	评估指标	取值
F. 雷击	F11 地理位置	5
	F12 全年雷电日	4
	雷击脆弱性指标 F = F11 + F12	9
G. 森林火灾	G11 地理位置	0
	G12 年平均气温	6
	森林火灾脆弱性指标 G = A11 + A12	6
H. 污闪	H11 污秽等级	1
	H12 全年阴雨、高湿、有雾等潮湿天气日	5
	污闪脆弱性指标 H = H11 + H12	6
I. 故意破坏	I11 地理位置	7
	I12 电网重要基础设施服务对象的重要性	7
	故意破坏脆弱性指标 I = I11 + I12	14
J. 意外损坏	J11 人口密度	6
	J12 工程施工及车辆交通情况	5
	意外损坏脆弱性指标 J = J11 + J12	11
脆弱性压力指标 P = A + B + …… + J = 84		

由式（5-1）得出

$$V_P = A11 + A12 + B11 + B12 + \cdots + J11 + J12 = \sum_{P=A}^{J}\sum_{i=1}^{2}P_{1i} = 84$$

根据表 6-1 中取值和表 5-15 的等级划分，该变电站脆弱性压力指标为 84，压力等级为一般。

6.1.3　变电站脆弱性状态指标

通过现场调研分析，利用采集到的该变电站各设备基础数据和历史数据，利用基于 PSR 的电网重要基础设施脆弱性评估指标体系以及评估标准，对该变电站进行脆弱性评估，得到其状态指标取值结果，如表 6-2 所示。

162

表 6-2　　　　　　　　　　某变电站脆弱性评估状态指标取值表

一级指标	二级指标	二级指标评判依据	取值
A. 变压器（含站用变压器）	A1 技术状态	A11 状态分类	3.5
	A2 运行缺陷	A21 电压等级	0.178
		A22 运行年限	1.872
	A3 故障停运率	A31 电压等级	3
		A32 运行年限	1
B. 断路器	B1 技术状态	B11 状态分类	4.2
	B2 运行缺陷	B21 电压等级	0.3
		B22 运行年限	2.4
	B3 故障停运率	B31 电压等级	8.75
		B32 运行年限	1.25
C. 隔离开关	C1 技术状态	C11 状态分类	3.8
	C2 运行缺陷	C21 电压等级	0.2
		C22 运行年限	1.9
D. 电流互感器	D1 技术状态	D11 状态分类	3.6
	D2 运行缺陷	D21 电压等级	0.339
		D22 运行年限	2.126
	D3 故障停运率	D31 电压等级	7.78
		D32 运行年限	0
E. 电压互感器	E1 技术状态	E11 状态分类	3.4
	E2 运行缺陷	E21 电压等级	0.325
		E22 运行年限	1.479
F. 并联电抗器	F1 技术状态	F11 状态分类	4.1
	F2 运行缺陷	F21 电压等级	3.704
		F22 运行年限	1.509
	F3 故障停运率	F31 电压等级	10
		F32 运行年限	3.34
G. 组合电器	G1 技术状态	G11 状态分类	2.7
	G2 运行缺陷	G21 电压等级	0.3
		G22 运行年限	0.6
	G3 故障停运率	G31 电压等级	4.286
		G32 运行年限	0

由式（5-2）得出

$$V_S = \left[A11 + \frac{1}{2}(A21 + A22) + \frac{1}{2}(A31 + A32) \right] + \cdots \left[G11 + \frac{1}{2}(G21 + G22) + \frac{1}{2}(G31 + G32) \right]$$

$$= \sum_{S=A}^{G} \left[S11 + \frac{1}{2}(S21 + S22) + \frac{1}{2}(S31 + S32) \right]$$

$$= 49.317$$

根据表 6-2 中取值和表 5-21 的等级划分，该变电站脆弱性状态指标为 49.317，等级为较低。

6.1.4 变电站脆弱性响应指标

通过现场调研分析，利用采集到的该变电站各设备的基础数据和历史数据资料进行分析，应用基于 PSR 的电网重要基础设施脆弱性评估指标体系以及评估标准，对该变电站进行脆弱性评估，得到其响应指标取值结果，见表 6-3。

表 6-3　　　　　　　　　某变电站脆弱性评估响应指标取值表

一级指标	二级指标	三级指标	取值
A. 二次设备	A1 主变压器保护单元	A11 技术状态	3.3
	A2 高压并联电抗器保护单元	A21 技术状态	3.7
	A3 线路保护单元	A31 技术状态	2.9
	A4 3/2 接线断路器保护及辅助保护单元	A41 技术状态	3.2
	A5 母线保护单元	A51 技术状态	3.6
	A6 安全自动装置	A61 技术状态	3.4
	A7 故障录波器	A71 技术状态	4.3
	A8 直流系统单元	A81 技术状态	4.6
	A9 防误闭锁装置	A91 技术状态	4.5
	A10 综合自动化系统	A101 技术状态	3.0
B. 事故减缓	B1 工程防御能力	B11 防护措施	3.0
	B2 日常巡护	B21 巡检频率	3.5
	B3 预测预警	B31 灾害破坏预测预警率	2.8

一级指标	二级指标	三级指标	取值
C. 应急保障	C1 应急预案	C11 应急预案体系完备情况	2.4
	C2 应急救援组织机构	C21 健全程度	1.9
	C3 救援设施	C31 完好性	3.2
	C4 救援物资	C41 资金储备情况	2.7
D. 指挥协调	D1 应急处置	D11 救援出警率	1.8
	D2 应急协调能力	D21 调度指挥协调性	4.3
E. 善后恢复	E1 恢复供电能力	E11 恢复供电方式	5
		E12 恢复供电时间	7
	E2 故障清除率	E21 故障清除率	1.5

由式（5-3）得出

$$V_R = (A11 + A21 + \cdots + A101) + (B11 + B21 + B31) +$$

$$(C11 + C21 + C31 + C41) + (D11 + D21) + \left[\frac{1}{2}(E11 + E12) + E21\right]$$

$$= 69.6$$

根据表 6-3 中取值和表 5-26 的等级划分，该变电站脆弱性响应指标为 69.6，等级为一般。

6.1.5　变电站综合脆弱性指标

将上述脆弱性压力指标、状态指标和响应指标求和得到变电站的综合脆弱性指标为

$$V = V_P + V_S + V_R = 84 + 49.317 + 69.6 = 202.917$$

根据表 5-27 所示电网重要基础设施总体脆弱性指标等级划分标准，该变电站综合脆弱性指标等级为一般。

6.1.6　基于三角图法的变电站脆弱性评估

将压力、状态和响应各自的指标值占三个指标值之和的比例作为对应的指标值，构建三角图（见图 6-2），即

$$V_P' = V_P/(V_P + V_S + V_R) = 0.414$$

$$V_S' = V_S/(V_P + V_S + V_R) = 0.243$$

$$V_R' = V_R/(V_P + V_S + V_R) = 0.343$$

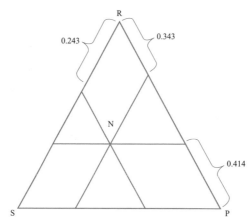

图6-2　基于三角图法的变电站脆弱性评估结果

6.1.7 评估小结

通过上述评估计算可知，在该变电站脆弱性构成中，压力指标（P）占比最高，为41.4%；其次是响应指标（R），占比为34.3%；状态指标（S）占比最小，为24.3%。结合图3-4得出该变电站脆弱性类型为"压力－状态－响应"型脆弱性（PSR），但比较接近于"压力－响应"型。

由此可知，该变电站中各一次设备状况基本良好，对变电站脆弱度贡献或者影响不大。要降低该变电站基础设施脆弱性，应优先从压力和响应方面着手，如提高变电站的防护标准，尽量使其避免或减少遭受自然灾害和人为破坏事故；通过变电站压力指数计算过程可知，将事故灾害类型按照对变电站威胁从大到小排序，依次是故意破坏、意外损失、洪涝灾害、雷灾、风灾、地震、雨雪冰冻、污闪、森林火灾、滑坡泥石流。由于该变电站电力负荷等级为一级，服务对象较为敏感，一旦中断供电将影响重要交通枢纽、重要通信枢纽、重要宾馆、大型体育场馆、大量密集公共场所等用电单位，导致重大设备损坏、重点企业的连续生产过程被打乱且需要长时间才能恢复，在政治、经济上造成重大损失，因此极易被不法分子等列为重点攻击对象；另外该变电站附近人员密度较大，车辆及施工活动频繁，由于人员安全意识及管理水平薄弱，也会对变电站造成意外的破坏。所以，降低该变电站综合脆弱性具体措施如下：

（1）针对人为破坏，该变电站应切实做好防范工作，加强设备及人员的安全管理、监督巡查，与当地执法部门提高联动效率，提高执法力度与长效性，不断增强变电站抗攻击防御水平的科学方法。

（2）在自然灾害方面，应重点针对洪涝灾害、雷害和风灾进行防御。

防洪措施方面：① 变电站外墙加护坡、防洪墙；变电站内应根据需要配备适量的防汛设备和防汛物资，防汛设备在每年汛前要进行全面的检查、试验，处于完好状态；② 防汛物资要专门保管，并有专门的台账；每日检查开关、气体继电器等设备的防雨罩应扣好，端子箱、机构箱等室外设备箱门应关闭，密封良好；③ 雨季来临前对可能积水的地下室、电缆沟、电缆隧道及场区的排水设施进行全面检查和疏通，做好防进水、防倒灌和排水措施；④ 下雨时对房屋渗漏、下水管排水情况进行检查；雨后检查地下室、电缆沟、电缆隧道等积水情况，并及时排水，设备室潮气过大时做好通风。

防雷措施方面：① 在变电站装设避雷针保护电气设备、建筑物不受直接雷击；② 在其进线上装设阀型避雷器保护变电站的高压电气设备免受侵入波的雷击；③ 在变电站的进线上加装避雷线实施防雷保护；④ 变压器作为变电站的核心设备，应对变压器加强防雷保护，基本保护措施是靠近变压器安装避雷器，这样可以防止线路侵入的雷电波损坏绝缘子，装设避雷器时，要尽量靠近变压器，并尽量减少连线的长度，以便减少雷电电流在连接线上的压降；⑤ 变电站的防雷接地。变电站防雷保护满足要求以后，还要根据安全和工作接地的要求敷设一个统一的接地网，然后避雷针和避雷器下面增加接地体以满足防雷的要求，或者在防雷装置下敷设单独的接地体。

防风措施方面：① 变电站应根据本地气候条件制定出切实可行的防风管理措施，刮大风时，应重点检查设备引流线、阻波器、气体继电器的防雨罩等是否存在异常；② 每日检查和清理变电站设备区、变电站围墙及周围的漂浮物等，防止被大风刮到变电站运行设备上造成故障；③ 大风天气重点检查所有设备的引流线松紧度、设备构架和避雷针等设施的固定螺丝和焊接点的紧固情况；④ 在大风天气及时安排特巡工作，巡视过程中发现安全隐患和设备异常时，按汇报制度及时汇报，在处理设备标牌松动和设备挂搭异物等工作时，必须经上级同意并做好自我防护措施后实施，同时做好监护工作，防止人身事故的发生。

应急响应方面：① 加强二次设备的维护，保证其处于良好的工作状态，在一次设备发生故障和不正常运行情况时能及时切除故障，消除不正常状况，当电力系统出现跳闸或断电情况时，能快速恢复供电，尽量缩短恢复供电时间；② 在提高变电站工程防御能力的同时，要加强日常巡护，加强与地区公安部门、工程部门、防汛指挥部、气象等部门的沟通，提高事故灾害预测预警能力；③ 制定与完善变电站防汛、防雷、防风等应急预案，如《×××变电站防雷电灾害应急预案》《×××变电站防风防汛应急预案》，同时落实各类专项灾害处置方案，积极组织有关人员定期开展应急演练，以各种形式保障应急演练的时效性；加强防汛、防雷、防风等自然灾害的应急值班、事故报告，建立信息交流、灾情联动机制，确保第一时间掌握灾情；提高运行值班人员应对突发事件的快速反应能力，提高应急指挥部门的调度指挥协调性，确保措施有效、保障到位、灾情在控。

总之，要通过各种措施不断提高变电站自身抗灾、抗干扰能力，保证设备安全稳定运行，保证供电可靠性。

6.2 输 电 线 路

根据国网某公司某条输电线路的部分基础数据和我国电网重要基础设施历史事故资料数据分析，并结合专家咨询的方法，按照本项目构建的电网重要基础设施脆弱性评估指标体系，分别从压力、状态和响应三个方面，对脆弱性评估指标进行计算，最后运用三角图法对每个输电线路线段进行脆弱性评估，分析各线段脆弱性的类型。

6.2.1 某输电线路概况介绍

1. 线路路径

该输电线路全长 52 044m。工程跨越三部分，长度为 11 282m。同时，在线路杆塔的设计上，该段线路也与普通 500kV 线路采用的有所不同。为了能与城市环境相协调，最重要的是要少占用土地，在该段线路宜采用钢管杆的方案。工程由于地处近郊，甚至有一部分是位于城市化地带，因此，不可避免的是，全线的交叉跨越十分众多。除了交叉跨越的大量民房和厂房以外，还多次跨越公路、航道、铁路、电力线、通信线、外环线林带、城市道路等设施。

另外，线路还两次跨越钢铁厂铁路专用线，该铁路专用线主要承担该厂煤、钢等生产物资的运输任务，不承担客运任务。

线路还有一处十分重要的交叉跨越，是在某环城绿化带。该环城绿化带基本上由高大乔木为主，少量其他矮小树种组成，高大乔木比例占总面积的80%以上。

2. 水文、地质情况

路径航空距离为38km，曲折系数为1.5。地形：平地70%，河网10%，泥沼20%。地质情况：一般。交通情况：较好。

线路所经地区属太湖流域碟形地边缘，水系比较发达，地势相对较高，近几年，输电线所在区域修建了许多防洪排涝工程、开挖新河、兴建水闸、圈围洼地，对主要河道拓宽、拉直，并加高、加固其堤，防洪排水能力有很大提高。

线路经过地区系长江南岸三角洲冲积平原，属三角洲相第四系冲积层，地质特点变化复杂，全区地下水位埋藏较浅，一般在0.5～1.5m左右，雨季时水位较高，地下水对混凝土无侵蚀性，该工程地质条件较复杂。

3. 主要设备材料

线路至外高桥电厂段曲折较大，耐张段普遍较短，引起线路的耐张塔（见图6-3）占全部杆塔的比例较高（为36.7%）。

图6-3 耐张塔

一般线路部分所用杆塔都是全新设计钢管杆结构。线路有 2km 是在城市道路两旁布置的，减小杆塔基础占地面积，不影响城市整体景观，采用窄基钢管杆（见图 6-4）；其他段杆塔均采用钢管塔。值得一提的是，对于 500kV 的输电线路来说，采用窄基钢管杆方案，在国内还是首次。

图 6-4　窄基钢管杆

线路位于外环线绿化林带内。该线路不砍伐交叉跨越林木，而是采用加高杆塔跨越方式。不过，对跨越林木有一个 10m 限制生长高度。也就是说，如果加上跨越树木的 7m 安全距离，该线导线弧垂最低点至地面的安全距离则至少有 17m。

角钢塔和钢管塔使用情况如表 6-4～表 6-7 所示。

表 6-4　　　　　　　　　　　　角　钢　塔

型号	呼称高（m）	数量	小计	总计
SZT1	30	5	45	134
	33	8		
	36	15		
	39	12		
	42	5		

续表

型号	呼称高（m）	数量	小计	总计
SZT2	36	17	43	
	39	11		
	42	5		
	48	5		
	51	5		
SZJ1	33	5	5	
SJT1	24	4	10	
	27	4		
	36	2		
SJT2	24	6	18	
	27	8		
	36	4		
SJT3	24	6	13	
	27	7		

表 6-5　　　　　　　　　　钢　管　塔

型号	呼称高（m）	数量	小计	总计
SZG	36	7	7	
SJG1	27	1		16
SGJ2	27	5	9	
SGJ3	27	3		

表 6-6　　　　　　　　　　电　气　部　分

序号	名称	型号	单位	数量	备注
1	钢芯铝绞线	LGJ-400/35	km	1368	
2	铝包钢芯铝绞线	LLBJ-95/55	km	62	包括 5km 耦合地线
3	绝缘子	180kN 合成绝缘子	支	1030	
		100kN 合成绝缘子	支	200	
		LP95/18+17/1500	支	3600	长棒型瓷绝缘子
		XWP2-160	片	2160	瓷绝缘子
		BXP-70CA/BXP-70CB	片	460	直线/耐张地线绝缘子

续表

序号	名称	型号	单位	数量	备注
4	金具	100kN 跳线单联串	串	200	
		180kN 导线单联悬垂串	串	966	包括重要跨越用双串
		180kN 导线双联悬垂串	串	30	直线转角用双联
		250kN 导线双联耐张串	串	600	直跳（长棒型瓷绝缘子）
		160kN 导线双联耐张串	串	36	直跳（瓷绝缘子）
		地线双联悬垂串	串	100	
		地线双联耐张串	串	65	两侧为一串
		耦合地线耐张串	串	30	单侧为一串
5	导线间隔棒	FJZL－400	只	6000	分裂间距 450×450mm
	跳线间隔棒	JT4－45400	只	1320	
	跳线支撑棒	TJ2－12400	只	1320	
6	防震锤（导线）	FR－4	只	300	
	防震锤（地线）	FR－2	只	600	
7	重锤	ZC－18	片	1040	
8	接地钢材	ϕ12mm 圆钢	t	8.6	

表6-7　　　　　土　建　部　分

序号	名称	规格	单位	数量
1	塔材	16Mn	t	8055
2	基础钢材	钢材	t	1778
3	混凝土	基础 C15	m³	42 782

6.2.2 输电线路脆弱性指标

该输电线路分三段，限于篇幅，这里仅以某高行线为例，实例开展电网重要基础设施—输电线路的脆弱性评估研究。该输电线路基础数据见表6-8。

表 6-8　　　　　　　　　　　　该输电线路基础数据

线路名称	××	起讫地点		××	线路长度（km）	20.572
投运日期	2004 年 3 月 17 日	绝缘水平			杆塔总数（基）	71
设计单位	××	施工单位		××	铁塔基数	56
导线型号	规格	安全系数		使用范围	钢管基数	15
LLBJ-400/35	48×3.32/7×2.50			1～26 号、29～70 号		
AACSR-410	铝合金 38×3.7/钢芯 37×2.29			26～29 号（1.860km）		
导线型号	规格	安全系数		使用范围	钢管基数	15
LLBJ-400/35				跳线		
地线型号	规格	安全系数		使用范围	合杆杆号	
LLBJ-95/55		钢管塔 K=2.5 钢管杆 K=6		1～26 号、29～70 号	桥行 5110/1-**70** 合高行 5109/1-**70**	
AC-250 铝包钢线	37×2.9			26～29 号		
耦合地线				63～70		

杆塔型号	呼称高（m）	重量（t）	数量（基）	杆塔型号	呼称高（m）	重量（t）	数量（基）	绝缘子型号	数量
NJT	17	158.25	1	SZJ-30	30	39.2099	1	XWP2-16	**768**
NJT	17	156.38	1	SZJ-33	33	39.9794	2	FC16P/155	**378**
SDJ-43.5	43.5	105.26	2	SZT1-30	30	30.0841	5	FC21/170	**5550**
SJG2-27	27	109.26	5	SZT1-33	33	32.1835	2	FC300/195	**744**
SJG3-27	27	143.47	3	SZT1-36	36	33.2441	1	FC55/240	**1488**
SJT1-24	24	58.947	1	SZT1-39	39	36.0044	2	LP95/18+17/1485	**702**
SJT1-27	27	62.204	3	SZT1-42	42	38.6520	2	SGX-160/500	**183**
SJT1-36	36	73.380	2	SZT2-33	33	36.9385	1	SGX-100/500	**40**
SJT2-24	24	71.710	1	SZT2-36	36	38.4722	3	FXBW-500/240	**6**
SJT2-27	27	74.460	5	SZT2-39	39	39.8931	3		
SJT2-36	36	86.930	3	SZT2-42	42	43.5205	1		
SJT3-24	24	77.546	5	SZT2-48	48	45.5910	1		
SJT3-27	27	80.754	3	SZT2-51	51	50.4567	3		
SKT	132	637.37	2						
SZG-36	36	69.375	7	杆塔总吨位		2469.562 18（t）			

根据表 6-8 和该段输电线路历史数据分析，利用电网重要基础设施脆弱性评估指标体系，对该段线路进行脆弱性评估，评估结果如表 6-9 所示。

表6-9　　某输电线路脆弱性评估压力、状态及响应值评估结果

线段	指标值				线段	指标值			
	压力（P）	状态（S）	响应（R）	总和（V）		压力（P）	状态（S）	响应（R）	总和（V）
1	80	46.893	74	201	37	122	45.47	108	275
2	88	55.47	84	227	38	64	38.728	56	159
3	64	80.549	34	179	39	43	34.44	98	175
4	88	72.63	79	240	40	62	40.572	63	166
5	88	64.74	77	230	41	49	57.339	71	177
6	106	57.912	60	224	42	74	164.496	30	268
7	74	54.28	71	199	43	46	77.106	60	183
8	62	113.293	72	247	44	65	28.152	80	173
9	80	43.086	104	227	45	71	84.474	48	203
10	91	79.75	74	245	46	102	111.969	64	278
11	125	54.28	21	200	47	62	157.344	66	285
12	149	44.982	70	264	48	67	81.744	83	232
13	125	37.246	104	266	49	41	97.344	40	178
14	106	52.17	47	205	50	131	72.459	15	218
15	121	65.649	20	207	51	124	22.288	23	169
16	109	54.264	44	207	52	121	91.08	34	246
17	82	62.424	42	186	53	75	26.904	104	206
18	101	41.514	49	192	54	81	56.282	96	233
19	46	126.588	50	223	55	92	47.304	49	188
20	121	59.318	55	235	56	81	22.048	75	178
21	42	52.47	74	168	57	69	106.218	76	251
22	87	52.26	98	237	58	87	87.014	74	248
23	48	68.68	55	172	59	73	54.06	108	235
24	76	47.096	50	173	60	71	45.066	113	229
25	145	43.945	16	205	61	52	61.258	81	194
26	155	78.44	33	266	62	85	93.15	22	200
27	122	24.415	137	283	63	49	32.526	123	205
28	77	25.584	75	178	64	124	67.308	16	207
29	70	35.112	74	179	65	101	57.82	56	215
30	102	108.486	68	278	66	103	57.42	99	259
31	112	37.814	79	229	67	56	95.146	45	196
32	52	86.7	120	259	68	74	49.862	79	203
33	52	42.24	68	162	69	102	87.04	37	226
34	83	50.347	90	223	70	103	69.741	40	213
35	64	63.308	38	165	71	58	103.02	64	225
36	147	33.189	89	269					

由表 6-9 可知，压力指标最大值为 155，压力指标等级为较高，出现在线段 26；压力指标在 100～150（即压力指标等级为中等）的线段总共有 24 条；压力指标在 50～100 之间（压力指标等级为一般）的线段有 38 条；剩余 8 条线段压力指标均介于 1～50 之间，压力指标等级为较低。

状态指标最大值为 164.496，状态指标等级为较高，出现在线段 42（分析原因为该线段杆塔为转角塔，转角度数较大，在两侧导线、地线的张力以及风载长期作用下，导致铁塔在内角侧产生了一定挠曲）；状态指标在 105～158（即状态指标等级为中等）的线段总共有 6 条；状态指标在 52～105 之间（状态指标等级为一般）的线段有 38 条；状态指标均介于 0～52 之间（状态指标等级为较低）的线段有 26 条。

响应指标最大值为 137，响应指标等级为中等，出现在线段 27（这大概是因为该线段档距较大，对二次设备检修维护不周，而且一旦发生故障和不正常运行情况时，对于及时排查、切除故障，消除不正常状况存在一定的困难，当电力系统出现跳闸或断电情况时，不能保证快速恢复供电）；响应指标在 105～158（即响应指标等级为中等）的线段只有 6 条；响应指标在 52～105 之间（响应指标等级为一般）的线段有 41 条；响应指标介于 0～52 之间（响应指标等级为较低）的线段有 24 条。

基础设施综合脆弱性指标最大值为 285，脆弱性等级为一般，出现在线段 47；所有线段综合脆弱性指标都在 155～310 之间，即脆弱性等级为一般。具体情况如表 6-10 所示。

表 6-10 　　　　　　　　　脆弱性指标等级分布

脆弱性指标等级	较高	中等	一般	较低
压力指标等级	1	24	38	8
状态指标等级	1	6	38	26
响应指标等级	0	6	41	24
综合脆弱性等级	0	0	71	0

6.2.3 基于三角图法的输电线路脆弱性分类

将表 6-9 中的压力、状态和响应各自指标值占三个指标值之和的比例作为对应指标值，结果如表 6-11 所示。

表6-11 基于三角图法的脆弱性评估值

线段	指标值			线段	指标值		
	压力（P）	状态（S）	响应（R）		压力（P）	状态（S）	响应（R）
1	0.398	0.233	0.368	37	0.443	0.165	0.392
2	0.387	0.244	0.369	38	0.403	0.244	0.353
3	0.358	0.451	0.190	39	0.245	0.196	0.559
4	0.367	0.303	0.330	40	0.374	0.245	0.380
5	0.383	0.282	0.335	41	0.276	0.323	0.400
6	0.473	0.259	0.268	42	0.276	0.613	0.112
7	0.371	0.272	0.356	43	0.251	0.421	0.328
8	0.251	0.458	0.291	44	0.375	0.163	0.462
9	0.352	0.190	0.458	45	0.349	0.415	0.236
10	0.372	0.326	0.302	46	0.367	0.403	0.230
11	0.624	0.271	0.105	47	0.217	0.551	0.231
12	0.564	0.170	0.265	48	0.289	0.353	0.358
13	0.469	0.140	0.391	49	0.230	0.546	0.224
14	0.517	0.254	0.229	50	0.600	0.332	0.069
15	0.586	0.318	0.097	51	0.732	0.132	0.136
16	0.526	0.262	0.212	52	0.492	0.370	0.138
17	0.440	0.335	0.225	53	0.364	0.131	0.505
18	0.527	0.217	0.256	54	0.347	0.241	0.412
19	0.207	0.569	0.225	55	0.489	0.251	0.260
20	0.514	0.252	0.234	56	0.455	0.124	0.421
21	0.249	0.311	0.439	57	0.275	0.423	0.303
22	0.367	0.220	0.413	58	0.351	0.351	0.298
23	0.280	0.400	0.320	59	0.311	0.230	0.459
24	0.439	0.272	0.289	60	0.310	0.197	0.493
25	0.708	0.214	0.078	61	0.268	0.315	0.417
26	0.582	0.294	0.124	62	0.425	0.465	0.110
27	0.430	0.086	0.483	63	0.240	0.159	0.601
28	0.434	0.144	0.422	64	0.598	0.325	0.077
29	0.391	0.196	0.413	65	0.470	0.269	0.261
30	0.366	0.390	0.244	66	0.397	0.221	0.382
31	0.489	0.165	0.345	67	0.286	0.485	0.229
32	0.201	0.335	0.464	68	0.365	0.246	0.389
33	0.321	0.260	0.419	69	0.451	0.385	0.164
34	0.372	0.225	0.403	70	0.484	0.328	0.188
35	0.387	0.383	0.230	71	0.258	0.458	0.284
36	0.546	0.123	0.331				

按照表 6-11 的结果构建三角图，并按三角图法进行脆弱性分类，分类情况如表 6-12 所示。

表 6-12　　　　　　　　　　三角图法的脆弱性分类情况

线段	脆弱性类型	线段	脆弱性类型
1	PSR	37	PR
2	PSR	38	PSR
3	PS	39	PR
4	PSR	40	PSR
5	PSR	41	PSR
6	PSR	42	PS
7	PSR	43	PSR
8	PSR	44	PR
9	PR	45	PSR
10	PSR	46	PSR
11	PS	47	PSR
12	PR	48	PSR
13	PR	49	PSR
14	PSR	50	PS
15	PS	51	P
16	PSR	52	PS
17	PSR	53	PR
18	PSR	54	PSR
19	PSR	55	PSR
20	PSR	56	PR
21	PSR	57	PSR
22	PSR	58	PSR
23	PSR	59	PSR
24	PSR	60	PR
25	PS	61	PSR
26	PS	62	PS
27	PR	63	PR
28	PR	64	PS
29	PR	65	PSR
30	PSR	66	PSR
31	PR	67	PSR
32	PSR	68	PSR
33	PSR	69	PS
34	PSR	70	PS
35	PSR	71	PSR
36	PR		

对表 6-12 结果按照线路脆弱性类型进行分类统计，可以得到表 6-13 中的统计数据。

表6-13 脆弱性三角图法分类统计情况

脆弱性类型	PSR	PR	SR	PS	P	R	S
线段数量	43	15	0	12	1	0	0

表 6-13 可以看出，有 43 个线段脆弱性类型属于 PSR 型、15 个线段脆弱性类型属于 PR 型、12 个线段脆弱性类型属于 PS 型、1 个线段脆弱性类型属于 P 型，没有属于 SR、S 和 R 型的脆弱性线段，这说明从整体上，影响该输电线路系统脆弱性因素主要是压力方面的因素。

6.2.4 评估小结

通过对某输电线路运行路径中的一段中的 71 个线段进行数据调研分析，并通过建立脆弱性指标体系，按照三角图法进行了脆弱性评价。

评价结果显示，该输电线路上的 71 段输电线路中，100%的线段综合脆弱性等级为一般，从整体上看该段输电线路运行总体还是比较可靠的。通过影响因素分析可知，主要是压力和响应方面的因素对其脆弱性起关键作用。这是由于：

（1）压力方面。该输电线路跨越沿线工业企业众多、跨越铁路线、水域，还多次跨越公路、外环线林带、城市道路、电力线等设施。跨越塔全高 177.5m，易遭受雷击，线路经过地区地质条件复杂，因此输电线路基础设施所承受的来自外界的压力较大。

（2）状态方面。该 500kV 输电线路的设备材料及选型方面较为可靠。一般线路部分导线采用铝包钢芯铝绞线 LLBJ-400/35，四分裂布置，其中外高桥二电厂处（跨越 7 回 220kV）为铝包钢芯铝绞线 LLBJ-400/50。地线一根采用铝包钢芯铝绞线 LLBJ-95/55，另一根采用 OPGW。导线耐张串采用三种绝缘子：250kN 级长棒型瓷绝缘子、210kN 级玻璃绝缘子和 160kN 级瓷绝缘子。导线悬垂串采用 180kN 级合成绝缘子。跳线串绝缘子除大跨越锚塔采用 160kN 级玻璃绝缘子外，其余均采用 100kN 级合成绝缘子。大跨越部分导线采用日本古河电工生产的特强型钢芯铝合金线 AACSR-410，四分裂布置。地线一根采用铝包钢线 AC-250，另一根采用 OPGW-250，全为日本古河电工生产。导线耐张串采用 400kN 级玻璃绝缘子。导线悬垂串采用 530kN 级玻璃绝缘子。大跨越直线跨越塔采用等高钢管塔，塔总高度为 177.5m。它的结构形式是具有三层导线横担和一层地线顶架的双回路跨越塔结构，并在离地 110.5m 处设置一层观光平台。登塔设施包括电梯、旋梯和脚钉，电梯为三菱公司生产的曳引式电梯。跨越塔从地至塔顶涂刷红白相间的警航漆，在塔的顶架、中横担、观光平台和 70.5m 标高处设置了警航灯。

而且该输电线路建设工程自 2001 年 12 月开工，至 2004 年 1 月竣工，2004 年 3 月并网投入运行，目前运行年限已达 10 年以上，各设备基本上处于稳定期，故障率低。

（3）响应方面。该线路由于地处繁华区域，人口密度较大，交通状况拥挤，线路基本上是沿着城市道路两旁布置的，一旦发生故障，应急抢修车辆难以保证在短时间内快速赶赴现场，给应急响应造成一定困难。因此，为了降低整体输电线路综合脆弱性，需要采取一系列措施提高该输电线路防灾减灾能力。

1）在该输电线路 71 段线路中，第 11、12、13、15、20、25、26、27、36、37、50、51、52、64 线段，脆弱性压力指标较高，应注意自然灾害和人为破坏造成的基础设施毁损。

加强线路防护区的管理，及时修剪外环线林带，保证林木与输电线路安全距离；严禁一些单位和个人擅自在输配电线路保护区内植树、兴建房屋、勘探等；加强与交通部门、施工企业、政府职能部门交流，加强输电线路附近大型自卸车、吊车等施工作业安全管理，避免由于驾驶员安全意识淡漠，对作业环境不熟悉极易造成车辆挂线、撞杆事故。

提高输电线路杆塔防洪水平，在汛期采用修河岸护坡，沿岸打排桩或用草袋、铅丝网笼装砂石沿岸堆砌等护岸措施，或在杆塔周围打木桩或浇注混凝土墩增强杆塔基础的牢固性。

提高输电线路防雷保护，对防雷设施定期检查、检测与维护，确保其发挥保护作用，如定期测定并及时更换零值绝缘子，更换的绝缘子确保合格；定期测量接地体的接地电阻，对不合格接地电阻要求重新处理等。

加强输电线路防风工作，对杆塔、基础进行全面检查，回填、夯实基坑，紧固杆塔螺栓，必要时给重点直线杆增设防风拉线。并要考虑顺线路方向的风力，验算杆塔强度。认真检查拉线部件，特别是重点拉线棒锈蚀情况检查不能遗漏；认真检查导线对树木、山坡及其他建筑物、障碍物的风偏距离是否符合要求；按周期紧固铁塔螺栓。

2）第 19、42、47 线段，脆弱性状态指标较高，应注意基础设施自身的毁损。对于输电杆塔和线路进行及时的维护和加固改造。定期检查巡视，检查内容包括：

a. 杆塔。杆塔本身及各部件有无歪斜、变形甚至倒塌现象，杆塔基础周围土壤是否有突起或下沉，基础本身有无开裂、损伤或下沉的情况；杆塔部件的固定情况：是否有铁螺栓或铁螺丝帽的丝长度不够、螺丝松扣、绑线折断和松弛等情况；铁塔部件是否有生锈、裂纹和变形；杆塔上是否有鸟巢及其他外物；杆塔和线路位置与周围建筑物和树木等物体距离是否危险。

b. 导线及避雷线。是否有锈蚀严重、断股、损伤或闪络烧伤；三相导线弧垂是否有不平衡现象，导线对地、对交叉设施及其他物体间距离是否符合有关规定要求，导线是否标准；导、地线上是否悬挂有异物；导线或避雷线的固定和连接处线夹上有无锈蚀、是否缺少螺丝和垫圈以及螺帽松扣、开口销丢失或脱出现象。

3）第 7 线段，脆弱性响应指标较大，应加强应急能力建设。加强二次设备的维护，保证其处于良好的工作状态，在一次设备发生故障和不正常运行情况时能及时切除故障，消除不正常状况，当电力系统出现跳闸或断电情况时，能快速恢复供电；完善电网事故灾害抢修机制及应急处理体系，制定多套电网事故时应急处理预案，包括多套电网运行方式预案、可能发生的拉闸限电序列预案、抢修人员调配预案等。

4）第 12、13、26、27、30、32、36、37、42、46、47、57、58、66 线段，综合脆弱性指标较大，应该从压力、状态和响应三方面入手重点降低其物理脆弱性。

在系统调度和生产运行方面，要加强与气象部门合作及灾害预警，形成电力行业灾害气象数据解读能力，能够在自然灾害发生前及时预测预警，并采取相应措施积极应对。如专业气象台针对低温雨雪冰冻天气可向电力部门发布预报预警，以便电力部门及时采取防冰（超疏水涂料、阻冰环和平衡锤）、融冰（车载式输电线路覆冰高压直流融冰系统、短路融冰以及线路均流技术等）、除冰（机械除冰）等技术措施；遇到阴雨、高湿、有雾天气也可向电力部门提供预防预报，事先及时清除高压绝缘子上的污秽层（高发时段可在绝缘子上涂刷憎水涂料），防止出现污闪跳闸停电事故。

进行针对性的输电线路在线监测与诊断，如开展线路覆冰厚度自动检测，以便于在控制检测中心实时观测覆冰情况，为采取措施提供依据等。

尽可能地增设地下管道输配电线路作为备用线路，以便在部分设施和输配电线路受到损坏时，仍然能有效地对用户供电。

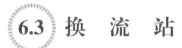

6.3　换　流　站

根据国网某公司换流站的部分基础数据和我国电网重要基础设施历史事故资料，并结合专家咨询的方法，按照本书构建的电网重要基础设施脆弱性评估指标体系，分别从压力、状态和响应三个方面，对脆弱性评估指标进行计算并确定脆弱性等级，最后运用三角图法对换流站进行脆弱性评估，分析该换流站脆弱性类型，从而有针对性提出提高该换流站安全运行水平的对策措施。

6.3.1　换流站概况介绍

某换流站占地面积 99 343m²，总建筑面积 8624.7m²，于 2011 年 5 月 2 日投运，双极换流功率为 3000MW，包括 ±500kV 直流进线和 2 回 500kV 交流出线。该换流站直流场主接线采用双极直流典型接线，每极一组 12 脉动换流阀组，采用单相双绕组换流变压器。500kV 交流设备为 3/2 断路器接线方式，采用 HGIS 设备。交流滤波器采用 3 大组 9 小组配置，每小组容量为 202Mvar，其中 5 小组为滤波器组，4 小组为补偿电容器组。9 小组平均分配，分别接入 3 大组母线，每大组作为一个电气单元接入 500kV 交流 3/2 断路器接线串中。站用电采用 3 回独立电源供电，其中 2 回来自外来电源，1 回来自站内 500kV 站用变压器。

该换流站是国家电网有限公司落实国家"西电东送"能源发展战略的一项重点工程，对于进一步扩大三峡和四川水电送出规模，增强华中与华东地区的电网联络，提高我国电网的抗风险能力具有重要意义。

6.3.2　换流站脆弱性压力指标

利用调研收集到的地理位置、相关地质参数和气象数据，利用基于 PSR 的电网重要基础设施脆弱性评估指标体系以及评估标准，对该换流站进行脆弱性评估，得到其压力指标评估结果，如表 6-14 所示。

表 6-14　　　　　　±500kV 某换流站脆弱性压力指标取值表

事故灾害类型	评估指标	取值
A. 地震	A11 地理位置	3
	A12 抗震等级（设防烈度）	6.5
	地震脆弱性指标 A＝A11＋A12	9.5
B. 风灾	B11 地理位置	6
	B12 抗风等级	4.5
	风灾脆弱性指标 B＝B11＋B12	10.5
C. 雨雪冰冻	C11 地理位置	1
	C12 抗冰能力	6
	雨雪冰冻脆弱性指标 C＝C11＋C12	7
D. 洪涝灾害	D11 地理位置	7
	D12 防洪标准	4.5
	洪涝灾害脆弱性指标 D＝D11＋D12	11.5
E. 滑坡、泥石流	E11 地理位置	1
	E12 地质环境条件复杂程度	3.5
	滑坡、泥石流脆弱性指标 E＝E11＋E12	4.5
F. 雷击	F11 地理位置	5.5
	F12 全年雷电日	5
	雷击脆弱性指标 F＝F11＋F12	10.5
G. 森林火灾	G11 地理位置	0
	G12 年平均气温	5.5
	森林火灾脆弱性指标 G＝A11＋A12	5.5
H. 污闪	H11 污秽等级	0.5
	H12 全年阴雨、高湿、有雾等潮湿天气日	5.5
	污闪脆弱性指标 H＝H11＋H12	6
I. 故意破坏	I11 地理位置	8
	I12 电网重要基础设施服务对象的重要性	7
	故意破坏脆弱性指标 I＝I11＋I12	15
J. 意外损坏	J11 人口密度	7
	J12 工程施工及车辆交通情况	5
	意外损坏脆弱性指标 J＝J11＋J12	12
脆弱性压力指标 P＝A＋B＋…＋J＝84		

由式（5-1）得出

$$V_{\mathrm{P}} = A11 + A12 + B11 + B12 + \cdots + J11 + J12 = \sum_{P=A}^{J} \sum_{i=1}^{2} P_{1i} = 92$$

根据表 6-14 中取值和表 5-15 的等级划分，该变电站脆弱性压力指标为 92，压力等级为一般。

6.3.3 换流站脆弱性状态指标

通过现场调研分析，利用采集到的该换流站各设备基础数据和历史数据，利用基于 PSR 的电网重要基础设施脆弱性评估指标体系以及评估标准，对该换流进行脆弱性评估，得到其状态指标取值结果，如表 6-15 所示。

表 6-15　　　　　　　某换流站脆弱性评估状态指标取值表

一级指标	二级指标	二级指标评判依据	指标取值
A. 换流变压器（含站用变压器）	A1 技术状态	A11 状态分类	1.5
	A2 运行缺陷	A21 电压等级	0.178
		A22 运行年限	3.328
	A3 故障停运率	A31 电压等级	3
		A32 运行年限	5
B. 断路器	B1 技术状态	B11 状态分类	1.6
	B2 运行缺陷	B21 电压等级	0.3
		B22 运行年限	2.6
	B3 故障停运率	B31 电压等级	8.75
		B32 运行年限	5
C. 隔离开关	C1 技术状态	C11 状态分类	1.8
	C2 运行缺陷	C21 电压等级	0.2
		C22 运行年限	2.2
D. 电流互感器	D1 技术状态	D11 状态分类	1.7
	D2 运行缺陷	D21 电压等级	0.339
		D22 运行年限	3.026
	D3 故障停运率	D31 电压等级	7.78
		D32 运行年限	3.33

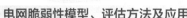

续表

一级指标	二级指标	二级指标评判依据	指标取值
E. 电压互感器	E1 技术状态	E11 状态分类	1.7
	E2 运行缺陷	E21 电压等级	0.325
		E22 运行年限	3.079
F. 平波电抗器	F1 技术状态	F11 状态分类	1.9
	F2 运行缺陷	F21 电压等级	3.704
		F22 运行年限	3.585
	F3 故障停运率	F31 电压等级	10
		F32 运行年限	0
G. 组合电器	G1 技术状态	G11 状态分类	—
	G2 运行缺陷	G21 电压等级	—
		G22 运行年限	—
	G3 故障停运率	G31 电压等级	—
		G32 运行年限	—

由式（5-2）得出

$$
\begin{aligned}
V_S &= \left[A11 + \frac{1}{2}(A21+A22) + \frac{1}{2}(A31+A32) \right] + \cdots \\
&\quad \left[G11 + \frac{1}{2}(G21+G22) + \frac{1}{2}(G31+G32) \right] \\
&= \sum_{S=A}^{G} \left[S11 + \frac{1}{2}(S21+S22) + \frac{1}{2}(S31+S32) \right] \\
&= 39.66
\end{aligned}
$$

根据表 6-15 中取值和表 5-21 的等级划分，该换流站脆弱性状态指标为 39.66，等级为较低。

6.3.4 换流站脆弱性响应指标

通过现场调研分析，利用采集到的该换流站各设备的基础数据和历史数据资料进行分析，应用基于 PSR 的电网重要基础设施脆弱性评估指标体系以及评估标准，对该换流站进行脆弱性评估，得到其响应指标取值结果见表 6-16。

表6-16 ±500kV 某换流站脆弱性响应指标取值表

一级指标	二级指标	三级指标	指标取值
A. 二次设备	A1 换流变压器保护单元	A11 技术状态	2.6
	A2 高压平波电抗器保护单元	A21 技术状态	2.4
	A3 线路保护单元	A31 技术状态	2.2
	A4 断路器保护及辅助保护单元	A41 技术状态	2.3
	A5 母线保护单元	A51 技术状态	2.6
	A6 安全自动装置	A61 技术状态	2.9
	A7 故障录波器	A71 技术状态	2.8
	A8 直流系统单元	A81 技术状态	2.8
	A9 防误闭锁装置	A91 技术状态	2.5
	A10 综合自动化系统	A101 技术状态	2.7
B. 事故减缓	B1 工程防御能力	B11 防护措施	2.5
	B2 日常巡护	B21 巡检频率	3.8
	B3 预测预警	B31 灾害破坏预测预警率	3.1
C. 应急保障	C1 应急预案	C11 应急预案体系完备情况	3.9
	C2 应急救援组织机构	C21 健全程度	4.5
	C3 救援设施	C31 完好性	2.8
	C4 救援物资	C41 资金储备情况	5.6
D. 指挥协调	D1 应急处置	D11 救援出警率	3.3
	D2 应急协调能力	D21 调度指挥协调性	6.1
E. 善后恢复	E1 恢复供电能力	E11 恢复供电方式	3.0
		E12 恢复供电时间	3.4
	E2 故障清除率	E21 故障清除率	2.5

由式（5-3）得出

$$V_R = (A11 + A21 + \cdots + A101) + (B11 + B21 + B31) +$$

$$(C11 + C21 + C31 + C41) + (D11 + D21) + \left[\frac{1}{2}(E11 + E12) + E21\right]$$

$$= 67.1$$

根据表6-16 中取值和表 5-26 的等级划分，该换流站脆弱性响应指标为67.1，等级为一般。

6.3.5 换流站综合脆弱性指标

将上述脆弱性压力指标、状态指标和响应指标求和得到换流站的综合脆弱性指标为

$$V = V_P + V_S + V_R = 92 + 39.66 + 67.1 = 198.76$$

根据表 5-23 所示电网重要基础设施总体脆弱性指标等级划分标准，枫泾换流站综合脆弱性指标等级为一般。

6.3.6 基于三角图法的换流站脆弱性评估

将压力、状态和响应各自的指标值占三个指数值之和的比例作为对应的指标值，构建三角图（见图 6-5），即

$$V_P' = V_P/(V_P + V_S + V_R) = 0.463$$

$$V_S' = V_S/(V_P + V_S + V_R) = 0.195$$

$$V_R' = V_R/(V_P + V_S + V_R) = 0.342$$

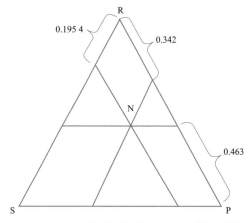

图 6-5　基于三角图法的换流站脆弱性评估结果

6.3.7 评估小结

通过上述评估计算可知，在该换流站脆弱性构成中，压力指标（P）占比

最高，为 46.3%；其次是响应指标（R），占比为 34.2%；状态指标（S）占比最小，为 19.5%。结合图 3-4 得出该换流站脆弱性类型为"压力-响应"型脆弱性（PR）。

（1）原因分析。该换流站属于新建基础设施，于 2011 年 5 月才正式投运，在设备选型方面，换流变压器选用天威保变生产的 ZZDFPZ-280800/500 型直流 500kV 换流变压器，中电普瑞生产的 H400 换流阀，基本比较先进、合理可靠，而且目前运行仅 3 年，各设备状况基本良好，对换流站脆弱度贡献或者影响很小。

通过换流站压力指标计算过程可知，对换流站威胁较大的事故灾害类型主要是故意破坏、意外损失、洪涝灾害、雷灾和风灾。

该换流站所在镇域总面积为 91.66km²，全镇户籍人口 6.4 万，常住人口超过 10 万，人口密度较大。由于所在镇是中国历史文化名镇，加之该镇交通便利，旅游业发展迅速，该镇"十二五"期间的发展战略是采用国际先进的城市规划、建设、管理理念和标准，进一步推进该城市建设和产业发展，社会事业和公共配套服务设施的建设，以努力打造特色镇，推动该区域城镇发展水平。因此，该换流站附近人员密度较大，车辆及施工活动频繁，由于人员安全意识及管理水平薄弱，也可能会对换流站造成意外的破坏。

该换流站所在气候属北亚热带海洋性季风气候，全年四季分明，平均气温在 16.4℃，年降雨量 1279.4mm，全年雷电日 49 天，每年都有连阴雨，或伴有雷暴雨，受台风影响会出现大风天气或伴有降雨。

该换流站 2011 年才正式投运，目前应急预案体系还不够完善，应急救援组织机构不够健全，只建立了正常的工作制度和职责，对突发事件下各组织人员的应急响应职责不明确，按照相应标准规范配备了必需的应急救援设施，但在物资储备方面缺乏积累。目前在编人员 15 人，均在 45 岁以下，其中 14 人在 20～35 岁，11 人具有大学学历，4 人有硕士学历，年龄结构不甚合理，大部分人员虽然理论知识丰富，但工作年限较短，对设备的现场维护管理以及事故灾害预判方面欠缺实践经验，在应对突发事件时极易慌乱。上述因素导致了该换流站在应急响应方面表现出极大的脆弱性，脆弱性响应指标偏高。

（2）改进措施。通过对该换流站脆弱性试点评估结果可知，要降低该换流站基础设施脆弱性，应优先从压力和响应两方面入手。具体措施如下：

1）针对人为破坏，该换流站管理运维单位应积极联合当地政府有关部门，做好电力基础设施重要性宣传，提高当地居民的保护意识；与交通、工程施工等相关部门积极协调沟通，提高安全管理水平，尽量避免对换流站系

统的"误伤";联合当地公安执法部门,提高执法力度,对故意破坏、偷盗换流站基础设施的不法分子严厉惩处;切实做好防范工作,完善巡查制度,运用科技手段保障换流站设备设施的安全。

2)在自然灾害方面,应重点针对洪涝灾害、雷害和风灾进行防御。

a. 防洪措施方面:① 换流站外墙加护坡、防洪墙;换流站内应根据需要配备适量防汛设备和防汛物资,防汛设备在每年汛前要进行全面检查、试验,处于完好状态;② 防汛物资要专门保管,并有专门台账;每日检查开关、继电器等设备的防雨罩应扣好,端子箱、机构箱等室外设备箱门应关闭,密封良好;③ 雨季来临前对可能积水的地下室、电缆沟、电缆隧道及场区的排水设施进行全面检查和疏通,做好防进水、防倒灌和排水措施;④ 下雨时对房屋渗漏、下水管排水情况进行检查;雨后检查地下室、电缆沟、电缆隧道等积水情况,并及时排水,设备室潮气过大时做好通风。

b. 防雷措施方面:① 换流阀、站用变压器和母线变压器作为换流站的核心设备,已经安装了避雷器保护,针对已经装设的避雷器,要定期检测,及时更换,保证其在雷雨天气能发挥作用;② 在换流站装设避雷针保护电气设备、建筑物不受直接雷击;③ 在换流站进线上加装避雷线实施防雷保护;④ 换流站防雷接地。换流站防雷保护满足要求以后,还要根据安全和工作接地要求敷设一个统一接地网,然后避雷针和避雷器下面增加接地体以满足防雷要求,或者在防雷装置下敷设单独接地体。

c. 防风措施方面:① 换流站应根据本地气候条件制定出切实可行防风管理措施,刮大风时,应重点检查设备平波电抗器、滤波器、继电器防雨罩等是否存在异常;② 每日检查和清理换流站设备区、换流站围墙及周围漂浮物等,防止被大风刮到换流站运行设备上造成故障;③ 大风天气重点检查所有设备引流线松紧度、设备构架和避雷针等设施的固定螺丝和焊接点紧固情况;④ 在大风天气及时安排特巡工作,巡视过程中发现安全隐患和设备异常时,按汇报制度及时汇报,在处理设备标牌松动和设备挂搭异物等工作时,必须经上级同意并做好自我防护措施后实施,同时做好监护工作,防止人身事故发生。

3)应急响应方面。切实加强二次设备的维护,保证其处于良好工作状态,在一次设备发生故障和不正常运行情况时能及时切除故障,消除不正常状况;要加强日常巡护,及时发现设备缺陷和管理隐患,并采取措施改正;加强与地区公安部门、工程部门、防汛指挥部、气象等部门沟通,提高事故灾害预测预警能力;建立健全应急救援组织机构,做到各部门、人员职责明确;修订完善换流站自然灾害、认为破坏应对的应急预案，如《×××换流站防汛应急预案》《×××换流站应对地质灾害应急预案》等，全面落实现场处置方案；积极组织相关人员开展应急演练与应急能力评估工作；做好应急培训工作，提高运行值班人员应对突发事件快速反应能力，提高应急指挥部门的调度指挥协调性。

总之，要通过各种措施不断提高换流站自身抗灾、抗干扰能力，保证设备安全稳定运行，降低基础设施脆弱性。

第 7 章

电网脆弱性管控与应对

强健的电网应急体系可以减少突发事件对电网系统的损失。建立电网应急体系和完善电力应急体系相关功能是当前和将来很长一段时间内电网工作者研究的内容。以某企业为例开展的电网重要基础设施脆弱性评估在一定程度上反映了当前电网企业安全管理和应急能力建设水平仍需要不断优化。结合某电网企业开展的重要基础设施脆弱性评估的实际需求，本书以应急管理相关知识为基础，从电网脆弱性的预测、预警、预报和应对出发，对电网企业内部应急管理工作进行科学改进，从而提高预防和控制电力突发事件的能力，为电网企业可持续发展提供有力保障，持续完善电网公司应急体系和应急能力，降低电网脆弱性。

 7.1 **电网脆弱性预测技术**

7.1.1　风险预测分析概述

风险预测分析主要包括以下内容：事件的基本情况和可能涉及的因素，如发生的时间、地点，影响范围，以及可能引发的次生、衍生灾害等；事件的危害程度；事件可能达到的等级，以及需要采取的应对措施。通过预测，若发生一般、较大突发事件的概率较高，应及早采取预防和应对措施。若发生重大、特别重大突发事件的概率较高，要在积极采取预防和应对措施的同时，及时报告上级相关部门。本节主要从理论基础、原理及预测识别方法进行概述。

1. 应急科学理论

（1）事故生命周期理论。一般事故的发展可归纳为四个阶段：孕育阶段、成长阶段、发生阶段和应急阶段。而孕育阶段是事故发生的最初阶段，是由事故的基础原因所致的，如前述的社会历史原因，技术教育原因等。在某一时期由于一切规章制度、安全技术措施等管理手段遭到了破坏，使物的危险因素得不到控制和人的素质差，加上机械设备由于设计、制造过程中的各种不可靠性和不安全性。使其先天的潜伏着危险性，这些都蕴藏着事故发生的可能，都是导致事故发生的条件。事故孕育阶段具有如下特点：

1）事故危险性还看不见，处于潜伏和静止状态中；

2）最终事故是否发生还处于或然和概率的领域；

3）没有诱发因素，危险不会发展和显现。

根据以上特点，要根除事故隐患，防止事故发生，这一阶段是很好的时机。因此，从防止事故发生的基础原因入手，将事故隐患消灭在萌芽状态之中，是安全工作的重要方面。

（2）应急管理生命周期理论。根据危机的发展周期，突发事件应急管理生命周期可以分为以下 5 个过程阶段：危机预警及准备阶段、识别危机阶段、隔离危机阶段、管理危机阶段和善后处理阶段。

在突发事件应急管理实施过程中，要通过完善以事前控制为主的进度控制体系来实现项目的工期或进度目标。通过不断的总结，进行归纳分析，找出偏差，及时纠偏，使实际进度接近计划进度。

突发事件应急管理要想从事后救火管理向事前监测管理转变，由被动应对向主动防范转变，就必须建立完善的突发事件预警机制。因此，控制点任务的按时完成对于整个事前控制起着决定作用。预警级别根据突发事件可能造成的危害程度、紧急程度和发展势态，一般划分为四级：Ⅰ级（特别严重）、Ⅱ（严重）、Ⅲ（较重）和Ⅳ级（一般）。只有在信息收集和分析的基础上，对信息进行全面细致的分类鉴别，才能发现危机征兆，预测各种危机情况，对可能发生的危机类型、涉及范围和危害程度做出估计，并想办法采取必要措施加以弥补，从而减少乃至消除危机发生的诱因。

2. 突发事件预测原理

工业事故的发生表面上具有随机性和偶然性，但其本质上更具有因果性和必然性。对于个别事故具有不确定性，但对大样本则表现出统计规律性。概率论、数理统计与随机过程等数学理论，是研究具有统计规律现象的有力工具。

目前，比较成熟的预测方法有：① 以头脑风暴、德尔菲法等为代表的直观预测法；② 以移动平均法、指数平滑法、趋势外推法、自回归 $A_R(n)$ 等为典型的时间序列预测法；③ 以直线、曲线、二元线性及多元线性回归等为代表的反映相关因素因果关系的回归预测方法；④ 利用齐次或非齐次泊松过程模型、马尔柯夫链模型进行预测的方法；⑤ 以数据生成、弱化随机、残差辨识等为特点的灰色预测模型等。

（1）事故指标预测及其原理。事故指标是指诸如千人死亡率、事故直接经济损失等反映生产过程中事故伤害情况的一系列特征量。事故指标预测是依据事故历史数据，按照一定的预测理论模型，研究事故的变化规律，对事故发展趋势和可能的结果预先作出科学推断和测算的过程。简言之，事故预测就是由过去和现在事故信息推测未来事故信息，由已知推测未知的过程。

事故指标是衡量系统安全的重要参数，国家有关部门在制定安全目标时，往往要考虑各项事故指标的现状和未来的变化趋势。因此，进行事故指标预测可以为国家的宏观安全决策和事故控制提供重要的理论依据，使其决策合理，控制正确。同时，事故指标的高低取决于系统中人员、机械（物质）、环境（媒介）、管理4个元素的交互作用，是人—机—环—管系统内异常状况的结果。进行事故指标预测，有助于进一步的事故隐患分析和系统安全评价工作。许多成功的事故指标预测案例也充分说明，它对安全管理与决策具有重要指导作用。

安全生产及其事故规律的变化和发展是极其复杂和杂乱无章的，但杂乱无章的背后往往隐藏着规律性。工业事故的发生表面上具有随机性和偶然性，但其本质上更具有因果性和必然性。对于个别事故具有不确定性，但对大样本则表现出统计规律性。概率论、数理统计与随机过程等数学理论，是研究具有统计规律性的随机现象的有力工具。惯性原理、相似性原则、相关性原则，为事故指标预测提供了良好的基础。事故指标预测的成败，关键在于对系统结构特征的分析和预测模型的建立。

（2）事故隐患辨识预测法。

基本方法：企业生产过程中的事故隐患辨识预测方法主要有经验分析法、故障树分析法、事件树分析法、因果分析法、人的可靠性分析法、人机环系统分析法等。在优选方法时，可在初步分析的基础上，采用人机环与故障树分析相结合的方法进行分析预测。

这种方法的预测对象是以人为主体的人—机—环，分析预测能直接分析人的不安全行为、物的不安全状态、环境的不安全条件等直接隐患，同时还能揭示深层次的本质原因，即管理方面的间接隐患。借助故障树分析技术对存在危险的隐患进行定性定量分析，预测隐患导致事故发生的定性定量结论，并得出直接隐患之间的逻辑层次关系。

预测事故类型：这一预测模型主要用于企业生产过程中的机械伤害、压力容器爆炸、火灾等事故隐患的定性分析预测。

重大危险源辨识方法：20世纪70年代以来，随着工业生产中火灾、爆炸、毒物泄漏等重大恶性事故不断发生，预防工业灾害引起了国际社会的广泛重视。重大工业事故大体可分两类，一类是可燃性物质泄漏，与空气混合形成

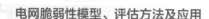
可燃性烟云，遇到火源引起火灾或爆炸，或两者一起发生；另一类是大量有毒物质的突然泄漏，在大面积内造成死亡、中毒和环境污染。这些涉及各种化学品的事故，尽管其起因和影响不尽相同，但都有一些共同特征。它们是不受控制的偶然事件，会造成工厂内外大批人员伤亡，或是造成大量的财产损失或环境损害，或者两者兼而有之。根源是储存设施或使用过程中存在有易燃、易爆或有毒物质。这清楚地说明，造成重大工业事故的可能性既与化学品的固有性质有关，又与设施中实有危险物质的数量有关。防止重大工业事故的第一步是辨识或确认高危险性工业设施（危险源）。

国际经济合作与发展组织（OECD）列出了表 7-1 所示的用于重大危险源辨识的重点控制危害物质。

表 7-1　　　　　OECD 用于重大危险源辨识的重点控制危害物质

物质名称	限量	物质名称	限量
1. 易燃、易爆或易氧化物质			
易燃气体（包括液化气）	200t	极易燃液体	50 000t
环氧乙烷	50t	氯酸钠	250t
硝酸铵	2500t		
2. 毒物			
氨气	500t	氯气	25t
氰化物	20t	氟化氢	50t
甲基异氰酸盐	150kg	二氧化硫	250t
丙烯腈	200t	光气	750kg
甲基溴化物	200t	四乙铅	50t
乙拌磷	100kg	硝苯硫磷脂	100kg
杀鼠灵	100kg	涕天威	100kg

根据《塞韦索法令》提出的重大危险源辨识标准，1994 年，英国已确定了 1650 个重大危险源，其中 200 个为一级重大危险源。1985 年德国确定了 850 个重大危险源，其中 60%为化工设施，20%为炼油设施，15%为大型易燃气体、易燃液体贮存设施，5%为其他设施。1992 年美国劳工部职业安全卫生管理局（OSHA）颁布了"高危险性化学物质生产过程安全管理"标准，该标准提出了 137 种易燃、易爆、强反应性及有毒化学物质及其临界量，OSHA 估计符合该标准规定的危险源超过 10 万个，要求企业在 1997 年 5 月 26 日前

必须完成对上述规定的危险源的分析和评价工作。

国际劳工组织认为，各国应根据具体的工业生产情况制定适合国情的重大危险源辨识标准。标准的定义应能反映出当地急需解决的问题以及一个国家的工业模式。可能需有一个特指的或是一般类别或是两者兼有的危险物质一览表，并列出每个物质的限额或允许的数量，设施现场的有害物质超过这个数量，就可以定为重大危害设施。任何标准一览表都必须是明确的和毫不含糊的，以便使雇主能迅速地鉴别出他控制下的哪些设施是在这个标准定义范围内。要把所有可能会造成伤亡的工业过程都定为重大危险源是不现实的，因为由此得出的一览表会太广泛，现有的资源无法满足要求。标准的定义需要根据经验和对有害物质了解的不断加深进行修改。

（3）直观预测法。直观预测法以专家为索取信息对象，是依靠专家的知识和经验进行预测的一种定性预测方法。它多用于社会发展预测、宏观经济预测、科技发展预测等方面，其准确性取决于专家知识的广度、深度和经验。专家主要指在某个领域中或某个预测问题上有专门知识和特长的人员。直观预测典型的代表方法有头脑风暴法、德尔菲法等。在工业生产事故预测中，中长期安全发展规划、系统安全评价指标等可依靠专家知识，参考头脑风暴、德尔菲等直观预测方法确定。

（4）时间序列预测法。时间序列是指一组按时间顺序排列的有序数据序列。时间序列预测，是从分析时间序列的变化特征等信息中，选择适当的模型和参数，建立预测模型，并根据惯性原则，假定预测对象以往的变化趋势会延续到未来，从而作出预测。该预测方法的一个明显特征是所用的数据都是有序的。移动平均法、指数平滑法、趋势外推法、周期预测法、自回归 $A_R(n)$、自回归 $A_R(n, m)$ 等为典型的时间序列预测方法。这类方法预测精度偏低，通常要求研究系统相当稳定，历史数据量要大，数据的分布趋势较为明显。

（5）回归预测法。除了预测对象随时间自变量变化外，许多预测对象的变化因素之间是相互关联的，它们之间往往存在着互相依存的关系，将这些相关因素联系起来，进行因果关系分析，才可能进行预测。回归预测方法就是因果法中常用的一种分析方法，它以事物发展的因果关系为依据，抓住事物发展的主要矛盾因素和它们之间的关系，建立数学模型，进行预测。回归预测方法有直线回归、曲线回归、二元线性回归及多元线性回归等。同时间序列预测模型类似，使用回归预测模型时，预测对象与影响因素之间必须存在因果关系，且数据量不宜太少，通常应多于 20 个，过去和现在数据的规律性应适用于未来。石油钻井事故指标预测也不适宜于用该方法。

（6）齐次、非齐次泊松过程预测模型。把未来时间段（0，t）内发生事故的次数 $N(t)$ 看作非齐次泊松过程，据历史事故统计资料确定出均值 $E[N(t)]=m(t)$，$m(t)$ 是时间的普通函数，这样，在未来时间段（0，t）内发生 k 次事故的概率以及在未来时间段 $(t, t+s)$ 内发生事故次数在 $[k_1, k_2]$ 之间的概率便可以用非齐次泊松过程模型计算出来。k、k_1、k_2 分别取不同的值，便可以得到不同的概率，概率高的 k、$[k_1, k_2]$ 便是未来时间段 $(0, t)$、$(t, t+s)$ 内发生事故次数 $N(t)$ 的结果。当均值函数 $E[N(t)]=\lambda t$ 是 t 的线性函数（λ 是常数）时，就成为齐次泊松过程。该模型的关键是求 $m(t)$ 或 λ。对于一些非平稳的随机过程，求 $m(t)$ 或 λ 并非易事，有时还要对其进行回归，与其这样，还不如直接利用样本数据在其他预测模型上下功夫。

（7）马尔柯夫链模型。如果事物每次状态的转移只与互相接引的前一次有关，而与过去的状态无关，则称这种无后效性的状态转移过程为马尔柯夫（Markov）过程。具备这种时间离散、状态可数的无后效随机过程，称为马尔柯夫链。通常用概率来计算和分析具有随机性质的这种马尔柯夫链状态转移的各种可能性大小，以预测未来特定时刻的状态。该方法对过程的状态预测效果较好，可考虑用于生产现场危险状态的预测，不适宜于系统中长期预测。

（8）微观事故状态预测。

预测对象：该预测模型主要用于生产工艺的工作状态的安全预测。

预测方法：通常有模糊马尔柯夫链预测法，其特点是系统某一时刻状态仅与上一时刻状态有关，而与以前时刻状态无关。

预测模型：其 $t+1$ 时刻的状态预测模型可表示为

$$P_{sik}=\max\{P_{si1}, P_{si2}, \cdots, P_{si1}\}$$

（9）灰色预测模型。灰色系统（Grey System）理论是我国著名学者邓聚龙教授 20 世纪 80 年代初创立的一种兼备软硬科学特性的新理论。该理论将信息完全明确的系统定义为白色系统，将信息完全不明确的系统定义为黑色系统，将信息部分明确、部分不明确的系统定义为灰色系统。由于客观世界中，诸如工程技术、社会、经济、农业、环境、军事等许多领域，大量存在着信息不完全的情况。要么系统因素或参数不完全明确，因素关系不完全清楚；要么系统结构不完全知道，系统的作用原理不完全明了等，从而使得客观实际问题需要用灰色系统理论来解决。十余年来，灰色系统理论已逐渐形成为一门横断面大、渗透力强的新兴学科。

灰色预测则是应用灰色模型 GM (1, 1) 对灰色系统进行分析、建模、求解、预测的过程。由于灰色建模理论应用数据生成手段，弱化了系统的随机性，使紊乱的原始序列呈现某种规律，规律不明显的变得较为明显，建模后还能进行残差辨识，即使较少的历史数据，任意随机分布，也能得到较高的预测精度。因此，灰色预测在社会经济、管理决策、农业规划、气象生态等各个部门和行业都得到了广泛的应用。

一般考虑到事故变化趋势属于非平稳的随机过程，选用具有原始数据需求量小、对分布规律性要求不严、预测精度较高等优点的模糊灰色预测模型 GM (1, 1)，同时考虑到减小预测误差，将其与时间序列自相关预测模型 $A_R(n)$ 相结合。

预测模型：其 GM (1, 1) 和 $A_R(n)$ 的组合模型为

$$x^{(0)}(t+1) = [-ax^{(0)}(1)+b]\mathrm{e}^{-at} + \sum \phi_i \varepsilon_i$$

示例 1：根据 GM (1, 1) 模型原理和某石油公司以及某石油局的钻井事故数据资源，得到的千人死亡率和钻井孔内事故次数灰色预测模型分别为

$$\hat{x}_1^{(1)}(t+1) = -7.084\mathrm{e}^{-0.062t} + 7.487$$

$$\hat{x}_2^{(1)}(t+1) = -506.08\mathrm{e}^{-0.083\,5t} + 558.08$$

千人死亡率、孔内事故次数预测值与原值的对比情况见表 7-2 和图 7-1。

表 7-2　　　　　　　　石油钻井事故指标预测对比表

部门	年份		1985	1986	1987	1988	1989	1990	1991
某石油公司	千人死亡率	原值	0.433	0.433	0.467	0.400	0.267	0.300	0.267
		预测值	0.433	0.433	0.399	0.375	0.353	0.331	0.311
某第六普查大队	孔内事故次数	原值	52	40	35	37	25	38	26
		预测值	52	41	37	34	31	29	27
年份	1992	1993	1994	1995	1996	1997	1998	误差检验	
原值	0.300	0.267	0.233	0.300	0.267			$c=0.54$ $p=0.85$ 精度符合要求	
预测值	0.293	0.275	0.295	0.243	0.228	0.215	0.202		
原值	32	18	16	19				$c=0.44$ $p=0.82$ 精度符合要求	
预测值	25	22	20	19	18	16			

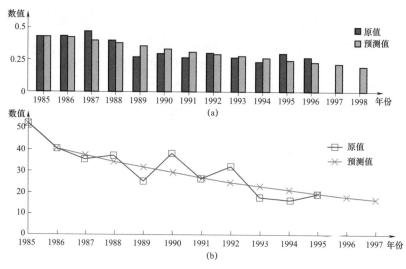

图 7−1 石油钻井事故指标预测图

（a）某石油公司千人死亡率预测图形；（b）某六普大队孔内事故预测图形

（10）趋势外推预测。

预测对象：趋势外推预测技术是建立在统计学基础上，应用大数理论与正态分布规律的方法，以前期已知的统计数据为基础，对未来的事故数据进行相对精确定量预测的一种实用方法。这种方法对于具有一定生产规模和事故样本的系统具有较高的预测准确性。

预测模型：趋势外推预测数学模型为

$$X = A \cdot \lambda \cdot X_0$$

式中　X——未来事故预测指标；

　　　　A——生产规模变化系数，A＝未来计划生产规模/已知生产规模；

　　　　λ——安全生产水平变化系数，λ＝未来安全生产水平/原有安全生产水平；

　　　　X_0——已知事故指标（如当年事故指标）。

预测指标：趋势外推预测法可以预测的指标是广泛的。如绝对指标，包括生产过程中的火灾事故次数、交通事故次数、事故伤亡人次、事故损失工日、火灾频率、事故经济损失等；相对指标，包括千人伤亡率、亿元产值伤亡率、亿元产值损失率、百万吨千米事故率、人均事故工日损失、人均事故经济损失等。

示例 2：已知某企业 1999 年工业产量 5000 万单位，千人伤亡率是 0.25‰；如果来年产量计划增加 20%，但要求安全生产水平提高 10%。试预测 2000 年本企业的千人伤亡率是多少？

解：已知 $A=6000/5000=1.2$；$\lambda=1/1.1=0.9$；$X_0=0.25$；则来年千人伤亡率 $X=1.2\times0.9\times0.25=0.27‰$

（11）专家系统预测法。一般来说由于事故发生是一个非平稳的随机过程，并且由于一些重大事故的样本数据量缺乏和信息量不足，这样一般统计预测模型的误差就会较大。基于计算机专家系统之上的预测法，应用专家知识与预测定量模型相结合，能做到定性、定量分析，误差量将会降低。这样就会有必要采用高精度的预测方法，如专家系统预测方法。根据预测结果，结合相关决策方法，调用知识库安全专家知识，运用推理技术，选择事故隐患库、安全措施库相关内容，作出合理的事故预防决策。决策方法及模型如下：

1）事故预防多目标决策。因为事故预防决策要考虑科技水平、经济条件、安全水准等边界限制条件，要考虑降低事故、提高效益、企业能力等多方面因素，拟选用多目标决策法（加权评分法、层次分析法、目标规划法等）为宜。其问题的实质是有 k 个目标 $f_1(x),f_2(x),\cdots,f_k(x)$，求解 x，使各目标值从整体上达到最优，$\max[f_1(x),f_2(x),\cdots,f_k(x)]$。该方法主要用于事故预防的多方案决策。

2）安全投资决策。为降低事故，需增加投资，安全投资决策主要运用风险决策、综合评分决策、模糊灰色决策等方法，以使决策方案最优，即达到 $\max[E(B)_i]$。

3）隐患及薄弱环节控制决策。决策目标是应用预测或实际统计的数据，在合理的安全评价理论和方法的基础上，对人、机、境、管理等石油勘探开发生产的事故隐患和薄弱性环节，进行对策性决策。以指导科学和准确的采取事故预防措施。

决策方法：最大薄弱环节准则，主次因素分析技术，信息量决策技术等。

决策内容：能给出隐患控制和事故薄弱性环节的优选级措施方案。如采用的技术、装置、事故预防效果、安全措施或方案的难度级、措施投资参考等内容。

（12）事故死亡发生概率测度法。直接定量地描述人员遭受伤害的严重程度往往是非常困难的，甚至是不可能的。在伤亡事故统计中通过损失工作日来间接地定量伤害严重程度，有时与实际伤害程度有很大偏差，不能正确反映真实情况。而最严重的伤害——"死亡"，概念界限十分明确，统计数据也最可靠。于是，往往把死亡这种严重事故的发生概率作为评价系统的指标。

确定作为评价危险目标值的死亡事故率时有两种考虑：

1）与其他灾害的死亡率相对比。一般是与自然灾害和疾病的死亡率比较，评价危险状况。

2）死亡率降到允许范围内的投资大小。即预测到死亡一人的危险性后，为了把危险性降低到允许范围，即拯救一个人的生命，必须花费的投资和劳动力的多少。

现以美国交通事故为例，说明确定公众所接受的风险指标的方法以及死亡概率与之对比后的危险性评价。

假设美国每年发生的小汽车相撞事故有 1500 万次，其中每 300 次造成 1 人死亡，则每年死亡人数为

死亡人数/事故次数×事故总次数/单位时间＝1/300×1 500 000/1＝5000（人/年）

美国有 2 亿人口，则每人每年所承担的死亡风险率为

$$50\ 000/200\ 000\ 000 = 2.5 \times 10^{-4}/（人·年）$$

这个数值意味着一个 10 万人的集体每年有 25 人因车祸死亡的风险，或 4000 人的集体每年承担着 1 人死亡的风险，或每人每年有 0.00025 的因车祸死亡的可能性。

另一种表示风险率的单位，就是把每 1×10^8 作业小时的死亡人数作为单位，称为 FAFR（Fatal Accident Frequency Rate）或称为 1 亿工时死亡事故频率（致使事故的发生频率）。这个单位用起来方便，便于比较。若 1000 人一生按工作 40 年，每月 25 天，每天 8h 计的话，则有

$$1000 \times 40 \times 25 \times 8 \times 12 = 0.96 \times 10^8 \approx 1 \times 10^8$$

所以 FAFR 可以理解为 1000 人干一辈子只死 1 人的比例。

把上述汽车风险率换算为 FAFR 值（若每天用车时间为 4h，每年 365 天，总共接触小汽车的时间为 1460h），则为

$$2.5 \times 10^{-4} \times 1/1460 = 17.1 \times 10^{-8}$$

即 FAFR 值为 17.1。

这个风险率可以作为使用小汽车的一个社会公认的安全指标，也可以作为死亡事故发生概率评价的依据。也就是说人们愿意接受这样的风险而享受小巧玲珑汽车利益。如果还想进一步降低风险必然要花更多的资金改善交通设备和汽车性能。因此，没有人愿意再花更多的钱改变这个数值，也没有人害怕这样的风险而放弃使用小汽车。将合理的风险率定为评价标准是很重要的。

表 7-3、表 7-4 分别列出了美国、英国各类工业所承担的风险率情况。表 7-5～表 7-7 分别列出了非工业活动、疾病死亡、自愿和非自愿活动所承担的死亡风险率。

表 7-3　　　　　　　　　　美国各类工作地点死亡安全指标

工业类型	FAFR 值	死亡风险率 [死亡/（人·年）]
工业	7.1	1.4×10^{-4}
商业	3.2	0.6×10^{-4}
制造业	4.5	0.9×10^{-4}
服务业	4.3	0.86×10^{-4}
机关	5.7	1.14×10^{-4}
运输及公用事业	16	3.6×10^{-4}
农业	27	5.4×10^{-4}
建筑业	28	5.6×10^{-4}
采矿、采石业	31	6.2×10^{-4}

表 7-4　　　　　　　　　　英国工厂的 FAFR 值

工业类型	FAFR 值
制衣和制鞋业	0.15
汽车工业	1.3
化工	3.5
全英工业	4
钢铁	8
农业	10
捕鱼	35
煤矿	40
铁路	45
建筑	67
飞机乘务员	250
职业拳击手	7000
赛车	50 000

表 7-5　　　　　　　　　　非工业活动的 FAFR 值

类型	FAFR 值
家中	3
乘下列交通工具旅行：	
公共汽车	3
火车	5
小汽车	57
自行车	96
飞机	240
轻骑	260
低座摩托车	310
摩托车	660
橡皮艇	1000
登山运动	4000

表7-6 自然死亡的 FAFR 值

疾病	FAFR 值	死亡风险率［死亡/（人·年）］（每年 8760h）
死亡合计（男、女）	133	9.8×10^{-3}
心脏病（男、女）	61	5.3×10^{-3}
恶性肿瘤合计（男）	23	2.0×10^{-3}
呼吸系统疾病（男）	22	1.9×10^{-3}
肺癌（男）	10	0.8×10^{-3}
胃癌（男）	4	0.35×10^{-3}
男人在事故中的死亡	9	

表7-7 自愿和非自愿活动承担的死亡风险率

类型	死亡风险率［死亡/（人·年）］
自愿承担风险	
足球	4×10^{-5}
爬山	4×10^{-5}
驾车	17×10^{-5}
吸烟（20 支/日）	500×10^{-5}
非自愿承担风险	
陨石	6×10^{-11}
石油及化学品运输（英）	0.2×10^{-7}
飞机失事（英）	0.2×10^{-7}
压力容器爆炸（英）	0.5×10^{-7}
闪电雷击（英）	1×10^{-7}
堤坝决口（荷）	1×10^{-7}
核电站泄漏（1km 内）（英）	1×10^{-7}
火灾（英）	150×10^{-7}
白血病	800×10^{-7}

从上述各表的数据，可以看出各种工业所承担的风险率情况。如何对待不同的风险率，应该是采取措施的重要依据。

若风险率以死亡/（人·年）表示，则：

10^{-3} 数量级操作危险特别高，相当于由生病造成死亡的自然死亡率，因而必须立即采取措施予以改进。

10^{-4} 数量级操作系中等程度危险，遇到这种情况应该采取预防措施。

10^{-5} 数量级和体育活动的事故风险率为同一数量级，人们对此是关心的，也愿意采取措施加以预防。

10^{-6} 数量级相当于地震和天灾的风险率，人们并不担心这类事故发生。

$10^{-7} \sim 10^{-8}$ 数量级相当于陨石坠落伤人，没人愿意为这种事故投资加以预防。

必须指出，上面各表所列的 FAFR 值，是根据多年统计得来的数字，在此主要说明死亡风险率评价方法。在实际应用评价中，一方面要按 10～20 倍的保险系数来计算，另一方面要考虑时代进步、科技发展、物质生活水准提高、人们承受死亡能力降低方面的因素。

3. 突发事件预测识别方法

（1）常见方法。

1）案例分析法。是指对大量的事故案例进行分类统计整理，发现引发事故发生的风险因素及其规律。事故案例分析的核心是事故发生的过程、事故发生的原因（即风险因素）和风险因素的概率及后果，在此基础上分析事故的教训与预防措施。

2）规范反馈法。规范反馈法是指根据行业相关法规和标准确定分析结果。以特种设备中的锅炉为例，在风险辨识中，在对《生产过程危险和有害因素分类与代码》（GB/T 13861—2009）、《特种设备安全监察条例》，以及《锅炉安全管理人员考核大纲》（TSG G6001—2006）、《安全阀安全技术监察规程》（TSG ZF001—2006）、《锅炉设计文件鉴定管理规则》（TSG G1001—2004）、《锅炉安装监督检验规则》（TSG G7001—2004）、《锅炉安装改造单位监督管理规则》（TSG G3001—2004）、《压力容器压力管道设计许可规则》（TSG Q1001—2008）、《压力容器安全管理人员和操作人员考核大纲》（TSG R6001—2008）、《压力容器定期检验规则》（TSG R7001—2004）、《压力管道元件制造监督检验规则》（TSG D7001—2005）、《压力容器安装改造维修许可规则》（TSG R3001—2006）等各类特种设备安全技术规范（TSG 规范）分析研究的基础上，完成风险因素的全面识别。

3）系统分析法。是根据行业所具有的系统特征，从设备安全的整体出发，着眼于整体与部分、整体与结构及层次结构与功能系统与环境等相互联系和相互作用，求得优化的整体目标，也就是最大化实现设备安全的现代科学方法。目前主要使用的系统分析的方法包括故障类型及影响分析（FMEA）、危险预先分析（PHA）、作业安全分析法（JSA）、事故树分析（FTA）等。

4）专家经验法。对照有关标准、法规、检查表或依靠分析人员的观察分析能力，借助于经验和判断能力直观地评价对象危险性和危害性的方法。经验法是辨识中常用的方法，其优点是简便、易行，其缺点是受辨识人员知识、经验和占有资料的限制，可能出现遗漏。为弥补个人判断的不足，常采取专家会议的方式来相互启发、交换意见、集思广益，使危险、危害因素的辨识

更加细致、具体。对照事先编制的检查表辨识危险、危害因素，可弥补知识、经验不足的缺陷，具有方便、实用、不易遗漏的优点，但须有事先编制的、适用的检查表。检查表是在大量实践经验基础上编制的，美国职业安全卫生局（OHSA）制定、发行了各种用于辨识危险，危害因素的检查表，我国一些行业的安全检查表、事故隐患检查表也可作为借鉴。

5）头脑风暴法。可以在一个小组内进行，也可以由各个单位人完成，然后将他们的意见汇集起来。如果采取小组开会的形式，参加人以五人左右为宜。参加人应没有压力和约束，如不要有直接领导人参加等。头脑风暴法用于风险辨识，就要提出类似这样的问题：如果进行某项工程，会遇到哪些危险，其危害程度如何。可以看出，这种会议比较适合于所讨论的问题比较单纯，目标比较明确的情况，如果问题牵涉面太广，包含的因素太多，那就要首先进行分析和分解，然后再采用此法。当然，对头脑风暴法的结果还要进行详细的分析，既不能轻视，也不能盲目接受。一般来说，只要有少数几条意见得到实际应用，就算很有成绩了，有时一条意见就可能带来很大的社会、经济效益。即便除原有分析结果以外的所有头脑风暴产生的新思想都被证明不实用，那么头脑风暴作为对原有分析结果的一种讨论和论证，对领导决策也是很有好处的。其优点在于：激发了想象力，有助于发现新的风险和全新的解决方案；让主要的利益相关者参与其中，有助于进行全面沟通；速度较快并易于开展。其局限在于：参与者可能缺乏必要的技术及知识，无法提出有效的建议；由于头脑风暴法相对松散，因此较难保证过程的全面性（例如，一切潜在风险都被识别出来）；可能会出现特殊的小组状况，导致某些有重要观点的人保持沉默而其他人成为讨论的主角。

6）结构化或半结构化访谈法。在结构化访谈中，每个被访谈者都会被问起提示单上一系列准备好的问题，以鼓励被访谈者从另一个角度看待某种情况，因此就可以从那个角度识别风险。半结构化访谈与结构化访谈类似，但是可以进行更自由的对话，以探讨出现的问题。如果人们很难聚在一起参加头脑风暴法讨论会，或者小组内难以进行自由的讨论活动时，结构化和半结构化访谈就是一种有用的方法。这种方法的最主要用途是识别风险或是评估现有风险控制措施的效果。它们可以用于某个项目或过程的任何阶段。它们是为利益相关者提供数据来进行风险评估的有效方式。进行结构化或半结构化访谈需要：明确界定访谈目标；从相关利益相关者中挑选出被访谈者；准备问题清单。之后创建相关的问题集以指导访谈者的访谈工作。问题应该是开放式的、简单的、用适合被采访人的语种而且只能涉及一项事务。也要准备可能的后续问题，用来补充说明该问题。接着，将问题提给被访谈者。在寻求问题的解答时，问题应该是开放式的。应注意不要"诱导"被访谈者。考虑答复时应具有一定灵活性，以便有机会探讨访谈活动希望进入的领域。其优点在于：结构化访谈可以使人们有时间考虑有关某个问题的想法；一对一的沟通可以有更多机会对某个问题进行深度思考；与只有小部分人员参与的头脑风暴法相比，结构化访谈可以让更多的利益相关者参与其中。其局限在于：引导员通过这种方式获得各种观点所花费的时间较多；可能会留有偏见，因其没有通过小组讨论加以消除；无法实现头脑风暴法的一大特征——激发想象力。

7）德尔菲法。又称专家背靠背经验法。德尔菲法表示集中众人智慧预测的意思，是专家估计法之一，可用于很难用数学模型描述的某些风险的辨识中。它有三个特点：参加者之间相互匿名、对各种反应进行统计处理、带动反馈地反复征求意见。为保证结果的合理性，避免个人权威、资历、劝说、压力等因素的影响。在对预测结果处理时，主要应考虑专家意见的倾向性和一致性，所谓一致性是指专家意见的主要倾向是什么，或大多数意见是什么，统计上称此为集中趋势。所谓一致性是指专家意见在此倾向性意见周围分散到什么程度，统计上称此为离散趋势。意见的倾向性和一致性这两个方面对风险辨识或其他预测和决策等都是需要的，专家的倾向性意见常被作为主要参考依据。而一致性程度则表示这一倾向意见参考价值的大小，或其权威程度的大小。其优点为：由于观点是匿名的，因此更有可能表达出那些不受欢迎的看法；所有观点有相同的权重，避免名人占主导地位的问题；获得结果的所有权；人们不必一次聚集在某个地方。其局限为：这是一项费力、耗时的工作；参与者要能进行清晰的书面表达。

8）故障诊断技术。通过检测、监测、检验、鉴定等技术手段发现潜在的风险因素。

（2）风险因素/危害因素辨识的组织程序。风险因素/危害因素辨识的组织实施程序按图 7-2 所示进行。

（3）风险因素/危害因素辨识的技术程序。风险因素/危害因素辨识技术程序如图 7-3 所示。

1）风险因素/危害因素调查。对确定要分析的系统，调查的主要内容有：

a. 生产工艺设备及材料情况：工艺布置，设备名称、容积、温度、压力，设备性能，设备本质安全化水平，工艺设备的固有缺陷，所使用的材料种类、性质、危害，使用的能量类型及强度等。

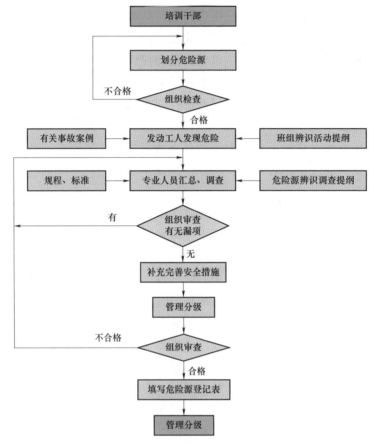

图 7-2 风险因素/危害因素辨识的组织实施程序

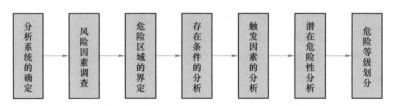

图 7-3 风险因素/危害因素辨识技术程序

b. 作业环境情况：安全通道情况，生产系统的结构、布局，作业空间布置等。

c. 操作情况：操作过程中的危险，工人接触危险的频度等。

d. 事故情况：过去事故及危害状况，事故处理应急方法，故障处理措施。

e. 安全防护：危险场所有无安全防护措施，有无安全标志，燃气、物料使用有无安全措施等。

2）危险区域的界定。即划定危险源点的范围。对系统划分为子系统，然后分析每个子系统中所存在的危险源点，一般将产生能量或具有能量、物质、操作人员作业空间、产生聚集危险物质的设备、容器作为危险源点。

a. 按危险源是固定还是移动界定。如运输车辆、车间内的搬运设备为移动式，其危险区域应随设备的移动空间而定。而锅炉、压力容器、储油罐等则是固定源，其区域范围也固定。

b. 按危险源是点源还是线源界定。一般线源引起的危害范围较点源大。

c. 按危险作业场所来划定危险源的区域。如有发生爆炸、火灾危险的场所，有被车辆伤害的场所，有触电危险的场所，有高处坠落危险的场所，有腐蚀、放射、辐射、中毒和窒息危险的场所等。

d. 按危险设备所处位置作为危险源的区域。如锅炉房，油库，氧气站，变、配电站等。

e. 按能量形式界定危险源。如化学危险源、电气危险源、机械危险源、辐射危险源和其他危险源等。

3）存在条件及触发因素的分析。存在条件分析包括：储存条件（如堆放方式、其他物品情况、通风等），物理状态参数（如温度、压力等），设备状况（如设备完好程度、设备缺陷、维修保养情况等），防护条件（如防护措施、故障处理措施、安全标志等），操作条件（如操作技术水平、操作失误率等），管理条件等。

触发因素可分为人为因素和自然因素。人为因素包括个人因素（如操作失误、不正确操作、粗心大意、漫不经心、心理因素等）和管理因素（如不正确管理、不正确的训练、指挥失误、判断决策失误、设计差错、错误安排等）。自然因素是指引起危险源转化的各种自然条件及其变化。如气候条件参数（气温、气压、湿度、大气风速）变化，雷电、雨雪、振动、地震等。

4）潜在危险性分析。危险源转化为事故，其表现是能量和危险物质的释放，因此危险源的潜在危险性可用能量的强度和危险物质的量来衡量。能量包括电能、机械能、化学能、核能等，危险源的能量强度越大，表明其潜在危险性越大。危险物质主要包括燃烧爆炸危险物质和有毒有害危险物质两大类。前者泛指能够引起火灾或爆炸的物质，如可燃气体、可燃液体、易燃固体、可燃粉尘、易爆化合物、自燃性物质、混合危险性物质等。后者系指直接加害于人体，造成人员中毒、致病、致畸、致癌等的化学物质。可根据使用的危险物质量来描述危险源的危险性。

5）危险等级划分。一般按危险源在触发因素作用下转化为事故的可能性大小与发生事故后果的严重程度划分危险分级，也可按单项指标来划分等级。

如高处作业根据高差指标将坠落事故危险源划分为4级（一级2～5m，二级5～15m，三级15～30m，特级30m以上）；压力容器按压力指标划分为低压容器、中压容器、高压容器、超高压容器4级。

7.1.2　电网脆弱性预测

电网应急管理要做到长效化就必须将危害因素扼杀在始发状态，以应急管理生命周期为理论基础来阐述电网脆弱性预测，就要在事故发生前进行风险评估，并采取相关的预防灾害措施。创办风险评估机制是区域电网应急管理体系在灾害预防的重点任务，主要表现为：设立区域电网风险评估和督查机构；定期开展区域电网突发事件的风险评估工作并制定风险排查方案；分析区域电网风险评估结果并提出整改措施和督促落实；公布风险评估结果并绘制风险图。

1. 电网安全风险辨识体系

结合电网实际生产运营过程，针对发电和输配变电这两个主要专业领域进行安全生产风险辨识分析。发电领域涉及的专业板块有断路器、隔离开关、过电压防护设施、继电保护装置、倒闸操作等。输配变电涉及专业板块有变电、输电、配网和营销。从设备设施类、作业过程类、作业岗位类和作业环境类4个方面辨识风险因素。

（1）发电部分。

1）设备设施类主要辨识电抗器、避雷器、接地系统、开关柜等设备设施故障。

2）作业过程类主要辨识日常巡视、倒闸操作、二次系统上工作、起重与运输高压设备上工作、运行维护工作等风险因素。

3）作业岗位类主要辨识运行管理所所长、运行管理所专责、发电站站长、发电站技术员及正负班长、发电站值班长、变电检修所所长、继电保护工、高压试验工、发电检修工、油化试验等的风险因素。

4）作业环境类主要辨识外力破坏、作业环境、自然环境等的风险因素。

5）防范的主要事故有雨雪灾害、电厂断电等。

（2）输、配、变电部分。

1）设备设施类主要辨识塔杆、基础、金具、复合绝缘子、玻璃绝缘子、瓷质绝缘子、导线、地线、接地装置、避雷装置、电力电缆等设备设施故障。

2）作业过程类主要辨识线路巡视、测量工作、砍剪树木、在带电线路塔杆上的工作邻近或交叉其他电力线路杆塔上的工作、同杆塔架设多回线路中部分线路停电的工作、高处作业、坑洞开挖与爆破、起重与运输、放线、紧线与撤线等风险因素。

3）作业岗位类主要辨识运行专责、巡线班班长、巡线班技术员和巡线工、线检所技术专责、线检班班长、线检班技术员、线路检修工、线检所带电班班长、线检所带电班技术员、线检所带电作业工等的风险因素。

4）作业环境类主要辨识外力破坏、作业环境、自然环境等的风险因素。

5）输、配、变电防范的主要风险事故有高处作业、高压试验、冰雪灾害、高温和断电风险等。

2. 电力风险评价方法

（1）发电部分。除了常用风险评价方法外，需要开发专用方法：

1）工作票综合风险评价方法：包括电力电缆工作票（变电、线路通用）、变电站（发电厂）工作票、电力线路工作票、变电站（发电厂）倒闸操作票。

2）隐患风险评价方法：评点法、LEC 法、JHA 法。

3）现时风险评价法：包括雨雪灾害风险评价分级法和发电厂断电风险评价标准。

（2）输、配、变电部分。

1）现实风险评价方法：冰雪灾害风险评价分级法，包括冰雪灾害作业人员风险评价分级法和冰雪气候设备设施风险评价分级法。

2）工作票风险评价方法。

3）高温灾害风险分级法。

4）电力断电风险评价标准。

5）现时风险评价法：包括冰雪灾害作业人员风险评价分级法、冰雪气候设备设施风险评价分级法。

7.2　电网脆弱性预警技术

7.2.1　风险预警分析概述

应急管理中预警分析的目的是为了告知人们可能出现的事件或事件的恶

化状态，是人们可以提前采取一些有效的措施把可能发生的突发事件或是可能恶化的事态扼杀在摇篮状态。面临的问题是如何根据相关信息的变化趋势来判断可能出现的事件。通常预警的指标有多个，如某些疾病的传染是在一定温度和湿度的范围中发生的。因此，单指标的预警分析是考察该指标超过某一阈值的可能性，而多指标的预警分析是考察这些指标值所在的 n 维空间的点在某一曲面外的可能性。本节主要对可能发生的风险事件从预警理论、技术及检验方法等方面进行概述。

1. 安全风险预警理论

生产作业现场实时预报、安全专业部门适时预警、各级部门单位及时预控，称为风险预警的"三预"理论。"三预"理论运行机制如图 7-4 所示。

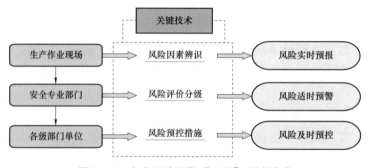

图 7-4　安全风险预警"三预"理论模式

（1）生产作业现场风险实时预报："3R"原则，表征生产作业现场风险预报的实时性、正确性以及规范性的原则与要求；以及相应的"自动+人工"的方法论，从预报主体的类型的角度阐述了生产作业现场风险预报的模式及方法。

（2）安全专业部门风险适时预警："多元"原则：表征安全专业部门风险预警的全方位、多角度、多层面预警的原则与要求；以及相应的"实时+周期+随机"的方法论，从预警的时间及方式的角度阐述了安全专业部门风险预警的模式及方法。

（3）各级部门单位风险及时预控："匹配"原则：表征各级部门单位风险预控需要统筹兼顾经济投入、预控效果、安全系数等方面，达到资源与安全最优化配置的原则与要求；以及相应的"技术+管理"的方法论，从预控的手段及措施类型的角度阐述了各级部门单位风险预控的模式及方法。

风险预报实施方法论及特征描述如表 7-8 所示。

表 7-8 风险预报实施方法论及特征描述

分类	预报方法	特征描述							
		应用管理对象	功能作用	报警方式	运作方式	预报状态	实施部门	预报类型	预报周期
自动型	现场监控技术自动预报	设施设备工艺流程	关键部位、关键点及重要工艺参数自动预报	专项报警（声、光）	自下而上	动态/实时	作业现场	技术自动型	短周期/实时
	信息管理系统自动预报	设施设备工艺流程作业岗位	安全风险预警管理平台自动风险预报	专项报警（闪烁、弹出提示框）	自上而下	动态/静态	系统自身	技术自动型	中等周期/长周期
人工型	现场作业人员人工预报	设施设备工艺流程作业岗位	各装置系统、各类管理对象所有风险因素人工预报	专项报警（闪烁、滚动、文字提示）	自下而上	动态/实时	作业现场	管理人工型	短周期/中等周期
	部门管理人员专业预报	设施设备工艺流程作业岗位	各级部门单位根据各种需求进行风险专业预报	专项报警（闪烁、弹出提示框）	自上而下	动态/静态	各级部门	管理人工型	随机

2. 风险预警管理的"六警"技术

安全风险预警的基本内容包括辨识警兆、探寻警源、报告警情、确定警级、发布警戒、排除警患等"六警"。

（1）辨识警兆：即辨识警情（即风险状态或危机状态）发生前的先兆现象。及时、准确地识别警兆是安全风险预警体系中能够超前、实时、有效预控风险的基础和关键。

（2）探寻警源：即通过某种方式或手段，寻找警源（警情产生的根源）。找到警源，才能采取科学有效处理措施。

（3）报告警情：即采用人员人工或设备系统自动的方式，通过安全风险预警管理平台对实时报告警情。

（4）确定警级：通过分析警情信息，对照相关标准确定警情的风险等级，以及相应的安全生产预警等级。

（5）发布警戒：根据风险等级，发布警戒等初步预控措施。

（6）排除警患：采取有效风险预控措施，控制警情，消除警患。

安全风险预警"六警"运行流程如图 7-5 所示。

安全风险预警实施方法论及具体特征描述如表 7-9 所示。

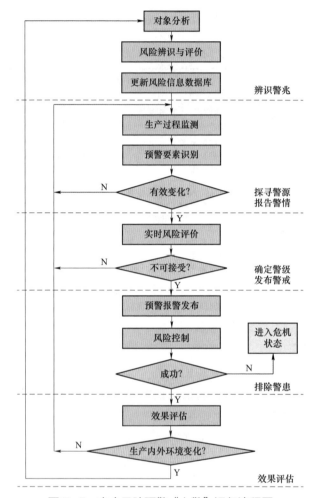

图 7-5　安全风险预警"六警"运行流程图

表 7-9　　　　　　　安全风险预警实施方法论及具体特征描述

分类	预警方法	特征描述							
		应用管理对象	功能作用	预警方式	运作方式	预警状态	实施部门	预警类型	预警周期
实时型	环境异常状态预警	作业岗位	预警预告	专项预警	自上而下	动态/实时	安全部门	管理人工型	短周期/中等周期
	隐患项目状态预警	设施设备	预警预告	专项预警	自下而上	动态/实时	安全部门	管理人工型	中等/长周期
	关键工序作业预警	作业岗位	预警预告	专项预警	自下而上	动态	安全部门	管理自动型	短周期

续表

分类	预警方法	特征描述							
		应用管理对象	功能作用	预警方式	运作方式	预警状态	实施部门	预警类型	预警周期
实时型	生产数据监控预警	工艺流程	预警预告	自动预警	自下而上	实时	作业现场	技术自动型	短周期/实时
	风险因素状态预警	通用	预警预告	专项预警	自下而上	动态	安全部门	管理自动型	短周期中等周期
	系统自动提示预警	系统操作	警示警告	自动预警	自上而下	动态	系统自动	技术自动型	短周期/实时
周期型	风险类型–频率预警	通用	警示警告	专项预警	自上而下	静态	安全部门	管理自动型	中等/长周期
	风险级别–频率预警	通用	警示警告	专项预警	自上而下	静态	安全部门	管理自动型	中等/长周期
	历史数据统计分析–状态趋势专项预警	通用	警示警告	专项预警	自上而下	静态	安全部门/各级部门	管理自动型	中等/长周期
随机型	责任/关注分析预警	通用	预警分析	分析预警	自上而下	动态/静态	安全部门	管理人工型	随机
	风险部位分析预警	通用	预警分析	分析预警	自上而下	动态/静态	安全部门	管理人工型	随机
	预警级别分析预警	通用	预警分析	分析预警	自上而下	动态/静态	安全部门	管理人工型	随机
	管理对象分析预警	通用	预警分析	分析预警	自上而下	动态/静态	安全部门	管理人工型	随机
	预警要素专项预警	设施设备	预警预告	专项预警	自下而上	动态	安全部门/各级部门	管理自动型	随机
	风险属性分析预警	通用	预警分析	分析预警	自上而下	动态/静态	安全部门	管理人工型	随机

3. 风险预警方法与技术

（1）风险预警方法分类。依据安全风险预警的"多元"原则和"实时＋周期＋随机"原则，可分为生产数据监控预警、统计分析–状态趋势专项预警、预警要素专项预警。按预警内容，可划分为环境异常状态预警、隐患项目状态预警、关键工序作业预警、风险因素状态预警、风险类型–频率预警、风

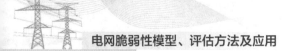
险级别－频率预警、责任/关注分析预警、风险部位分析预警、预警级别分析预警、管理对象分析预警以及风险属性分析预警。按技术特征，可区分为人工预警、自动预警。按执行主体可划分为作业现场安全风险预警、部门安全风险预警、信息平台自动预警。

（2）风险预警各部门岗位及职能。表7－10显示了某系统安全风险预警各部门岗位及职能规定。

表7－10　　　　某系统安全风险预警各部门岗位及职能规定

预警职能机构	风险预警方式	预警角色	企业实际部门	企业实际岗位	预警职能	预警操作
企业生产作业现场	生产数据监控预警	技术系统	车间	车间 PCS 自动监控系统	数据监控预警	共享数据预警
企业安全专业部门	环境异常状态预警 隐患项目状态预警 关键工序作业预警 风险因素状态预警 风险类型－频率预警 风险级别－频率预警 责任/关注分析预警 风险部位分析预警 预警级别分析预警 管理对象分析预警 风险属性分析预警	主预警员	企业安全环保处、分厂安全环保处	企业安全环保处安全科长、分厂安全环保处安全员	预警操作	登陆预警预警查看
		预警监管员		企业安全环保处安全副处长、分厂安全环保处安全副总监	预警监管	预警监管登陆查看
企业各级部门单位	历史数据统计分析－状态趋势专项预警。预警要素专项预警（企业安全专业部门也具有上述两项预警职能）	协同管理员	生产运行处、机动设备处、科技信息处等	生产运行处、机动设备处、科技信息处等风险预警人员	协同安全风险预警及管理	安全风险预警及管理
		统筹决策综合管理员	企业领导部门	企业领导	宏观综合管理	状况查看指令发布
安全风险预警平台	系统自动提示预警	系统自身	企业信息中心	企业信息中心安全风险预警平台服务器	系统自身预警	系统后台程序自动预警

（3）安全风险预警实施流程。图7－6示例了某系统安全风险预警实施流程简图。

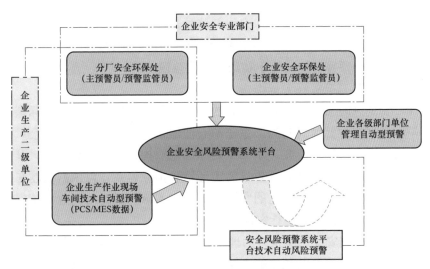

图 7-6　某系统安全风险预警实施流程简图

4. 风险预警数据获取技术

风险预警数据获取技术已经发展了五代。

第一代技术：基于事故案例数据分析的技术方法，即通过对历史事故案例报告或数据库，统计分析获得风险信息（事故类型、事故原因、发生方式、时间空间特性等信息），进行预测预警，为预防事故提供风险分析结论，指导安全管理工作。第一代风险预警技术是传统的人工数据分析式风险预警技术。

第二代技术：基于事件（危机）数据的风险预警技术方法，即通过对事件、隐患的报告信息，进行数据分析，从而预警风险，管控风险，提高事故预防和安全保障能力。第二代预警技术也属于传统的人工数据方式的风险预警技术。

第三代技术：基于管理过程数据信息的风险预警技术方法，进行安全指标的风险预警，如安全检查、安全审核、安全评价、安全检验等安全管理过程的数据，进行安全分析获知风险因素和风险状况或程度，进行风险预警管控。第三代风险预警技术可采用"人工+管理自动数据（检验周期）"的方式进行风险预警。

第四代技术：基于危险（危害）信息监控状态数据的预警技术方法，即利用传感技术、物联网技术等现代信息技术，对人因、物因、环境因素的状态参数进行监测预警，实施动态、实时的风险预警和监控。

第五代技术：基于大数据、云平台、移动互联网技术等，实现全领域、全时空、全要素的风险预警技术方法。这种最前沿的风险预警信息技术还在不断的发展过程中，特别是对人的因素和管理的风险预警，以及人－机－环的组合系统风险的预警管控还处于初级的发展阶段。

5. 安全风险预警管理实证检验方法

（1）安全风险预警实证研究检验的作用与要求。根据研究的实际课题要求，先后在生产中的油气初加工系统和石油催化裂化系统进行了安全风险预警系统的建立及试运行研究。本章主要通过选取构建一套能够客观、准确体现安全风险预警体系实施运行效果的实证检验指标体系，再依据课题在上述高危系统的安全风险预警研究的实际情况，对本章所研究的高危系统安全风险预警理论和方法论体系进行实证检验研究。

针对高危系统安全风险预警的理论和方法，从企业实际应用的角度来看，主要是一整套风险预警及预控的方法、技术、规定及办法、机制及模式体系等，并依托所开发的安全风险预警信息管理系统软件平台为载体进行实施运行。对于这种研究成果的实证检验，通常是以实际应用的绩效来衡量。如对于中石油大连西太平洋石油化工有限公司的安全生产受控管理体系的效果评价，是从该公司实现了 2000 年以来各项经济技术指标都有很大进步，能耗、加工损失率、现金加工费等重要指标达到国内同行业先进水平，实现了生产装置设施设备两个"三年一修"长周期运行目标，连续 9 年安全生产无上报事故等量化的绩效数据来对这套安全生产受控管理体系进行实证检验的。上述用来表征企业安全管理水平提升的：预防控制事故发生的有效性、安全平稳生产的持续性、员工素质的提高、设施设备管理的科学化、操作规程的规范化及标准化等指标均属于应用绩效指标。由于一套新的安全管理体系从建立实施开始，经过不断地运行完善，达到发挥作用、体现绩效需要一定较长的时间周期，因此，若采取应用绩效指标来实证检验一套安全管理体系的实用性和有效性，则通常需要体系在企业实际生产过程中实施运行一定较长时间周期后才可以获得较准确和具有较强说服力的检验结论。

为了证明预警系统有效性，需要进行实证性检验。为此，需要构建一套能够客观、准确体现短周期内安全风险预警体系实施运行效果的实证检验指标体系，从预警风险的全面性、预警数据的完整性、预警实施的覆盖性、预警周期频度、预警信息的可靠性以及预警运行的效果等方面来实证检验风险预警系统的成效，见表 7-11。

表 7-11　　　　高危系统安全风险预警实证检验指标体系

项目 指标体系		内容	作用
预警数据完整性指标	辨识风险统计分析	风险因素依据不同的角度和方式的统计分析	表征辨识风险因素的全面性及系统性
	辨识风险类型集合	风险类型划分的角度和方法	表征风险辨识中，涵盖风险类型的全面性
	风险级别-数目分布规律	不同风险级别的风险因素数目统计分布规律	表征风险因素辨识的完整性及科学性
	预警数据库的结构	风险预警数据库的结构、字段情况	表征风险因素管理的系统性及完整性
预警实施覆盖性指标	预警实施的广度	企业实施风险预警的横向覆盖范围	表征预警系统在企业的横向覆盖范围
	预警实施的深度	企业实施风险预警的纵向深度概况	表征预警系统在企业的纵向覆盖深度
预警信息可靠性指标	预警执行的周期及频度	风险预警执行的各种周期及频率情况	表征风险预警执行的实时性和可靠性
	警级评定的模式及方法	风险预警级别评定的模式及方法	表征风险预警信息的科学性和准确性
	预警操作的机制及方式	预报、预警及预控具体操作的机制及方式	表征风险预警操作的准确性和可靠性
预警运行效果定性指标	预警的效果及作用	企业实施风险预警的效果及作用	定性表征企业实施风险预警的效用
	预警效用对比分析	企业实施风险预警前后安全生产层面的比较	对比分析企业实施风险预警前后状况
	预警实施运行流程	企业结合自身实际，实施风险预警的流程	表征企业实际实施风险预警的流程程序

（2）预警数据完整性指标。如前所述，高危系统安全风险预警理论和方法体系是建立在前期风险管理的单元划分、风险辨识、风险分析及评价等关键技术成果之上的，其核心是基于"三预"的安全风险预警的机制、模式及相应的方法技术。因此，单元划分、风险辨识、风险评价及分析成果是衡量风险预警的基本属性的重要因素。预警风险全面性主要包括风险辨识单元划分模式、辨识风险类型涵盖情况以及对辨识出的所有风险的统计及分析 3 个方面：

1）辨识风险统计分析。安全风险预警理论和方法技术体系，对管理对象的单元划分均采用的是"点、线、面"模式。辨识风险统计分析系指对于按照上述单元划分模式以及采用一定的风险辨识方法辨识出的所有风险因素，依据不同的角度和方式（辨识单元、风险属性、风险级别等）进行统计分析，来考察风险辨识的全面性和系统性。

2）辨识风险类型集合。辨识风险类型集合系指风险辨识所针对的风险类型集合及其所有元素，也即风险类型划分的角度和方法。依据不同的分类角度和原则，风险可有不同的分类方式，为了保证辨识的全面性，需要综合采用多种不同的分类方式及方法，同时又要避免其中的重复及交叉。我们需求课题研究过程中风险辨识所选取的风险类型集合均为第6章6.2所述的风险类型集合的子集，根据课题需求和管理对象实际情况选取相适合的风险类型组合分别与三类管理对象进行匹配。

3）风险级别–数目分布规律。风险级别–数目分布规律系指对每个管理对象（高危系统）风险辨识出的所有风险因素，按照评价的风险级别来统计风险因素的数目情况，考察各个风险级别的数目分布规律。根据行业安全生产的实际特点以及人员的风险敏感程度，辨识风险因素的级别–数目统计应该呈现"正置三角形（the triangle pattern）""倒置三角形（the inverse triangle pattern）"或"橄榄球形（the rugby football pattern）"的规律性分布。根据风险级别–数目统计的分布规律情况可以考察风险辨识的完整性和科学性。

4）预警数据库的结构。对于辨识出的所有风险因素，在安全风险预警系统构建过程中需要建立一套完善的风险因素信息数据库，对每条风险因素的名称、存在部位、起因、现状描述、可能后果、识别方法、预防措施、控制手段、风险等级、属性特征、责任归属、关注层面等所有相关信息进行详细、准确、系统地管理，为风险预警实施运行提供必要支持。预警数据库的结构表征了对每条风险的所有预警相关信息记录的全面性，从数据库的字段模式上能够客观反映出安全风险预警数据的系统性和完整性。

（3）预警实施覆盖性指标。预警实施覆盖性指标系指企业实际实施运行安全风险预警系统所涉及的范围和层面。这里所谓的范围和层面，可以指物质上的各区域生产装置以及设施设备，也可包括人员上所涵盖的各级、各部门组织机构人员。对于企业不同的部门以及不同的人员，其自身对具体实施运行安全风险预警系统的需求程度，及其在安全风险预警系统中的具体权责和角色均各异，因此，安全风险预警系统对其可以是强制性的或者是推荐性的，这主要由企业实际需求以及相关的规定办法来约束。不论是对于强制性的还是推荐性的，安全风险预警理体系的实用性、适用性以及可操作性等均能影响各部门及人员对其的使用情况，因此，预警实施覆盖性指标不仅可以体现出企业主观上对建立实施运行安全风险预警系统的需求和依赖程度，还可以通过企业实际参与到安全风险预警系统的覆盖面情况从客观上反映出安全风险预警系统的实用性、适用性以及可操作性。预警实施覆盖性具体可从以下两个方面考察：

1）预警实施广度。预警实施广度系指横向上企业实施运行安全风险预警系统所涉及范围的覆盖面积。主要从地域及横向覆盖面情况进行考察，包括覆盖职能部门、生产二级单位、车间、装置、技术监控点等方面。

2）预警实施深度。预警实施深度系指纵向上企业实施运行安全风险预警系统所涉及纵深的层次情况。主要从企业管理职能结构层次方面进行考察，包括覆盖的各个管理层面、计划层面、执行层面、生产层面等情况。

（4）预警信息可靠性指标。风险预警信息可靠性指基于"三预"的企业安全风险预报、预警及预控信息的可靠性。通常可以从风险预警执行周期及频度、风险警级评定模式及方法，以及预警操作机制及方式三个方面来考察。

1）预警执行周期及频度。企业安全风险预警系统实施运行主要有自动及人工两类执行主体，按照不同管理对象、不同风险因素、不同预警要求及方式，安全风险预警周期及频度大相径庭。风险预警周期可以分为长周期、中等周期、短周期/实时以及随机四种方式，依据不同预警对象和实际情况，选取相匹配的风险预警周期及频度，是保证风险预警信息精确性、可靠性以及风险预警可操作性的重要因素之一。

2）警级评定模式及方法。警级评定模式及方法指对于辨识出的所有风险因素，评定系统某一时刻（或某一周期）风险因素状态预警级别时所采取的评定模式和方法，其实质为对各风险因素进行风险评价的模式及方法。不同管理对象，其生产环境、装置属性、设施设备、工艺流程、操作及作业方式各异，依据不同预警需求和各自安全生产实际情况，需要对辨识出所有风险的类型、属性、特征等进行系统分析，并采用相适应且具有可操作性的评价模式及方法，从而保证风险评价科学性以及风险预警级别评定准确性和预警信息可靠性。

3）预警操作机制及方式。预警操作机制及方式指按照企业安全风险预警流程，具体执行风险预报、预警及预控操作的机制以及每个步骤的操作方式。为了确保风险预报、预警及预控信息的可靠性，通常需要利用技术自动手段，或者通过建立一定的规章制度来约束操作人员人工执行一定的操作步骤，或者通过执行一定的操作及信息记录的保存措施，来进一步保证风险"三预"信息的准确性、可靠性以及可追溯性。

（5）预警运行效果定性指标。本节提出风险预警运行效果定性指标，以求在研究实际进展情况下，通过预警的效果及作用、预警效用对比分析以及预警实施运行流程三个方面的定性阐述，能够达到对研究成果进行客观、准确、且具有较强说服力的实证检验的目的。

1）预警效果及作用。预警的效果及作用指通过对于企业实施运行安全风险预警系统实际效果情况的具体描述，以及具体实现功能及作用的定性阐述，来对企业实施运行安全风险预警的效果进行实证检验。

2）预警效用对比分析。预警效用对比分析指采用对比的方式，通过对企业实施运行安全风险预警前后安全生产各环节层面的情况进行比对分析研究，来对企业实施运行安全风险预警的效果进行实证检验。

3）预警实施运行流程。预警实施运行流程指企业的具体高危系统，结合自身安全生产的需求和实际情况，实施运行安全风险预警的流程概况。

公共安全监管的工作模式大致能分成三种：一是迫于事故教训的工作方式，这是传统的经验型监管模式；二是依据法规标准的工作方式，这是现实必要的规范型监管模式；三是基于安全本质规律的工作方式，这就是 RBS/M，基于风险的监管模式。显然，基于安全本质规律的监管模式具有科学性和有效性，在针对当前我国公共安全监管资源有限，监管工作复杂的势态下，研究、探索、应用更为科学有效的安全监管理论和方法显得极为重要和具有现实意义❶。

7.2.2　电网脆弱性预警

电网风险预警与管控措施决定了电力系统生产的安全性和稳定性，只有实施国家电网有限公司安全运行的有关规定，才能提高电网运行效率，保障电网安全稳定运行。要从根本上认识电网预警和风险管控的重要性，提高电网风险管控水平，从现实出发，才能更好地解决预警和风险管控问题，做好电网风险预警工作。

（1）电网脆弱性预警主要方式。电网脆弱性预警主要包括以下三种方式：

---

❶ 罗云. 企业生产安全风险精准管控［M］. 北京：应急管理出版社，2020.

1）自动识别预报。利用生产、设备、仪器仪表等技术手段，实时识别风险状态并预报风险。

2）人工识别预报。对于需要人工进行识别的风险状态，风险预报人员应及时识别风险状态，实时预报风险。

3）预测预警预控。根据安全生产风险预报情况和风险状态的变化趋势，适时发布预警信息，及时消除或控制。

（2）电网安全风险预警控制方法。按照"分级预警、分层管控"原则，制定可行性标准建议，针对较大故障问题全面做好防范工作，构建完善的预警机制。首先，事件调控中心把有关内容上报至上级调控中心进行风险防范，企业配合风险预警工作。其次，企业调控中心制定相关警报通知书，其中包含预警事件、时间段、预警单位、防范、风险研究、监督管理、检查维护和自然侵害等风险控制要求。另一方面，制定电网处理方法。最后，结合管辖规模制定相关预警工作通知。

（3）电网风险预警管控的措施及意见。

1）充分发挥主管部门的带头作用。电力公司生产技术指导部门，熟悉各生产部门的业务，掌握着全局的生产资源，提出的电网风险控制措施更切合实际，更具有可操作性，调配各部门也更为容易。

2）完善电网风险管理系统。借助科技手段，建立电网风险管理系统，将电网风险管理的各个环节通过系统流转，最终固化流程。将依赖人为的电网风险管理流程实施改变为依靠系统管理，进一步规范电网风险管理，极大地提高工作效率。

3）将电网风险评估结果融入电网长期规划中。要将短期电网风险分析输入到电网规划中去，与电网规划中长期风险结合起来，通过电网建设将电网风险降到最低程度。随着电网不断发展，用户对供电可靠性要求越来越高，电网风险管控就显得越来越重要。

4）风险控制规范化。风险控制规范化管理是保证不同专业在风险控制方面有效联合，让风险控制工作平稳开展，实现风险控制效果。在安全风险发布上，可以同 ASP.net 技术进行风险评价库管理。此外，调控中心、安质部做好电网风险预警状态分析，安排专业人员展开综合评定。结合评价总结存在的不足，制定有效处理方法。关于电网风险预警管理的不足，及时通知到各部门、企业，列入绩效、安全保护工作考核范围。

7.3 电网脆弱性预报技术

7.3.1 风险预报概述

1. 风险预报原则及方法论

（1）风险预报实施原则（"3R"原则）。生产作业现场是直接面对及控制各种风险因素的第一现场，也是整个风险预警体系最关键的环节。在"三预"理论模式中，生产作业现场风险实时预报是安全风险预警体系的第一环节，为了保证实施运行安全风险预警体系的超前、实时、动态、有效，对生产作业现场风险预报的实时性、正确性以及分级性等方面需要有一定的要求，提出了生产作业现场风险预报的"3R"实施原则，其主要内容为：

1）实时（real-time）：风险预报的实时性是风险预报的最基本要求，是实时预警的必要前提之一。生产作业现场风险预报主体主要包括现场装置操作人员，以及各种生产数据实时监控系统。对于后者，生产过程中考虑到各种因素，自动监控设备及装置的监控周期、读取数据间隔往往是固定的，而且通常设定的时间周期及频率能够满足安全生产风险实时监控的需求；而对于前者，为了保证现场人员能够实时地预报风险，除了采取一定的必要技术手段或措施辅助预报人员能够实时识别警兆外，最主要的是需要建立一定的风险预报规章制度、规定办法等来约束及指导现场预报人员及时识别风险状态，实时预报风险。

2）正确（right）：生产作业现场风险预报的正确性是有效预控风险、减少误差及误报警，提高安全风险预警准确性的重要因素。风险预报的正确性包含两方面的要求：一是指生产作业现场风险识别的全面性，即生产作业现场人员或自动监控设备需要全面识别出状态（正在或已经）发生有效变化的所有风险因素，不能有遗漏，特别是不能遗漏重大风险因素；二是生产作业现场风险预报信息的准确性，即生产作业现场人员或自动监控设备预报的风险因素状态的所有相关信息需要准确，比如风险因素的部位、时间、风险等级、风险属性、状态趋势等重要信息不能有误。

3）规范（regulated）：风险预报的规范原则是指生产作业现场的风险预报

机制、模式、职能角色、方式及方法等均需要建立一定的与实际情况相适应的规章制度、实施办法等加以约束，以实现生产作业现场风险实时预报的规范性。如前所述，生产作业现场风险预报主体主要包括现场装置操作人员以及各种生产数据实时监控系统，后者是占少数而且受技术系统控制，生产现场的作业人员在风险预报的主体中占有相对较大的比例，对于生产作业现场人员报警行为的约束，需要建立并实施一定的符合生产作业现场实际情况的相关规章制度、规范办法等来标准化、规范化现场人员的风险预报机制与行为，进一步保证生产作业现场风险预报的实时性及正确性。

（2）风险预报实施的方法论。依据上述安全风险预报的实时、正确、规范的"3R"实施原则，结合生产作业现场的实际情况，提出了安全风险预报实施的"自动＋人工"的方法论，以生产作业现场风险预报的两大执行主体：现场装置操作人员以及各种生产数据实时监控系统为主线，从预报执行主体类型的角度阐述了生产作业现场风险预报的模式及方法。

安全风险预报实施的"自动＋人工"的方法论的主要内容是：

1）"自动"：指安全风险的自动预报方式。风险预报的执行主体为非现场人员，在生产作业现场，风险预报的这类执行主体主要包括生产作业现场自动监测及监控装置设施以及计算机软件信息管理系统等。从预报的方法论层面来看，执行主体为非人员的自动预报方式主要包括：

a. 现场监控技术自动预报：由生产作业现场的自动监测及监控装置设施等来完成对风险因素的自动预报；主要应用于设施设备（点）和工艺流程（线）的风险预报；其功能作用主要为对生产装置关键部位、关键点，以及重要工艺流程参数的风险因素自动预报；报警方式通常为装置声光报警；运作方式为自下而上，由生产现场的传感器/一次仪表向上预报给风险预警管理平台；预报状态为动态或实时的；实施部门一般为生产作业现场；预报类型属于技术自动型，预报周期通常为短周期（实时预报）。

b. 信息管理系统自动预报：由安全风险预警管理信息系统平台来完成对工作票以及作业预审报情况等的自动风险预报；主要应用于设施设备（点）、工艺流程（线）和作业岗位（面）的风险预报；其功能作用主要为根据系统设定的作业风险因素管理信息，对某些固定格式或程序的工作票以及作业预审报信息进行分析及自动风险预报；报警方式通常为终端声音、闪烁或者弹出提示框；运作方式为自上而下，由安全风险预警管理信息平台自动预报给相应各部门单位；预报状态兼顾动态预报和静态预报；实施部门为安全风险预警管理信息平台自身；预报类型属于技术自动型，预报周期通常为中等周期或较长周期。

2）"人工"：指安全风险的人工预报方式。风险预报的执行主体为现场人员，在生产作业现场，风险预报的这类执行主体主要包括生产作业现场的所有相关作业人员及管理人员。从预报的方法论层面来看，执行主体为现场人员的人工预报方式主要包括：

a. 现场作业人员人工预报：由生产作业现场的各操作人员以及相关管理人员来完成对风险因素的人工预报；主要应用于设施设备（点）、工艺流程（线）和作业岗位（面）的风险预报；其功能作用主要为对各装置系统、各类管理对象所有风险因素的人工预报；报警方式通常为装置声光报警、文字滚动提示等；运作方式为自下而上，由生产现场的相关预报人员通过安全风险预警预报终端向上预报给风险预警管理信息平台；预报状态为动态或实时的；实施部门一般为生产作业现场的操作人员及相关管理人员；预报类型属于管理人工型，预报周期通常为短周期或中等周期。

b. 部门管理人员专业预报：由各级部门单位依托安全风险预警管理信息平台对各类风险因素状态、安全指令、风险预控效果、风险状态趋势等进行人工的专业预报；主要应用于设施设备（点）、工艺流程（线）和作业岗位（面）的风险预报；其功能作用主要为各级部门单位根据安全生产的各种实际需求进行风险专业预报；报警方式通常为终端声音、闪烁或者弹出提示框；运作方式为自上而下，由各级部门单位依托安全风险预警管理信息平台向各安全风险预警预控相应职能部门及单位人工发布专业预报信息；预报状态兼顾动态预报和静态预报；实施部门一般为各级部门单位；预报类型属于管理人工型，预报周期为随机预报。

安全风险预报实施方法论及各种预报方法的具体特征描述如表 7-12 所示。

表 7-12　安全风险预报实施方法论及各种预报方法的具体特征描述

分类	预报方法	特征描述							
		应用管理对象	功能作用	报警方式	运作方式	预报状态	实施部门	预报类型	预报周期
自动型	现场监控技术自动预报	设施设备（点）工艺流程（线）	关键部位、关键点及重要工艺参数自动预报	专项报警（声、光）	自下而上	动态/实时	作业现场	技术自动型	短周期/实时

续表

分类	预报方法	特征描述							
		应用管理对象	功能作用	报警方式	运作方式	预报状态	实施部门	预报类型	预报周期
自动型	信息管理系统自动预报	设施设备（点）工艺流程（线）作业岗位（面）	安全风险预警管理平台自动风险预报	专项报警（闪烁、弹出提示框）	自上而下	动态/静态	系统自身	技术自动型	中等周期/长周期
人工型	现场作业人员人工预报	设施设备（点）工艺流程（线）作业岗位（面）	各装置系统、各类管理对象所有风险因素人工预报	专项报警（闪烁、滚动、文字提示）	自下而上	动态/实时	作业现场	管理人工型	短周期/中等周期
	部门管理人员专业预报	设施设备（点）工艺流程（线）作业岗位（面）	各级部门单位根据各种需求进行风险专业预报	专项报警（闪烁、弹出提示框）	自上而下	动态/静态	各级部门	管理人工型	随机

2. 风险预报的岗位职能结构

为了规范风险预报工作，可规定相关职能，某系统风险预报部门岗位及职能如表 7-13 所示。

表 7-13　　　　　　　　某系统风险预报部门岗位及职能

预报职能机构	风险预报方式	预报角色	企业实际部门	企业实际岗位	预报职能	预报操作
企业生产作业现场	现场监控技术自动预报	技术系统	车间	车间自动控制系统	自动预报	数据共享预报
	现场作业人员人工预报	主预报员		主操/主岗	预报操作	登陆预报
		副预报员		副操/副岗、工艺技术员设备技术员、安全技术员	辅助预报	预报辅助登陆查看
		预报监管员		设备/工艺副主任、综合员、班长	预报监管	预报监管登陆查看
企业各级部门单位	部门管理人员专业预报	协同管理员	生产运行处、机动设备处、科技信息处等	生产运行处、机动设备处、科技信息处等风险预报人员	协同安全风险预报及管理	安全风险预报及管理
		统筹决策综合管理员	企业领导部门	企业领导	宏观综合管理	状况查看指令发布
安全风险预警平台	信息管理系统自动预报	系统自身	企业信息中心	企业信息中心安全风险预警平台服务器	自动预报	系统后台程序自动预报

7.3.2 电网脆弱性预报

1. 预报体系建立的必要条件

企业领导重视风险管理是建立完善安全生产预警预报体系的关键，全员参与是建立完善安全生产预警预报体系的基础，安全生产标准化建设是建立完善安全生产预警预报体系有利的支撑。

（1）领导重视。企业各级领导必须树立强烈的风险意识和危机意思，要成立专门的组织机构，配备各方面高素质的专业人员，从企业实际情况出发，对预警要素进行辨识，定期形成部门安全预警情况报告，由企业领导对安全生产预警指数报告予以确认并公布，及时采取相应措施，并监督落实整改。

（2）全员参与。强化全员参与，需做到隐患排查工作常态化。持续不断的安全培训、学习交流等可以提高员工发现问题的能力，互相排查和自检可以使员工发现问题，并分享自己的发现。安全生产预警的基础是数据的收集，数据的来源靠仪器仪表监测数据和员工的检查发现。

（3）安全生产标准化建设。安全生产标准化是安全监管手段和监管机制的创新，是提高企业安全素质的一项基本建设工程，是落实企业安全生产主体责任的重要举措和建立安全生产长效机制的根本途径，有助于促进企业安全生产形势稳定好转，实现长治久安，有利于推动安全监管部门依法行政，提高安全监管水平。

2. 预报的模式及流程

为确保风险预报工作有序开展，可建立如图 7-7 所示的风险预报工作流程。

基于前述安全风险预警的"三预"机制与模式理论，提出的实施运行安全风险预警的方法论体系包括与"三预"相应的三大原则要求以及对应的三种方法论。

（1）生产作业现场风险实时预报："3R"原则，表征生产作业现场风险预报的实时性、正确性以及规范性的原则与要求；以及相应的"自动＋人工"的方法论，从预报主体的类型的角度阐述了生产作业现场风险预报的模式及方法。

（2）安全专业部门风险适时预警："多元"原则，表征安全专业部门风险预警的全方位、多角度、多层面预警的原则与要求；以及相应的"实时＋周期＋随机"的方法论，从预警的时间及方式的角度阐述了安全专业部门风险预警的模式及方法。

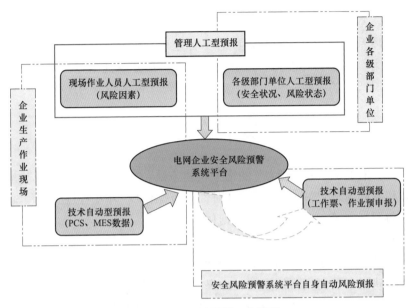

图 7-7　风险预报工作流程

（3）各级部门单位风险及时预控："匹配"原则，表征各级部门单位风险预控需要统筹兼顾经济投入、预控效果、安全系数等方面，达到资源与安全最优化配置的原则与要求；以及相应的"技术＋管理"的方法论，从预控的手段及措施类型的角度阐述了各级部门单位风险预控的模式及方法●。

7.4　电网脆弱性应对

　　强健的电网应急体系可以减少突发事件对电网系统的损失。建立电网应急体系和完善电力应急体系的相关功能是当前和将来很长一段时间内电网工作者研究的内容。以某企业为例开展的电网重要基础设施脆弱性评估在一定程度上反映了当前电网企业的安全管理和应急能力建设水平仍需要不断优化。

　　要深入贯彻习近平总书记关于应急体系和能力现代化的重要指示精神，落实国家应急管理部等部委应急工作部署要求，坚持底线思维，推进两个转变（应急工作从"被动应对"向"主动保障"转变、从"灾后抢修"向"灾

● 罗云，裴晶晶，许铭. 安全风险管控—宏观安全风险预控与治理［M］. 北京：科学出版社，2020：75-76.

前预防"），本章结合前文基础设施脆弱性评估结果，从强化应急预案体系、应急组织体系、应急工作机制，应急平台建设，应急管理理念，全力推进预测预警能力、应急保障能力、应急决策能力再提升等几个方面着手，持续推进建成中国特色的电网应急体系，提升应急管理体系和能力现代化水平。

7.4.1　强化应急预案体系

基于"情景 – 任务 – 能力"的情景构建方法，完善专项预案，优化应急处置措施和响应流程，提高应急预案针对性和可操作性；开发智慧应急预案 App，实现应急预案电子化、智能化、数据化。

按照"战时怎么做，平时就怎么练"的思路，常态化开展"无脚本""突击式"实战演练。加强直辖市、计划单列市和负荷密集城市大面积停电实战演练，推动国家层面大面积停电联合应急演练，全面提升联合快速处置水平。

基于智能推理等技术，完成文本预案的数字化分解，将关键节点的岗位职责和具体处置措施流程化表示；在突发事件发生时，自动向相关人员推送应急处置措施，提升预案的可操作性。

建立"极端小概率、不可预测性、巨大破坏性和事后可解释性"巨灾情景，将巨灾的应急准备和能力建设上升为公司战略。优化其他专项应急预案和部门预案。

7.4.2　健全政策法规

（1）完善电网应急管理法规规章。健全电网应急制度体系，提高应急工作的法治化、规范化水平。总结各类电网突发事件经验和教训，及时组织制（修）定相关规章制度，建立健全预警发布、应急响应、应急队伍、信息报送等应急规章制度。

（2）完善电网应急管理标准规范。建立以技术标准为主体、工作标准为补充的应急管理标准体系，发挥标准在应急工作中的重要作用。加快推进应急标准体系建设，制定应急指挥信息共享、应急电源、应急照明等技术标准；编制应急预案编制、应急演练组织和应急指挥中心运维应急管理工作标准。积极参与国际应急管理标准制定，加快电网应急管理与国际接轨。

（3）完善电网应急管理责任制度。按照统一领导、综合协调、属地为主、分工负责的原则，完善国家指导协调、地方政府属地指挥、企业具体负责、社会各界广泛参与的电网应急管理体制。严格落实电力企业主要负责人是安全生产应急管理第一责任人的工作责任制，明确其他相关负责人的应急管理责任，建立科学合理的应急管理评价指标体系，落实相关岗位人员责任考核制度。

（4）构建电网应急能力评估长效机制。持续开展电网企业应急能力建设评估，建立定期评估机制和行业对标体系，汇总分析行业评估数据，实现持续改进和闭环管理。组织开展大面积停电事件应急能力评估，强化属地应急处置指挥能力。加强电力突发事件应急处置后评估，总结和吸取应急处置经验教训。

7.4.3 强化应急工作机制

完善内外部应急协调机制，建立信息快报机制，构建"结构合理、分工明确、运转高效"的应急工作机制。

加强大规模自然灾害、重特大设备事故等突发事件的应急协同处置，优化国家电网公司内部各部门之间、与国家相关部门和相关企业的协同机制，强化信息共享与信息交互能力，提高多部门、多单位协同应急能力。

重点开展"京津冀""长三角""粤港澳大湾区"等协同发展区域及沿海台风区域、中部雨雪冰冻等"区域相邻、灾害相近"区域的协调联动机制建设，实现预案联动、信息联动、队伍联动、物资联动。

建立突发事件快报、直报机制，建设数据快报（直）报数据平台，统一灾情数据标准，规范各类灾害事故的信息数据格式，实现灾情即时统计，快速报送。

7.4.4 监测预警能力再提升

健全监测预警体系，建立统一预警发布平台，实现灾害信息全面感知、数据多源融合、预测高度智能和预警精准发布。

加强雨雪冰冻、台风、地质、雷电、山火等自然灾害监测预警，建立技术领先、精准预测的自然灾害监测预警网络。

利用卫星、自建监测点及公共气象数据接入等手段，建立宏观监测、应急监测和精细监测多层次构成的气象灾害监测体系；强化覆冰、山火、雷电、舞动、台风和地质等六大监（预）测预警中心功能，建设统一的自然灾害监测预警平台，形成了覆盖全公司的灾害监（预）测预警网，实现变电站、输电线路及通道灾情隐患监测，有效提升应急管理水平。

开展大面积停电监测预警，从源头上防范化解重大电力安全风险；提升多灾种和灾害链综合监测、风险早期识别能力。

建立与气象、水情、林业、地震地质等部门合作机制，及时获取自然灾害预测预报信息。运用大数据等先进技术分析电网运行、供需平衡、设备运行和外力破坏等重大风险和重大隐患信息，实现大面积停电的在线监测，超前预报。

7.4.5　应急指挥能力再提升

开发电网智慧应急指挥平台，建设智慧应急指挥中心，实现应急指挥有力、应急协同有序、应急处置高效、辅助决策智能。

在"行政管理"的统一领导的基础上，强加专业指挥，建立现场指挥官制度，形成结构合理、分工明确、运转协调的应急指挥机制，推动应急指挥科学化、精细化、制度化。

建立"统一指挥、协同处置、分头行动"应急指挥体系，明确"领导""指挥""处置"之间的关系，完善应急指挥部成员单位工作职责和流程，健全应急指挥工作机制。

明确现场指挥官是现场救援最高指挥人员，负责统一组织、指挥突发事件现场处置工作；明确现场指挥官的职责；开展现场指挥官的培训、任命和考核。健全应急现场指挥和处置工作制度，完善现场指挥人员职责和流程，提升应急现场指挥的规范化、程序化水平。

充分利用现代信息技术、先进通信技术，提升应急指挥中心软硬件能力，建设具有信息自动获取、快速现场视频接入、智能决策分析和可视化指挥功能应急指挥平台，实现公司应急指挥中心"一键式"智慧式管理和运行，进一步提升国家电网公司应急处置效率。

7.4.6　处置救援能力再提升

建立覆盖重点城市大面积停电应对、特大型自然灾害处置和社会应急供电支援的专业应急队伍和区域应急救援基地。

研究特高压变电站火灾、电缆沟火灾、山火等机理，制定火灾应急处置组织措施和技术措施，杜绝火灾处置造成的人身伤亡，提升火灾处置效率。

总结近年来电气火灾、森林火灾事故，分析火灾成因和机理，完善火灾防控标准和消防设备配置，制定火灾救援相关标准制度，加强应急队伍森林火灾、设备火灾、电缆沟和地下变电站火灾救援队伍建设，建立与地方消防部门联动机制，提升电网火灾救援能力。

建立"召之即来、来之能战、战之必胜"的电力应急铁军，增强应急队伍的凝聚力、执行力和战斗力。结合重点城市大范围停电应对、抗震救灾、抗冰抢险、防台抗台、防汛抗洪，以及高空、危化品、水电救援等工作需要，建设多支具有不同专业特长、能够承担重大电力突发事件抢险救援任务的电力应急专业队伍。坚持少而精的原则，健全省、地、县三级应急救援基干分队，打造电网抢险救援的尖刀和拳头力量。

7.4.7　应急保障能力再提升

建设智慧应急物资仓库体系，确保应急物资"调得动、调得准、运得出"。开发火灾处置、应急供电、应急通信等应急装备，形成标准化、成套化和智能化的精准救援装备体系。

充分利用物联网、人工智能、机器学习、大数据、地理信息系统等技术，建设智慧应急物资仓库体系，确保应急物资"调得动、调得准、运得出"。

加强 5G、物联网、大数据等技术在应急物资储备体系建设中应用，开展应急储备库智慧化改造，应急状态下库内物资在线可查、远程可视、全网可调，快速满足现场需求。

强化应急管理装备技术支撑，优化整合各类科技资源，推进应急管理科技自主创新，提升应急管理装备智能化与信息化水平，发展轻量化、高机动性、可组合化救援的应急装备，依靠科技实现精准救援。

附录A 压力指标取值标准

A 地震

A11 地理位置

地理位置参数取值范围

地震烈度区	A11 取值范围	备注
V 度	0≤A11<1	
VI 度	1≤A11<2	
VII 度	2≤A11<4	
VIII 度	4≤A11<8	
IX 度	8≤A11≤10	

A12 抗震等级（设防烈度）

抗震等级（设防烈度）取值范围

抗震设计标准	A12 取值范围	备注
1级（9度）	0≤A12<1	
2级（8度）	1≤A12<4	
3级（7度）	4≤A12<8	
4级（6度）	8≤A12≤10	

A21 地震等级

地震等级取值范围

地震等级	A21 取值范围	备注
3级以下	0	
等于或大于3级、小于或等于4.5级	0<A21<1	

续表

地震等级	A21 取值范围	备注
大于 4.5 级、小于 6 级	1≤A21＜5	
大于、等于 6 级，小于 7 级	5≤A21＜8	
大于、等于 7 级，小于 8 级	8≤A21＜9	
8 级以及 8 级以上	9≤A21≤10	

A22 地震烈度

地 震 烈 度 取 值 范 围

地震烈度	A22 取值范围	备注
4 度及以下（有感）	0≤A22＜1	
5～7 度（轻微）	1≤A22＜3	
8～9 度（严重）	3≤A22＜6	
10～11 度（倒塌）	6≤A22＜8	
12 度（地形剧烈变化）	8≤A22≤10	

A23 强震持续时间

强震持续时间取值范围

强震持续时间	A23 取值范围	备注
10s 以内	0≤A23＜2	
10～30s	2≤A23＜5	
30s～1min	5≤A23＜8	
1min 以上	8≤A23≤10	

B. 风灾

B11 地理位置

地理位置参数取值范围

地理位置	B11 取值范围	备注
两广、海南、台湾、福建、江浙	5≤B11≤10	
其他	0≤B11＜5	

B12 抗风等级

抗 风 等 级 取 值 范 围

抗风等级	**B12** 取值范围	备注
13~17	0≤B12＜1	
12	1≤B12＜3	
11	3≤B12＜5	
10	5≤B12＜8	
7~9	8≤B12＜9	
≤6	9≤B12≤10	

B21 风灾等级

风 灾 等 级 取 值 范 围

风灾等级	**B21** 取值范围	备注
热带低压（TD）	0≤B21＜1	
热带风暴（TS）	1≤B21＜3	
强热带风暴	3≤B21＜5	
台风	5≤B21＜8	
强台风	8≤B21＜9	
超强台风	9≤B21≤10	

B22 最大风速

最 大 风 速 取 值 范 围

最大风速（m/s）	**B22** 取值范围	备注
0~10	0≤B22＜1	
10~20	1≤B22＜3	
20~30	3≤B22＜5	
30~40	5≤B22＜8	
40~50	8≤B22＜9	
50 以上	9≤B22≤10	

B23　持续时间

持 续 时 间 取 值 范 围

最大风速	B23 取值范围	备注
30min 以内	0≤B23＜1	
30min～1h	1≤B23＜2	
1～2h	2≤B23＜4	
2～4h	4≤B23＜6	
4～8h	6≤B23＜8	
8～24h	8≤B23＜9	
24h 以上	9≤B23≤10	

C. 雨雪冰冻

C11　地理位置

地理位置参数取值范围

地理位置	C11 取值范围	备注
北疆天山和阿尔泰山、长白山和辽东半岛、青藏高原东部和喜马拉雅山脉以及太行山脉和黄淮平原	7≤C11≤10	
小兴安岭、长白山脉、天山和阿尔泰山、祁连山、青藏高原东部和喜马拉雅山脉	4≤C11＜7	
新疆北部、东北东部与北部、华北北部以及青藏高原东部	0≤C11＜4	

C12　抗冰能力

抗 冰 能 力 取 值 范 围

抗冰能力	C12 取值范围	备注
弱	7≤C12≤10	
中	4≤C12＜7	
强	0≤C12＜4	

C21 最低气温

最 低 气 温 取 值 范 围

最低气温（℃）	C21 取值范围	备注
−5~0	0≤C21<2	
−10~5	2≤C21<5	
−15~10	5≤C21<8	
−15 以下	8≤C21≤10	

C22 最大降雪量

最大降雪量取值范围

最大降雪量（cm）	C22 取值范围	备注
0~5	0≤C22<2	
5~10	2≤C22<5	
10~20	5≤C22<8	
20 以上	8≤C22≤10	

C23 覆冰厚度

覆 冰 厚 度 取 值 范 围

覆冰厚度（mm）	C23 取值范围	备注
0~5	0≤C23<2	
5~10	2≤C23<5	
10~20	0.5≤C23<8	
20 以上	0.8≤C23≤10	

C24 低温雨雪冰冻持续时间

低温雨雪冰冻持续时间取值范围

持续时间（天）	C24 取值范围	备注
0~2	0≤C24<2	
2~5	2≤C24<5	
5~10	5≤C24<8	
10 以上	8≤C24≤10	

C25　雨雪冰冻灾害等级

雨雪冰冻灾害等级取值范围

灾害等级	C25 取值范围	备注
Ⅰ级轻度	0≤C25＜2	
Ⅱ级中度	2≤C25＜5	
Ⅲ级重度	5≤C25＜8	
Ⅳ级特重	8≤C25≤10	

D. 洪涝灾害

D11　地理位置

地 理 位 置 取 值 范 围

地理位置	D11 取值范围	备注
洪灾高发区	8≤D11≤10	
洪灾频发区	6≤D11＜8	
洪灾常发区	4≤D11＜6	
洪灾低发区	2≤D11＜4	
洪灾少发区	0≤D11＜2	

D12　防洪标准

防 洪 标 准 取 值 范 围

防洪标准	D12 取值范围	备注
15 年一遇	8≤D12≤10	
30 年一遇	5≤D12＜8	
50 年一遇	2≤D12＜5	
100 年一遇	0≤D12＜2	

D21 洪灾等级

洪 灾 等 级 取 值 范 围

洪灾等级	D21 取值范围	备注
特大灾	8≤D21≤10	
大灾	5≤D21<8	
中灾	2≤D21<5	
轻灾	0≤D21<2	

D22 到洪涝灾害源头的距离

到洪涝灾害源头的距离取值范围

到洪涝灾害源头的距离（km）	D22 取值范围	备注
0～2	0≤D22<2	
2～5	2≤D22<5	
5～10	5≤D22<8	
10 以上	8≤D22≤10	

D23 淹没深度

暂无取值标准。

E. 滑坡、泥石流

E11 地理位置

地 理 位 置 取 值 范 围

灾害分布点	E11 取值范围	备注
特大型、大型	5≤E11≤10	
中型、小型	1≤E11<5	
其他	0	

E12　地质环境条件复杂程度

地质环境条件复杂程度取值范围

地质环境条件复杂程度	E12 取值范围	备注
简单	$0 \leqslant E12 < 3$	
中等	$3 \leqslant E12 < 7$	
复杂	$7 \leqslant E12 \leqslant 10$	

E21　灾害等级

灾 害 等 级 取 值 范 围

灾害等级	E21 取值范围	备注
小型	$0 \leqslant E21 < 2$	
中型	$2 \leqslant E21 < 5$	
大型	$5 \leqslant E21 < 8$	
特大型	$8 \leqslant E21 \leqslant 10$	

E22　地形坡度
暂无取值标准。

E23　地表覆盖
暂无取值标准。

F. 雷击

F11　地理位置

地 理 位 置 取 值 范 围

地理位置	F11 取值范围	备注
华南	$8 \leqslant F11 \leqslant 10$	
西南	$6 \leqslant F11 < 8$	
华东、华北、东北	$3 \leqslant F11 < 6$	
西北	$0 \leqslant F11 < 3$	

F12 全年雷电日

全年雷电日取值范围

全年雷电日（日）	F12 取值范围	备注
15 及以下	0≤F12<3	
15~40	3≤F12<6	
40~80	6≤F12<8	
80 以上	8≤F12≤10	

F21 雷灾级别

雷 灾 级 别 取 值 范 围

雷灾级别	F21 取值范围	备注
较小型	0≤F21<2	
小型	2≤F21<4	
中型	4≤F21<7	
大型	7≤F21<8.5	
特大型	8.5≤F21≤10	

F22 雷电类型

暂无取值标准。

F23 雷闪频率

暂无取值标准。

G. 森林火灾

G11 地理位置

地 理 位 置 取 值 范 围

地理位置	G11 取值范围	备注
林区	10	
非林区	0	

G12 年平均气温

年平均气温取值范围

年平均气温（℃）	G12 取值范围	备注
–8 以下	0≤G12＜1	
–8～–4	1≤G12＜2	
–4～0	2≤G12＜3	
0～4	3≤G12＜4	
4～8	4≤G12＜5	
8～12	5≤G12＜6	
12～16	6≤G12＜7	
16～20	7≤G12＜8	
20～24	8≤G12＜9	
24 以上	9≤G12≤10	

G21 火灾等级

火 灾 等 级 取 值 范 围

火灾等级	G21 取值范围	备注
一般	0≤G21＜2	
较大	2≤G21＜5	
重大	5≤G21＜8	
特别重大	8≤G21≤10	

G22 火灾发生地的距离

火灾发生地的距离取值范围

电网重要基础设施到火灾发生地的距离（km）	G22 取值范围	备注
0～2	0≤G22＜2	
2～5	2≤G22＜5	
5～10	5≤G22＜8	
10	8≤G22≤10	

G23 燃烧持续时间

燃烧持续时间取值范围

燃烧持续时间	G23 取值范围	备注
0～30min	0≤G23＜4	
30min～1h	4≤G23＜7	
1h 以上	7≤G23≤10	

H. 污闪

H11 污秽等级

污 秽 等 级 取 值 范 围

污秽等级	H11 取值范围	备注
0 级	0≤H11＜2	
1 级	2≤H11＜4	
2 级	4≤H11＜7	
3 级	7≤H11＜8.5	
4 级	8.5≤H11≤10	

H12 全年阴雨、高湿、有雾等潮湿天气日

全年阴雨、高湿、有雾等潮湿天气日取值范围

全年阴雨、高湿、有雾等潮湿天气日（日）	H12 取值范围	备注
50 以内	0≤H12＜2	
50～100	2≤H12＜4	
100～150	4≤H12＜7	
150～200	7≤H12＜8.5	
200 以上	8.5≤H12≤10	

H21　污秽层厚度

污秽层厚度取值范围

污秽层厚度（mm）	H21 取值范围	备注
0.1～1	0≤H21<2	
1～2	2≤H21<4	
2～5	4≤H21<7	
5～10	7≤H21<8.5	
10 以上	8.5≤H21≤10	

H22　污闪频率

暂无取值标准。

H23　污闪事故等级

暂无取值标准。

I.　故意破坏

I11　地理位置（交通便利程度、居民公共道德与财产意识等）

地理位置（交通便利程度、居民公共道德与财产意识等）取值范围

地理位置	I11 取值范围	备注
山区	0≤I11<4	
农村	4≤I11<7	
城市	7≤I11≤10	

I12　电网重要基础设施服务对象的重要性（电力负荷等级）

电网重要基础设施服务对象的重要性（电力负荷等级）取值范围

电网重要基础设施服务对象的重要性（电力负荷等级）	I12 取值范围	备注
三级负荷	0≤I12<4	
二级负荷	4≤I12<7	
一级负荷	7≤I12≤10	

I21 电力事故等级

电力事故等级取值范围

电力事故等级	I21 取值范围	备注
一般	0≤I21<2	
较大	2≤I21<5	
重大	5≤I21<8	
特别重大	8≤I21≤10	

J. 意外损坏

J11 人口密度

人 口 密 度 取 值 范 围

人口密度	J11 取值范围	备注
人口极稀区	0≤J11<2	
人口稀少区	2≤J11<5	
人口中等区	5≤J11<8	
人口密集区	8≤J11≤10	

J12 工程施工及车辆交通情况

工程施工及车辆交通情况取值范围

工程施工及车辆交通情况	J12 取值范围	备注
不频繁	0≤J12<5	
频繁	5≤J12≤10	

J21 电力事故等级

电力事故等级取值范围

电力事故等级	J21 取值范围	备注
一般	0≤J21<2	
较大	2≤J21<5	
重大	5≤J21<8	
特别重大	8≤J21≤10	

附录 B   压力指标取值依据

压力指数取值依据：动态指标根据实时监测数值获得。以下是静态指标的取值依据。

A. 地震

A11   地理位置

可依据地震等级分布图以及中国地震烈度分布图确定 A11 地理位置参数的取值。中国地震烈度区划图（1990 年颁布）见图 B–1，中国城市近源地震等效震级分类统计结果见表 B–1。

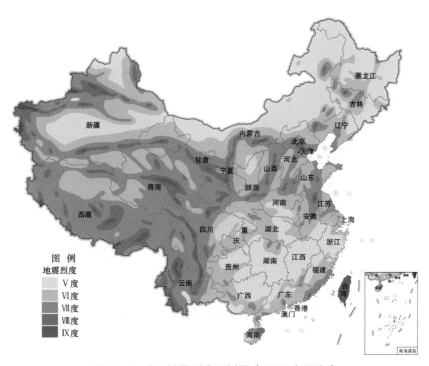

图 B–1   中国地震烈度区划图（1990 年颁布）

表 B-1   中国城市近源地震等效震级分类统计结果

等效震级 M	省级城市	地级城市	县级城市
≥8		临汾、石嘴山	三河
7.5~8	海口	唐山、邯郸、玉溪	丰南、原平、琼山、西昌
7.0~7.5	兰州、台北	包头、天水、基隆、台中、台南、嘉义	南宫、海城、大石桥、大理、安丘、潞西华阴、阿图什
6.5~7.0	北京、太原、银川、乌鲁木齐	厦门、菏泽、濮阳、湛江、攀枝花、嘉峪关	古交、介休、新竹汾阳、图们、龙海、廉江、思茅、临夏、青铜峡、米泉、阿克苏、孝义、伊宁
6.0~6.5	—	运城、大连、扬州、镇江、六安、泰安、新乡、许昌、汕头、河源、揭阳、渭南、吴忠、高雄	辛集、涿州、任丘、河间、冀州、深州、侯马、卫辉、辉县、长葛、麻城、邛崃、绵竹、灵武、石河、溧阳、仪征、江都、澄海、化州、阳春
5.5~6.0	沈阳、济南、西安、西宁	保定、沧州、廊坊、阳泉、晋城、忻州、晋中、营口、铁岭、朝阳、七台河、常州、蚌埠、淮南、亳州、漳州、临沂、开封、洛阳、鹤壁、漯河、三门峡、梧州、自贡、乐山、宜宾、保山、曲靖、宝鸡、咸阳、汉中、榆林	泊头、霸州、高平、霍州、永济、离石、丰镇、铁法、开原、五常、武进、丹阳、南安、乳山、偃师、灵宝、项城、钟祥、冷水江、南川、安宁、宣威、昭通、楚雄、个旧、开远、景洪、瑞丽、武威、奎屯
5.0~5.5	天津、石家庄、南京、杭州、合肥、郑州、广州、昆明	长春 邢台、张家口、大同、长治、南通、莆田、泉州、南平、九江、淄博、东营、济宁、安阳、信阳、鄂州、黄冈、常德、珠海、佛山、茂名、肇庆、阳江、潮州、云浮、绵阳、雅安、安康	藁城、晋州、新乐、鹿泉、遵化、高碑店、潞城、河津、扎兰屯、五大连池、宜兴、金坛、昆山、太仓、通州、海门、句容、萧山、余杭、天长、石狮、晋江、漳平、青州、诸城、曲阜、兖州、津市、顺德、南海、吴川、信宜、新密、新郑、应城、汉川、仙桃、罗定、流、琼海、文昌、永川、峨眉山、兴平、酒泉、张掖、和田、邹城、肥城
4.0~4.5	—	咸宁、六盘水	乐清、嵊州、温岭、瑞昌、海阳、三水、禹州、四会、兴宁、都江堰、彭州登封
<4.0	上海、武汉等	秦皇岛、承德、衡水等	武安、定州、集宁等
Σ			

A12   抗震等级（设防烈度）

根据《电力设施抗震设计规范》（GB 50260—1996），抗震等级划分为四级，一至四级，分别对应设防烈度 9 度、8 度、7 度和 6 度，表示其很严重、严重、较严重及一般。

A21   地震等级

我国使用的震级标准，是国际上通用的里氏分级表，共分 9 个等级。震级每相差 1.0 级，能量相差大约 30 倍。

按震级大小可把地震划分为以下几类：

一般将小于 1 级的地震称为超微震。

大于、等于 1 级，小于 3 级的称为弱震或微震，如果震源不是很浅，这种地震人们一般不易觉察。

大于、等于 3 级，小于 4.5 级的称为有感地震，这种地震人们能够感觉到，但一般不会造成破坏。

大于、等于 4.5 级，小于 6 级的称为中强震。属于可造成破坏的地震，但破坏轻重还与震源深度、震中距等多种因素有关。

大于、等于 6 级，小于 7 级的称为强震。

大于、等于 7 级，小于 8 级的称为大地震。

8 级以及 8 级以上的称为巨大地震。

A22　地震烈度

Ⅰ度：无感，仅仪器能记录到。

Ⅱ度：个别敏感的人在完全静止中有感。

Ⅲ度：室内少数人在静止中有感，悬挂物轻微摆动。

Ⅳ度：室内大多数人，室外少数人有感，悬挂物摆动，不稳器皿作响。

Ⅴ度：室外大多数人有感，家畜不宁，门窗作响，墙壁表面出现裂纹。

Ⅵ度：人站立不稳，家畜外逃，器皿翻落，简陋棚舍损坏，陡坎滑坡。

Ⅶ度：房屋轻微损坏，牌坊，烟囱损坏，地表出现裂缝及喷沙冒水。

Ⅷ度：房屋多有损坏，少数破坏路基塌方，地下管道破裂。

Ⅸ度：房屋大多数破坏，少数倾倒，牌坊，烟囱等崩塌，铁轨弯曲。

Ⅹ度：房屋倾倒，道路毁坏，山石大量崩塌，水面大浪扑岸。

Ⅺ度：房屋大量倒塌，路基堤岸大段崩毁，地表产生很大变化。

Ⅻ度：一切建筑物普遍毁坏，地形剧烈变化动植物遭毁灭。

A23　强震持续时间

一次地震的持续时间很短，一般仅仅几秒到几分钟。

B. 风灾

B11　地理位置

依据风灾底层中心附近最大平均风速（m/s），台风生成后，移动路径的变化很大，对我国有影响的主要由 3 条。

西行路径：主要影响两广和海南地区。

西北登陆：主要影响台湾、福建江浙。

海上路径：对我国影响不大。

B12 抗风等级

风力等级与风速：

（1）0～12级（见表B–2）。

表B–2   风力等级与风速（0～12级）

风级	名称	风速（m/s）	风速（km/h）	陆地地面物象
0	无风	0.0～0.2	<1	静，烟直上
1	软风	0.3～1.5	1～5	烟示风向
2	轻风	1.6～3.3	6～11	感觉有风
3	微风	3.4～5.4	12～19	旌旗展开
4	和风	5.5～7.9	20～28	吹起尘土
5	清风	8.0～10.7	29～38	小树摇摆
6	强风	10.8～13.8	39～49	电线有声
7	劲风（疾风）	13.9～17.1	50～61	步行困难
8	大风	17.2～20.7	62～74	折毁树枝
9	烈风	20.8～24.4	75～88	小损房屋
10	狂风	24.5～28.4	89～102	拔起树木
11	暴风	28.5～32.6	103～117	损毁重大
12	台风（飓风）	>32.6	>117	摧毁极大

（2）13～17级及以上（见表B–3）。

表B–3   风力等级与风速（13～17级及以上）

风级	风速（m/s）	风速（km/h）
13	37.0～41.4	134～149
14	41.5～46.1	150～166
15	46.2～50.9	167～183
16	51.0～56.0	184～201
17	56.1～61.2	202～220
17级以上	≥61.3	≥221

注   本表所列风速是指平地上离地10m处的风速值。

B21　风灾等级

（1）超强台风（Super TY）：底层中心附近最大平均风速≥51.0m/s，也即风力 16 级或以上。

（2）强台风（STY）：底层中心附近最大平均风速 41.5～50.9m/s，也即风力 14～15 级。

（3）台风（TY）：底层中心附近最大平均风速 32.7～41.4m/s，也即风力 12～13 级。

（4）强热带风暴（STS）：底层中心附近最大平均风速 24.5～32.6m/s，也即风力 10～11 级。

（5）热带风暴（TS）：底层中心附近最大平均风速 17.2～24.4m/s，也即风力 8～9 级。

（6）热带低压（TD）。

B22　最大风速

取值依据同 B12。

B23　持续时间

暂无取值依据。

C. 雨雪冰冻

C11　地理位置

我国小雪和中雪的多发地区均为新疆北部、东北东部与北部、华北北部以及青藏高原东部；大雪主要集中在小兴安岭、长白山脉、天山和阿尔泰山、祁连山、青藏高原东部和喜马拉雅山脉，其中长白山天池站在 1959—1988 年间平均每年有 14 天观测到大雪，山西五台山气象站近 50 年来平均每年有 9.4 个大雪日；我国暴雪的高发区位于北疆天山和阿尔泰山、长白山和辽东半岛、青藏高原东部和喜马拉雅山脉以及太行山脉和黄淮平原。

C12　抗冰能力

根据文献，电网重要基础设施抗冰措施主要有以下几种：输电线路抗冰加固、地线绝缘化处理、覆冰自动检测、人工除冰，装设融冰装置等。

如果电网重要基础设施无任何抗冰措施，则抗冰能力定义为弱；如果采取了输电线路抗冰加固、地线绝缘化处理等技术预防措施，则抗冰能力定义为中；如果采取了覆冰自动检测、人工除冰，装设融冰装置等除冰手段，则抗冰能力定义为强。

C21　最低气温

暂无取值依据。

C22　最大降雪量

暂无取值依据。

C23　覆冰厚度

暂无取值依据。

C24　低温雨雪冰冻持续时间

暂无取值依据。

C25　雨雪冰冻灾害等级

暂无取值依据。

灾害严重程度：

Ⅰ级为轻度：雪灾带来的影响是可能造成交通阻塞，交通事故频发，影响人们正常活动。

Ⅱ级为中度：其影响是交通运输可能受阻，影响电力和通信线路的正常运行，严重影响人们正常活动。

Ⅲ级为重度：其影响是交通、铁路、民航运输中断，严重影响电力和通信线路的正常运行，易引起人员失踪或伤亡，易引起房屋倒塌，易引起树木折枝。

Ⅳ级为特重：其影响是交通、铁路、民航运输中断，易引起电力和通信线路中断，极易引起人员失踪或伤亡，极易引起房屋倒塌，极易引起树木折枝或倒地。

D. 洪涝灾害

D11　地理位置

中国降水量分布图见图 B–2。

将洪灾频率变化幅度划分为五个等级：即洪灾高发区（频率 $P \geq 33\%$），频发（$20\% \leq P < 33\%$），常发区（$10\% \leq P < 20\%$），低发区（$5\% \leq P < 10\%$）和少发区（$P < 5\%$）：

（1）洪灾常发区主要分布在东部平原丘陵区，其位置大致从辽东半岛、辽河中下游平原并沿燕山、太行山、伏牛山、巫山到雪峰山等一系列山脉以东地区。这一地区处于我国主要江河中下游，地势平衍，河道比降平缓，人口、耕地集中，受台风、梅雨锋影响，暴雨频繁、强度大，在多种因素相互影响下，常常发生大面积洪涝灾害，洪灾频率一般都在 10% 以上。除东部平原丘陵区外，西部四川盆地、汉中盆地和渭河平原，也是洪灾常发区。

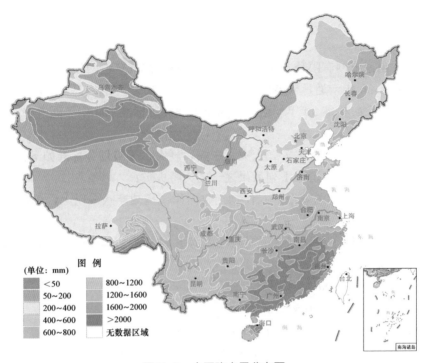

图 B-2　中国降水量分布图

（2）在东部洪灾常发区中，洪灾频率也不相同，其中有 7 个主要频发区，其位置自北往南依次为：辽河中下游、海河北部平原、鲁北徒骇马颊河地区、鲁西及卫河下游、淮北及里下河地区、长江中游（江汉平原、洞庭湖区、鄱阳湖区以及沿江一带）、珠江三角洲。这 7 个地区洪灾频率均在 20% 以上。上述 7 个洪灾频发区的形成有历史原因，也有地理上的条件，一个共同的特点，它都位于湖泊周边低洼地和江河入海口区，其中海河下游、淮北部分地区和洞庭湖区为全国洪灾频率最高的地区，洪灾频率高于 33%，为洪灾高发区。

（3）中部高原地区除若干山间盆地洪灾频率比较高以外，大部分地区属于洪灾低发区或少发区，山陕高原、内蒙古高原一般洪灾频率都低于 5%，只有少数暴雨中心地区频率在 5% 以上。这是因为该地区洪灾主要是由局地性暴雨形成的，影响范围小，对整个高原地区而言，这类局地性暴雨年年都会遇到，甚至一年之内可以出现多次，而对于某一具体地点（县、市范围内）遭遇的机会不是很多。云贵高原也是如此，灾害性洪水的范围大多是局地性的。东北地处边陲，地广人稀，除嫩江、松花江沿江地带为洪灾低发区外，大部地区为洪灾少发区，其频率在 5%以下。

D12　防洪标准

根据国家电网有限公司电网建设标准：35～330kV 电网设防标准由 15 年一遇提高到 30 年一遇，500kV 电网设防标准由 30 年一遇提高到 50 年一遇，750kV 电网设防标准 50 年一遇，特高压工程灾防标准 100 年一遇考虑。

D21　洪灾等级

洪灾等级划分为特大灾、大灾、中灾、轻灾，等级划分标准如下：

（1）一次性灾害造成下列后果之一的为特大灾：

1）在县级行政区域造成农作物绝收面积（指减产八成以上，下同）：占播种面积的 30%；

2）在县级行政区域倒塌房屋间数占房屋总数的 1%以上，损坏房屋间数占房屋总间数的 2%以上；

3）灾害死亡 100 人以上；

4）灾区直接经济损失 3 亿元以上。

（2）一次性灾害造成下列后果之一的为大灾：

1）在县级行政区域造成农作物绝收面积占播种面积的 10%；

2）在县级行政区域倒塌房屋间数占房屋总数的 0.3%以上，损坏房屋间数占房屋总间数的 1.5%以上；

3）灾害死亡 30 人以上；

4）灾区直接经济损失 3 亿元以上。

（3）一次性灾害造成下列后果之一的为中灾：

1）在县级行政区域造成农作物绝收面积占播种面积的 1.1%；

2）在县级行政区域倒塌房屋间数占房屋总数的 0.3%以上，损坏房屋间数占房屋总间数的 1%以上；

3）灾害死亡 10 人以上；

4）灾区直接经济损失 5000 万元以上。

（4）其他情况为轻灾。

D22　到洪涝灾害源头的距离

暂无取值依据。

D23　淹没深度

暂无取值依据。

E. 滑坡、泥石流

E11 地理位置

全国地质灾害点分布图（2009年7月）见图B-3。

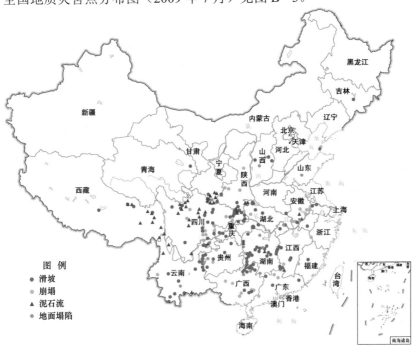

图B-3 全国地质灾害点分布图（2009年7月）

E12 地质环境条件复杂程度

地质环境条件复杂程度见表B-4。

表B-4 地质环境条件复杂程度

序号	复杂	中等	简单
1	地质灾害发育强烈	地质灾害发育中等	地质灾害一般不发育
2	地形与地貌类型复杂	地形较简单，地貌类型单一	地形简单，地貌类型单一
3	地质构造复杂，岩性岩相变化大，岩土体工程地质性质不良	地质构造较复杂，岩性岩相不稳定，岩土体工程地质性质较差	地质构造简单，岩性单一，岩土体工程地质性质良好
4	工程地质、水文地质条件不良	工程地质、水文地质条件较差	工程地质、水文地质条件良好
5	破坏地质环境的人类工程活动强烈	破坏地质环境的人类工程活动较强烈	破坏地质环境的人类工程活动一般

E21　灾害等级

地质灾害灾情分为四级：

（1）特大型地质灾害险情：受灾害威胁，需搬迁转移人数在 1000 人以上或潜在可能造成的经济损失 1 亿元以上的地质灾害险情。特大型地质灾害灾情：因灾死亡 30 人以上或因灾造成直接经济损失 1000 万元以上的地质灾害灾情。

（2）大型地质灾害险情：受灾害威胁，需搬迁转移人数在 500 人以上、1000 人以下，或潜在经济损失 5000 万元以上、1 亿元以下的地质灾害险情。大型地质灾害灾情：因灾死亡 10 人以上、30 人以下，或因灾造成直接经济损失 500 万元以上、1000 万元以下的地质灾害灾情。

（3）中型地质灾害险情：受灾害威胁，需搬迁转移人数在 100 人以上、500 人以下，或潜在经济损失 500 万元以上、5000 万元以下的地质灾害险情。中型地质灾害灾情：因灾死亡 3 人以上、10 人以下，或因灾造成直接经济损失 100 万元以上、500 万元以下的地质灾害灾情。

（4）小型地质灾害险情：受灾害威胁，需搬迁转移人数在 100 以下，或潜在经济损失 500 万元以下的地质灾害险情。小型地质灾害灾情：因灾死亡 3 人以下，或因灾造成直接经济损失 100 万元以下的地质灾害灾情。

E22　地形坡度

暂无取值依据。

E23　地表覆盖

暂无取值依据。

F. 雷击

F11　地理位置

中国按年雷暴日的多少可以划分出四个雷暴区，华南地区最高，西南的次之，在后是华东、华北、东北，最后是西北地区。中国不同地区闪电密度的特征见表 B–5。

表 B–5　　　　　　　　中国不同地区闪电密度的特征

地区	平均值 （次/km²/a）	平均值 排名	最大值 （次/km²/a）	相对标准 差（%）	最大 月份	最小 月份	最大时刻 （h）	最小时刻 （h）
北京市	8.9	7	16.4	45.0	7	1	20	9
天津市	9.7	5	15.8	32.9	6	12	22	8
河北省	7.9	15	18.1	45.3	7	1	16	8

续表

地区	平均值（次/km²/a）	平均值排名	最大值（次/km²/a）	相对标准差（%）	最大月份	最小月份	最大时刻（h）	最小时刻（h）
山西省	5.0	22	10.4	46.6	7	12	15	9
内蒙古自治区	3.6	26	14.4	59.1	7	1	16	9
辽宁省	6.4	20	16.9	47.4	6	1	22	8
吉林省	4.5	24	11.8	55.6	8	1	14	10
黑龙江省	4.1	25	12.1	55.9	7	1	14	5
上海市	7.4	17	96	23.5	8	1	14	8
江苏省	8.5	9	16.8	32.9	8	12	16	7
浙江省	8.2	11	15.0	33.0	8	1	15	10
安徽省	8.1	14	18.1	34.2	7	12	16	6
福建省	8.5	8	16.0	32.2	8	1	17	9
江西省	9.7	6	14.7	23.3	8	11	17	10
山东省	8.1	12	21.1	45.2	7	12	20	6
河南省	6.6	19	16.9	39.4	7	12	15	10
湖北省	7.0	18	13.3	35.1	8	12	17	10
湖南省	8.1	13	13.9	25.6	8	12	17	9
广东省	16.6	1	34.8	44.2	8	11	16	23
广西壮族自治区	12.6	2	25.0	30.4	4	11	16	9
海南省	11.5	3	24.8	61.1	5	1	16	23
重庆市	8.5	10	17.3	34.4	7	12	2	11
四川省	4.7	23	16.8	60.3	8	12	22	8
贵州省	10.2	4	16.1	25.3	5	1	22	9
云南省	6.0	21	19.0	64.3	8	12	15	8
西藏自治区	1.7	31	11.1	67.5	6	12	16	7
陕西省	3.5	27	6.1	35.8	7	12	15	6
甘肃省	2.6	29	8.5	81.2	7	12	15	6
青海省	2.1	30	9.2	78.0	7	1	15	7
宁夏回族自治区	3.0	28	9.2	72.1	7	12	16	5
新疆维吾尔自治区	1.3	32	7.6	104.8	7	12	13	9
台湾省	7.5	16	19.3	78.5	8	12	15	4
中国陆地	4.6		34.8	91.7	7	1	16	9
中国海洋	3.3		21.9	76.7	8	1	14	9
中国总计	4.2		34.8	91.3	7	1	16	9

F12 全年雷电日

全年雷电日统计依据：当地气象统计资料。

评价某一地区雷电活动的强弱，通常使用"雷暴日"，即以一年当中该地区有多少天发生耳朵能听到雷鸣来表示该地区的雷电活动强弱，雷电日的天数越多，表示该地区雷电活动越强，反之则越弱。全国年平均雷暴日数见表 B-6。

表 B-6 全国年平均雷暴日数

序号	地名	雷暴日数（d/a）	序号	地名	雷暴日数（d/a）
1	北京市	35.6	7	吉林省	
2	天津市	28.2		长春市	36.6
3	河北省			吉林市	40.5
	石家庄市	31.5		四平市	33.7
	唐山市	32.7		通化市	36.7
	邢台市	30.2		图们市	23.8
	保定市	30.7		白城市	30.0
	张家口市	40.3		天池	29.0
	承德市	43.7	8	黑龙江省	
	秦皇岛市	34.7		哈尔滨市	30.9
	沧州市	31.0		齐齐哈尔市	27.7
4	山西省			双鸭山市	29.8
	太原市	36.4		大庆市（安达）	31.9
	大同市	42.3		牡丹江市	27.5
	阳泉市	40.0		佳木斯市	32.2
	长治市	33.7		伊春市	35.4
	临汾市	32.0		绥芬河市	27.5
5	内蒙古自治区			嫩江市	31.8
	呼和浩特市	37.5		漠河乡	36.6
	包头市	34.7		黑河市	31.2
	乌海市	16.6		嘉荫县	32.9
	赤峰市	32.4		铁力县	36.5
	二连浩特市	22.9	9	上海市	30.1
	海拉尔区	30.1	10	江苏省	
	东乌珠穆沁旗	32.4		南京市	35.1
	锡林浩特市	32.1		连云港市	29.6
	通辽市	27.9		徐州市	29.4
	东胜市	34.8		常州市	35.7
	杭锦后旗	24.1		南通市	35.6
	集宁市	43.3		淮阴市	37.8
6	辽宁省			扬州市	34.7
	沈阳市	27.1		盐城市	34.0
	大连市	19.2		苏州市	28.1
	鞍山市	26.9		泰州市	37.1
	本溪市	33.7	11	浙江省	
	丹东市	26.9		杭州市	40.0
	锦州市	28.8		宁波市	40.0
	营口市	28.2		温州市	51.0
	阜新市	28.6		衢州市	57.6

序号	地 名	雷暴日数（d/a）	序号	地 名	雷暴日数（d/a）
12	安徽省		16	安阳市	28.6
	合肥市	30.1		濮阳市	28.0
	芜湖市	34.6		信阳市	28.7
	蚌埠市	31.4		南阳市	29.0
	安庆市	44.3		商丘市	26.9
	铜陵市	41.1		三门峡市	24.3
	屯溪市	60.8	17	湖北省	
	阜阳市	31.9		武汉市	37.8
13	福建省			黄石市	50.4
	福州市	57.6		十堰市	18.7
	厦门市	47.4		沙市市	38.9
	莆田市	43.2		宜昌市	44.6
	三明市	67.5		襄樊市	28.1
	龙岩市	74.1		恩施市	49.7
	宁德县	55.8	18	湖南省	
	建阳县	65.3		长沙市	49.5
14	江西省			株洲市	50.0
	南昌市	58.5		衡阳市	55.1
	景德镇市	59.2		邵阳市	57.0
	九江市	45.7		岳阳市	42.4
	新余市	59.4		大庸市	48.3
	鹰潭市	70.0		益阳市	47.3
	赣州市	67.2		永州市（零陵）	64.9
	广昌县	70.7		怀化市	49.9
15	山东省			郴州市	61.5
	济南市	26.3		常德市	49.7
	青岛市	23.1	19	广东省	
	淄博市	31.5		广州市	813
	枣庄市	32.7		汕头市	52.6
	东营市	32.2		湛江市	94.6
	潍坊市	28.4		茂名市	94.4
	烟台市	23.2		深圳市	73.9
	济宁市	29.1		珠海市	64.2
	日照市	29.1		韶关市	78.6
16	河南省			梅县市	80.4
	郑州市	22.6	20	广西壮族自治区	
	开封市	22.0		南宁市	91.8
	洛阳市	24.8		柳州市	67.3
	平顶山市	22.0		桂林市	78.2
	焦作市	26.4		梧州市	93.5

续表

序号	地 名	雷暴日数（d/a）	序号	地 名	雷暴日数（d/a）
20	北海市	83.1	26	榆林县	29.9
	百色市	76.9		安康县	32.3
	凭祥市	83.4	27	甘肃省	
21	重庆市	36.0		兰州市	23.6
22	四川省			金昌市	19.6
	成都市	35.1		白银市	24.2
	自贡市	37.6		天水市	16.3
	渡口市	66.3		酒泉市	12.9
	泸州市	39.1		敦煌市	5.1
	乐山市	42.9		靖远县	23.9
	绵阳市	34.9		窑街	30.2
	达州市	37.4	28	青海省	
	西昌市	73.2		西宁市	32.9
	甘孜县	80.7		格尔木市	2.3
	西阳土家族自治县			德令哈市	19.8
	苗族自治县	52.6		化隆回族自治区	50.1
23	贵州省			茶卡	27.2
	贵阳市	51.8	29	宁夏回族自治区	
	六盘水市	68.0		银川市	19.7
	遵义市	53.3		石嘴山市	24.0
24	云南省			固原县	31.0
	昆明市	66.6	30	新疆维吾尔自治区	
	东川市	52.4		乌鲁木齐市	9.3
	个旧市	50.2		克拉玛依市	31.3
	大理市	49.8		石河子市	17.0
	景洪县	120.8		伊宁市	27.2
	昭通县	56.0		哈密市	6.9
	丽江纳西族自治县	75.6		库尔勒市	21.6
25	西藏自治区			喀什市	20.0
	拉萨市	732		奎屯市	21.0
	日喀则县	78.8		吐鲁番市	9.9
	昌都县	57.1		且末县	6.0
	林芝县	31.9		和田市	3.2
	那曲县	85.2		阿克苏市	33.1
26	陕西省			阿勒泰市	21.6
	西安市	17.3	31	海南省	
	宝鸡市	19.7		海口市	114.4
	铜川市	30.4	32	台湾地区	
	渭南市	22.1		台北市	27.9
	汉中市	31.4	33	香港	34.0

中国平均雷暴日的分布，大致可以划分为四个区域：

（1）西北地区一般 15 日以下；

（2）长江以北大部分地区（包括东北）平均雷暴日在 15～40 日之间；

（3）长江以南地区平均雷暴日达 40 日以上；

（4）北纬 23°以南地区平均雷暴日达 80 日。

广东的雷州半岛地区及海南省，是中国雷电活动最剧烈的地区，年平均雷暴日高达 120～130 日。总的来说，中国是雷电活动很强的国家。

F21 雷灾级别

较小型：设备运行出现波动或不稳定，损失不足 1 万元无人员伤亡影响不大设备运行出现误动无法正常运行，损失在 1 万～5 万元。

小型：可能有人受伤影响较大部分设备被击坏无法正常工作，损失在 5 万～30 万元 5～10 人受伤影响较严重。

中型：大型设备或大量电器，电子设备被损坏，造成一些单位因为设备损坏严重而无法正常运行，损失在 30 万～100 万元，1 人死亡或伤亡总数 11～19 人影响严重。

大型：大量电器设备或控制设备被永久性破坏，受灾单位或公司短期内难以恢复正常运行，损失在 100 万～1000 万元，2～3 人死亡或伤亡总数 20～30 人影响非常严重。

特大型：大量电器设备或控制设备被永久性破坏，受灾单位或公司短期内难以恢复正常运行，损失 1000 万元以上 4～30 人死亡或伤亡总数 30～100 人影响恶劣。

F22 雷电类型

暂无取值依据。

F23 雷闪频率

暂无取值依据。

G. 森林火灾

G11 地理位置

中国森林分布图见图 B-4。

G12 年平均气温

中国年平均气温见图 B-5。

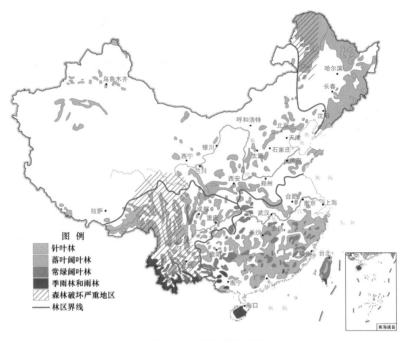

图 B-4　中国森林分布图

图 例
- 针叶林
- 落叶阔叶林
- 常绿阔叶林
- 季雨林和雨林
- 森林破坏严重地区
- —— 林区界线

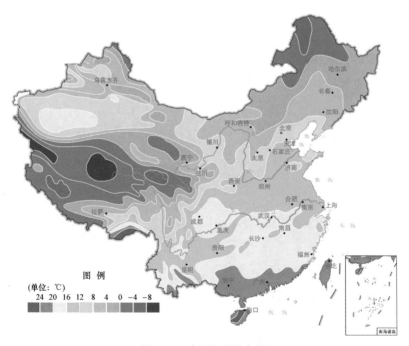

图 例

（单位：℃）

24　20　16　12　8　4　0　-4　-8

图 B-5　中国年平均气温

G21　火灾等级

（1）一般森林火灾：受害森林面积在 1hm 以下或者其他林地起火的，或者死亡 1 人以上 3 人以下的，或者重伤 1 人以上 10 人以下的。

（2）较大森林火灾：受害森林面积在 1hm 以上 100hm 以下的，或者死亡 3 人以上 10 人以下的，或者重伤 10 人以上 50 人以下的。

（3）重大森林火灾：受害森林面积在 100hm 以上 1000hm 以下的，或者死亡 10 人以上 30 人以下的，或者重伤 50 人以上 100 人以下的。

（4）特别重大森林火灾：受害森林面积在 1000hm 以上的，或者死亡 30 人以上的，或者重伤 100 人以上的。

注：所称"以上"的包括本数，"以下"不包括本数。

G22　火灾发生地的距离

暂无取值依据。

G23　燃烧持续时间

暂无取值依据。

H. 污闪

H11　污秽等级

污秽等级划分标准如下：

（1）0 级为大气清洁且离海岸 50km 以上的地区，其盐密，对强电解质为 $0 \sim 0.03 \mathrm{mg/cm^2}$，对弱电解质为 $0 \sim 0.06 \mathrm{mg/cm^2}$。

（2）1 级为大气轻度污染地区或大气中等污染地区，包括盐碱地区、炉烟污秽地区，且离海岸 $10 \sim 50 \mathrm{km}$ 的地区。在污闪季节中干燥少雾（含毛毛雨）或雨量较多，其盐密为 $0.03 \sim 0.05 \mathrm{mg/cm^2}$。

（3）2 级为大气中等污染地区，包括盐碱地区、炉烟污秽地区，且离海岸 $2 \sim 10 \mathrm{km}$ 地区，在污闪季节中潮湿多雾（含毛毛雨）但雨量较少，其盐密为 $0.05 \sim 0.10 \mathrm{mg/cm^2}$。

（4）3 级为大气严重污染地区，包括大气污秽而有重雾的地区、离海岸 $1 \sim 3 \mathrm{km}$ 地区，及盐场附近重盐碱地区，其盐密为 $0.10 \sim 0.25 \mathrm{mg/cm^2}$。

（5）4 级为大气特别严重污染地区，包括严重盐雾侵袭地区、离海岸 1km 以内的地区，其盐密大于 $0.25 \mathrm{mg/km}$。

H12　全年阴雨、高湿、有雾等潮湿天气日

暂无取值依据。

H21　污秽层厚度

暂无取值依据。

H22　污闪频率

暂无取值依据。

H23　污闪事故等级

暂无取值依据。

I. 故意破坏

I11　地理位置（交通便利程度、居民公共道德与财产意识等）

I12　电网重要基础设施服务对象的重要性（电力负荷等级）

电力负荷应根据对供电可靠性的要求及中断供电在政治、经济上所造成损失或影响的程度进行分级，并应符合下列规定：

（1）符合下列情况之一时，应为一级负荷：

1）中断供电将造成人身伤亡时。

2）中断供电将在政治、经济上造成重大损失时。例如：重大设备损坏、重大产品报废、用重要原料生产的产品大量报废、国民经济中重点企业的连续生产过程被打乱需要长时间才能恢复等。

3）中断供电将影响有重大政治、经济意义的用电单位的正常工作。例如：重要交通枢纽、重要通信枢纽、重要宾馆、大型体育场馆、经常用于国际活动的大量人员集中的公共场所等用电单位中的重要电力负荷。在一级负荷中，当中断供电将发生中毒、爆炸和火灾等情况的负荷，以及特别重要场所的不允许中断供电的负荷，应视为特别重要的负荷。

（2）符合下列情况之一时，应为二级负荷：

1）中断供电将在政治、经济上造成较大损失时。例如：主要设备损坏、大量产品报废、连续生产过程被打乱需较长时间才能恢复、重点企业大量减产等。

2）中断供电将影响重要用电单位的正常工作。例如：交通枢纽、通信枢纽等用电单位中的重要电力负荷，以及中断供电将造成大型影剧院、大型商场等较多人员集中的重要的公共场所秩序混乱。

（3）不属于一级和二级负荷者应为三级负荷。

I21　电力事故等级

《电力安全事故应急处置和调查处理条例》（中华人民共和国国务院令第 599 号）中第三条规定：根据电力安全事故（以下简称事故）影响电力系统安全稳定运行或者影响电力（热力）正常供应的程度，事故分为特别重大事故、重大事故、较大事故和一般事故。事故等级划分标准见表 B-7。

表 B-7　　　　　　　　　　事 故 等 级 划 分 标 准

事故等级 \ 判定项	造成电网减供负荷的比例	造成城市供电用户停电的比例	发电厂或者变电站因安全故障造成全厂（站）对外停电的影响和持续时间	发电机组因安全故障停运的时间和后果	供热机组对外停止供热的时间
特别重大事故	区域性电网减供负荷 30%以上电网负荷 20000 兆瓦以上的省、自治区电网，减供负荷 30%以上电网负荷 5000 兆瓦以上 20000 兆瓦以下的省、自治区电网，减供负荷 40%以上直辖市电网减供负荷 50%以上电网负荷 2000 兆瓦以上的省、自治区人民政府所在地城市电网减供负荷 60%以上	直辖市 60%以上供电用户停电电网负荷 2000 兆瓦以上的省、自治区人民政府所在地城市 70%以上供电用户停电			
重大事故	区域性电网减供负荷 10%以上 30%以下电网负荷 20000 兆瓦以上的省、自治区电网，减供负荷 13%以上 30%以下电网负荷 5000 兆瓦以上 20000 兆瓦以下的省、自治区电网，减供负荷 16%以上 40%以下的电网负荷 1000 兆瓦以上 5000 兆瓦以下的省、自治区电网，减供负荷 50%以上直辖市电网减供负荷 20%以上 50%以下的省、自治区人民政府所在地城市电网减供负荷 40%以上（电网负荷 2000 兆瓦以下）的，减供负荷 40%以上 60%以下）电网负荷 600 兆瓦以上的其他设区的市电网减供负荷 60%以上	直辖市 30%以上 60%以下供电用户停电省、自治区人民政府所在地城市 50%以上供电用户停电（电网负荷 2000 兆瓦以上的，50%以上 70%以下）电网负荷 600 兆瓦以上的其他设区的市 70%以上供电用户停电			

续表

事故等级＼判定项	造成电网减供负荷的比例	造成城市供电用户停电的比例	发电厂或者变电站因安全故障造成全厂（站）对外停电的影响和持续时间	发电机组因安全故障运停的时间和后果	供热机组对外停止供热的时间
较大事故	区域性电网减供负荷7%以上10%以下电网，减供负荷20000兆瓦以下的省、自治区电网，减供负荷10%以上13%以下 电网负荷20000兆瓦以上减供负荷12%以上16%以下 电网负荷5000兆瓦以上20000兆瓦以下的省、自治区电网，减供负荷20%以上50%以下 电网负荷1000兆瓦以上5000兆瓦以下的省、自治区电网，减供负荷40%以上 电网负荷1000兆瓦以下的省、自治区电网，减供负荷40%以上 直辖市电网减供负荷20%以上40%以下 省、自治区人民政府所在地城市电网减供负荷20%以上40%以下 其他设区的市电网减供负荷40%以上的（电网负荷600兆瓦以上的，减供负荷40%以上60%以下） 电网负荷150兆瓦以上的县级市电网减供负荷60%以上	直辖市15%以上30%以下供电用户停电 省、自治区电网，省、自治区人民政府所在地城市30%以上50%以下供电用户停电 其他设区的市供电用户停电50%以上（电网负荷600兆瓦以上的，50%以上70%以下） 电网负荷150兆瓦以上供电的县级市70%以上供电用户停电	发电厂或者220千伏以上变电站因安全故障造成全厂（站）对外停电，导致周边电压监视控制点电压低于监控规定点电压曲线值20%并且持续时间30分钟以上，或者导致周边电压监视控制机构规定的电压曲线值10%并且持续时间1小时以上	发电机组因安全故障停止运行超过行业标准规定的大修时间两周，并导致电网减供负荷	供热机组装机容量200兆瓦以上的热电厂，在当地人民政府规定的采暖期内因供热机组发生2台以上故障停止运行，造成全厂对外停止供热并且持续时间48小时以上

续表

事故等级＼判定项	造成电网供电减少负荷的比例	造成城市供电用户停电的比例	发电厂或者变电站因安全故障造成全厂（站）对外停电的影响和持续时间	发电机组因安全故障停运的时间和后果	供热机组对外停止供热的时间
一般事故	区域性电网减负荷4%以上7%以下电网，减供负荷20000兆瓦以上的省、自治区电网，减供负荷5%以上10%以下电网，负荷5000兆瓦以上20000兆瓦以下的省、自治区电网，减供负荷6%以上12%以下电网，负荷1000兆瓦以上5000兆瓦以下的省、自治区电网，减供负荷10%以上20%以下省、自治区电网1000兆瓦以下的省、自治区电网，减供负荷25%以上40%以下，直辖市电网减供负荷5%以上10%以下省、自治区人民政府所在地城市电网减供负荷10%以上20%以下其他设区的市的市电网减供负荷20%以上40%以下县级市减供负荷40%以上（电网负荷150兆瓦以上的，减供负荷40%以上60%以下）	直辖市10%以上15%以下供电用户停电省、自治区人民政府所在地城市15%以上30%以下供电用户停电其他设区的市的30%以上50%以下供电用户停电县级市50%以上供电用户停电（电网负荷150兆瓦以上的，50%以上70%以下）	发电厂或者220千伏以上变电站因安全故障造成全厂（站）对外停电，导致电网周边低于调度监视控制点电压低于电压曲线值5%以上10%以下且持续时间2小时以上	发电机组因安全故障停止运行超过行业标准规定的小修时间两周，并导致电网减供负荷	供热机组装机容量200兆瓦以上的热电厂，在当地人民政府规定的采暖期内同时发生2台以上供热机组因安全故障停止运行，造成全厂对外停止供热并且持续时间24小时以上

注：
1. 符合本表所列情形之一的，即构成相应等级的电力安全事故。
2. 本表中所称的"以上"包括本数，"以下"不包括本数。
3. 本表下列用语的含义：
(1) 电网负荷，是指电力调度机构统一调度的电网在事故发生起始时刻的实际负荷；
(2) 电网减供负荷，是指电力调度机构统一调度的电网的实际负荷最大减少量；
(3) 全厂对外停电，是指发电厂对外有功负荷降到零（是电网经发电厂母线传送的负荷没有停止，仍视为全厂对外停电）；
(4) 发电机组因安全故障停止运行，是指并网运行的发电机组（包括各种类型的电站锅炉、汽轮机、水轮机、燃气轮机、发电机和主变压器等主要发电设备），在未经电力调度机构允许的情况下，因安全故障需要停止运行的状态。

J. 意外损坏

J11　人口密度

一般把人口的密度分为几个等级：

第一级人口密集区＞100 人/km²；

第二级人口中等区 25～100 人/km²；

第三级人口稀少区 1～25 人/km²；

第四级人口极稀区＜1 人/km²。

J12　工程施工及车辆交通情况

暂无取值依据。

J21　电力事故等级

同 I21 电力事故等级。

附录 C 状态指标取值标准

1. 变电站

A. 变压器（含站用变压器）

A1　技术状态

A11　状态分类

状 态 分 类 取 值 范 围

状态分类	A11 取值范围	
一级设备	0~3	
二级设备	3~5	
三级设备	5~7	
四级设备	7~10	

以下所有设备的技术状态指标取值范围都参考上表。

A2　运行缺陷

A21　电压等级

电 压 等 级 取 值 范 围

电压等级（kV）	A21 取值范围	备注
66	0.578	
110	7.079	
220	2.098	
330	0.052	
500	0.178	
750	0.013	
1000	0.001	

A22　运行年限

运 行 年 限 取 值 范 围

运行年限（年）	A22 取值范围	备注
1 以内	0.320	
2～5	3.328	
6～10	2.928	
11～15	1.872	
16～20	0.943	
21～25	0.416	
26～30	0.163	
31 以上	0.030	

A3　故障停运率

A31　电压等级

电 压 等 级 取 值 范 围

电压等级（kV）	A31 取值范围	备注
66	0	
110	3	
220	0	
330	4	
500	3	
750	0	
1000	0	

A32　运行年限

运 行 年 限 取 值 范 围

运行年限（年）	A32 取值范围	备注
1 以内	0	
2～5	5	
6～10	4	
11～15	1	
16～20	0	
21～25	0	
26～30	0	
31 以上	0	

B. 断路器

B1 技术状态

B11 状态分类

参考 A11。

B2 运行缺陷

B21 电压等级

电 压 等 级 取 值 范 围

电压等级（kV）	B21 取值范围	备注
72.5	0.9	
126	6.5	
252	2.2	
363	0.1	
550	0.3	
800	0	
1100	0	

B22 运行年限

运 行 年 限 取 值 范 围

运行年限（年）	B22 取值范围	备注
1 以内	0.3	
2～5	2.6	
6～10	3.9	
11～15	2.4	
16～20	0.7	
21～25	0.1	
26～30	0	
31 以上	0	

B3　故障停运率

B31　电压等级

电 压 等 级 取 值 范 围

电压等级（kV）	B31 取值范围	备注
72.5	0	
126	0	
252	1.25	
363	0	
550	8.75	
800	0	
1100	0	

B32　运行年限

运 行 年 限 取 值 范 围

运行年限（年）	B32 取值范围	备注
1 以内	0	
1～5	5	
6～10	3.75	
11～15	1.25	
16～20	0	
21～25	0	
26～30	0	
31 以上	0	

C. 隔离开关

C1　技术状态

C11　状态分类

　　参考 A11。

C2　运行缺陷

C21　电压等级

电压等级取值范围

电压等级（kV）	C21 取值范围	备注
72.5	0.7	
126	6.6	
252	2.3	
363	0.2	
550	0.2	
800	0	
1100	0	

C22　运行年限

运行年限取值范围

运行年限（年）	C22 取值范围	备注
1 以内	0.3	
2～5	2.2	
6～10	4.1	
11～15	1.9	
16～20	0.8	
21～25	0.3	
26～30	0.3	
31 以上	0.1	

D. 电流互感器

D1　技术状态

D11　状态分类

参考 A11。

D2 运行缺陷

D21 电压等级

电压等级取值范围

电压等级（kV）	D21 取值范围	备注
66	0.949	
110	6.056	
220	2.520	
330	0.136	
500	0.339	
750	0	
1000	0	

D22 运行年限

运行年限取值范围

运行年限（年）	D22 取值范围	备注
1 以内	0.571	
2～5	3.026	
6～10	3.200	
11～15	2.126	
16～20	0.656	
21～25	0.219	
26～30	0.158	
31 以上	0.036	

D3 故障停运率

D31 电压等级

电压等级取值范围

电压等级（kV）	D31 取值范围	备注
66	0	
110	0	
220	1.11	
330	1.11	
500	7.78	
750	0	
1000	0	

D32　运行年限

运 行 年 限 取 值 范 围

运行年限（年）	D32 取值范围	备注
1 以内	1.11	
2～5	3.33	
6～10	5.56	
11～15	0	
16～20	0	
21～25	0	
26～30	0	
31 以上	0	

E. 电压互感器

E1　技术状态

E11　状态分类

　　参考 A11。

E2　运行缺陷

E21　电压等级

电 压 等 级 取 值 范 围

电压等级（kV）	E21 取值范围	备注
66	0.303	
110	6.450	
220	2.748	
330	0.152	
500	0.325	
750	0.022	
1000	0	

E22 运行年限

运 行 年 限 取 值 范 围

运行年限（年）	E22 取值范围	备注
1 以内	0.845	
1～5	3.709	
6～10	2.911	
11～15	1.479	
16～20	0.610	
21～25	0.282	
26～30	0.164	
31 以上	0	

F. 并联电抗器

F1 技术状态

F11 状态分类

参考 A11。

F2 运行缺陷

F21 电压等级

电 压 等 级 取 值 范 围

电压等级（kV）	F21 取值范围	备注
66	1.111	
110	0.741	
220	0.185	
330	3.148	
500	3.704	
750	1.111	
1000	0	

F22 运行年限

运 行 年 限 取 值 范 围

运行年限（年）	F22 取值范围	备注
1 以内	0.944	
1～5	3.585	
6～10	3.396	
11～15	1.509	
16～20	0.566	
21～25	0	
26～30	0	
31 以上	0	

F3 故障停运率

F31 电压等级

电 压 等 级 取 值 范 围

电压等级（kV）	F31 取值范围	备注
66	0	
110	0	
220	0	
330	0	
500	10	
750	0	
1000	0	

F32 运行年限

运 行 年 限 取 值 范 围

运行年限（年）	F32 取值范围	备注
1 以内	3.33	
1～5	0	
6～10	3.33	
11～15	3.34	
16～20	0	
21～25	0	
26～30	0	
31 以上	0	

G. 组合电器

G1　技术状态

G11　状态分类

　　参考 A11。

G2　运行缺陷

G21　电压等级

电 压 等 级 取 值 范 围

电压等级（kV）	G21 取值范围	备注
72.5	0.5	
126	6.3	
252	2.9	
363	0	
550	0.3	
800	0	
1100	0	

G22　运行年限

运 行 年 限 取 值 范 围

运行年限（年）	G22 取值范围	备注
1 以内	1.3	
1～5	4.12	
6～10	3.08	
11～15	0.6	
16～20	0.6	
21～25	0.3	
26～30	0	
31 以上	0	

G3　故障停运率

G31　电压等级

电 压 等 级 取 值 范 围

电压等级（kV）	G31 取值范围	备注
72.5	0	
126	0	
252	0	
363	1.428	
550	4.286	
800	4.286	
1100	0	

G32　运行年限

运 行 年 限 取 值 范 围

运行年限（年）	G32 取值范围	备注
1 以内	0	
1～5	7.143	
6～10	2.857	
11～15	0	
16～20	0	
21～25	0	
26～30	0	
31 以上	0	

2. 输电线路

A. 杆塔

A1　设备选型

A11　设备类型

设备类型取值范围

杆塔类型	A11 取值范围	备注
钢结构	1～3	
铝合金结构	3～6	
钢筋混凝土结构	6～8	

A2　技术状态

A21　状态分类

状态分类取值范围

状态分类	A21 取值范围	
一级设备	0～3	
二级设备	3～5	
三级设备	5～7	
四级设备	7～10	

以下所有设备的技术状态指标取值范围都参考上表。

B. 绝缘子

B1　设备选型

B11　设备类型、材质

设备类型、材质取值范围

绝缘子类型、材质	B11 取值范围	备注
陶瓷绝缘子	7～9	
玻璃钢绝缘子	5～7	
合成绝缘子	3～5	
半导体绝缘子	1～3	

C. 导、地线

C1　设备选型

C11　设备类型

设 备 类 型 取 值 范 围

导、地线类型	C11 取值范围	备注
铝线	7～9	
铜线	5～7	
钢线	3～5	
钢芯铝绞线（LGJ）	1～3	

C3　运行缺陷

C31　电压等级

电 压 等 级 取 值 范 围

电压等级（kV）	C31 取值范围	备注
66	0.47	
110	5.714	
220	3356	
330	0.04	
500	0.38	
750	0.04	
1000	0	

C32　运行年限

运 行 年 限 取 值 范 围

运行年限（年）	C32 取值范围	备注
1	0.126	
2～5	1.008	
6～10	1.892	
11～15	2.559	
15 以上	4.415	

C4 故障停运率

C41 电压等级

电 压 等 级 取 值 范 围

电压等级（kV）	C41 取值范围	备注
66	0.131	
110	1.760	
220	2.715	
330	0.712	
500	4.551	
750	0.056	
1000	0.075	

C5 跳闸率

C51 电压等级

电 压 等 级 取 值 范 围

电压等级（kV）	C51 取值范围	备注
66	0.380	
110	2.023	
220	4.086	
330	0.592	
500	2.853	
750	0.044	
1000	0.022	

D. 金具

D1 设备选型

D11 设备类型

设 备 类 型 取 值 范 围

金具类型	D11 取值范围	备注
国标型	10	
非标型	0	

E. 基础及基础防护

E1　设备选型

E11　设备类型

设 备 类 型 取 值 范 围

杆塔基础类型	E11 取值范围	备注
岩石基础	6～8	
柱基础	4～6	
联合基础	3～4	
复合式沉井基础	1～3	

F. 防雷设施及接地装置

F1　设备选型

F11　设备类型

设 备 类 型 取 值 范 围

防雷设施及接地装置类型	F11 取值范围	备注
交流输电线路用复合外套金属氧化锌避雷器	6～10	
综合防雷装置	0～5	

G. 线路防护区

G1　设备选型

G11　防护区类型

防护区类型取值范围

线路防护区内	G11 取值范围	备注
有	10	按照是否存在引起线路外力破坏事故的原因（施工、种植树木、违章建房）进行分类
无	0	

3. 换流站

参考变电站指标。

附录 D　状态指标取值依据

D.1　变电站

（1）所有设备的技术状态指标，参考电力行业标准、国家电网公司企业标准、中国南方电网有限责任公司企业标准中对输变电设备的运行评价规程、状态评价标准等，将各一次设备技术状态分为一、二、三、四类进行描述，用于表征输变电设备工况对运行的安全稳定程度。一类设备（正常状态）是指技术性能完好、运行工况稳定、不存在缺陷且与运行条件相适应，必备技术资料齐全的设备。二类设备（注意状态）是指技术性能完好，运行工况稳定且与运行条件相适应，虽有一般缺陷，但不影响安全稳定运行，主要的技术资料齐全的设备。三类设备（异常状态）是指技术性能有所下降，运行工况基本满足运行要求，主要技术资料不全，存在可能影响安全稳定运行的缺陷。四类设备（严重状态）是指技术性能下降较严重，运行工况完全不能适应运行条件要求，继续运行将对安全稳定运行构成严重威胁的设备。因此，设备运行状态按照一、二、三、四类设备分别赋值。具体取值范围通过调查问卷获得。

（2）运行缺陷指标，参考《2013 年电网设备运行分析年报》，按照设备的电压等级和运行年限分别取值。

（3）故障停运率，也参考《2013 年电网设备运行分析年报》，按照设备的电压等级和运行年限分别取值。

D.2　输电线路

（1）设备选型：从设备类型、结构类型、材质等基本物理属性方面考虑设备自身的抗外界干扰，抗外力破坏能力。各类型设备的具体取值范围采用专家问卷调查法确定。

（2）技术状态：同变电站设备的技术状态。

（3）线路的运行缺陷：参考《2013 年电网设备运行分析年报》，按照线路

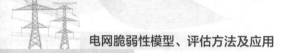

的电压等级和运行年限分别取值。

（4）线路的故障停运率：参考《2013 年电网设备运行分析年报》，按照线路的电压等级进行取值。

（5）线路的跳闸率：参考《2013 年电网设备运行分析年报》，按照线路的电压等级进行取值。

D.3　换流站

参考变电站指标。

附录 E　响应指标取值标准

A. 二次设备

A11～A101　技术状态

参考变电站设备的技术状态取值标准。

技术状态取值范围

状态分类	A11～A101 取值范围	备注
一级设备	0～3	
二级设备	3～5	
三级设备	5～7	
四级设备	7～10	

B. 事故减缓

B1　工程防御能力

B11　防护措施

防护措施取值范围

防护措施	B11 取值范围	备注
警示标识	8～10	
围栏、障碍物	6～8	
防撞墩	5～6	
监控	4～5	
自动报警	1～4	

B2　日常巡护

B21　巡检频率

巡检频率取值范围

巡检频率	B21 取值范围	备注
每天一次	1～3	
每周一次	3～5	
每半月一次	5～7	
每月一次	7～10	

B3　预测预警

B31　灾害破坏预测预警率

灾害破坏预测预警率取值范围

灾害破坏预测预警率	B31 取值范围	备注
85%以上	1～3	
70%～85%	3～5	
50%～70%	5～7	
50%以下	7～10	

C. 应急保障

C1　应急预案

C11　应急、预案体系完备情况

应急、预案体系完备情况取值范围

体系完备程度	C11 取值范围	备注
非常完备	1～3	
很完备	3～5	
一般	5～7	
不完备	7～10	

C2　应急救援组织机构

C21　健全程度

健 全 程 度 取 值 范 围

健全程度	C21 取值范围	备注
非常高	1～3	
很高	3～5	
一般	5～7	
低	7～10	

C3　救援设施

C31　完好性

完 好 性 取 值 范 围

完好性	C31 取值范围	备注
非常高	1～3	
很高	3～5	
一般	5～7	
低	7～10	

C4　救援物资

C41　资金储备情况

资金储备情况取值范围

资金储备情况	C41 取值范围	备注
非常充足	1～3	
很充足	3～5	
一般	5～7	
不充足	7～10	

D. 指挥协调

D1　应急处置

D11　救援出警率

救援出警率取值范围

救援出警率	D11 取值范围	备注
90%以上	1～3	
75%～90%	3～5	
50%～75%	5～7	
50%以下	7～10	

D2　应急协调能力

D21　调度指挥协调性

调度指挥协调性取值范围

调度指挥协调性	D21 取值范围	备注
非常高	1～3	
很高	3～5	
一般	5～7	
低	7～10	

E. 善后恢复

E1　恢复供电能力

E11　恢复供电方式

恢复供电方式取值范围

恢复供电方式	E11 取值范围	备注
基于电力系统自动恢复功能的供电恢复	1～3	
由 24h 监测人员的系统切换	3～6	
现场察看后的恢复	6～0	

E12　恢复供电时间

恢复供电时间取值范围

恢复供电时间	E12 取值范围	备注
6h 以内	1～2	
6～24h	2～3	
24～48h	3～4	
2～7d	4～6	
15～30d	6～8	
1 个月以上	8～10	

E2　故障清除率

E21　故障清除率

故障清除率取值范围

故障清除率	E21 取值范围	备注
90%以上	1～3	
70%～90%	3～5	
50%～70%	5～7	
50%以下	7～10	

附录 F 响应指标取值依据

A. 二次设备

A1 技术状态

参考变电站设备的技术状态取值依据。

B. 事故减缓

根据调查问卷（见附录 G）得到具体数据及取值范围。

C. 应急保障

根据调查问卷（见附录 G）得到具体数据及取值范围。

D. 指挥协调

根据调查问卷（见附录 G）得到具体数据及取值范围。

E. 善后恢复

根据调查问卷（见附录 G）得到具体数据及取值范围。

附录 G 电网重要基础设施脆弱性评估调查问卷

尊敬的参与调查者，您好：

本次调查问卷为了解当前我国电网重要基础设施（枢纽变电站、换流站和输电线路/杆塔）脆弱性收集相关信息。只限于科学研究之用，请您按照实际情况填写，谢谢！

20××年××月××日

---

1. 基本信息：

（1）您所在工作岗位：（请填写）

_____

（2）您对以下哪些电网重要基础设施较熟悉：（请打 √，可多选）

A. 变电站　　　B. 换流站　　　C. 输电线路（含杆塔）

（3）您从事电网相关工作年限：（请打 √）

A. 1 年之内；B. 1～3 年；C. 3～5 年；D. 5 年以上

---

2. 相关调查：

（1） 贵单位所辖范围内因下列哪些突发事故灾害发生过电网重要基础设施破坏事故？（多选）

A. 地震；B. 风灾；C. 雨雪冰冻；D. 洪涝；E. 地质（滑坡、泥石流、地面沉降等）

F. 雷击；G. 森林火灾；H. 恶意破坏（含恐怖袭击）；I. 意外损失

J. 其他（请注明）_____

（2）——贵单位设置了哪些防护措施防止电网重要基础设施遭受自然灾害？（多选并按有效性排序）

A. 抗灾设计；B. 抗灾补强；C. 日常维护；D. 提前预测；E. 其他（请注明）_____

有效性排序：_____

——贵单位设置了哪些防护措施防止电网重要基础设施遭受人为破坏？（多选并按有效性排序）

A. 警示标志；B. 围栏；C. 浇灌防撞墩；D. 夜间照明；E. 涂刷反光漆；

F. 监控（摄像头）；G. 自动报警装置；H. 其他（请注明）＿＿＿＿＿＿＿

　　有效性排序：＿＿＿＿＿＿＿＿＿＿＿＿＿＿＿＿＿＿＿

　　（3）依据您的经验，基于下列变电一次设备：

　　① 变压器（含站用变压器）；② 断路器；③ 隔离开关；④ 电流互感器和电压互感器；⑤ 电抗器；⑥ 电力电容器（含耦合电容器）；⑦ 阻波器及滤波器；⑧ 避雷接地设施（含避雷器、避雷针、接地网）；⑨ 母线；⑩ GIS

　　——**在实际运行过程中，哪些变电一次设备易发生故障？**

　　（填入设备代号，可多选并按故障率高低列出）

　　故障率排序：＿＿＿＿＿＿＿＿＿＿＿＿＿＿＿＿＿＿＿

　　——**在实际运行过程中，哪些变电一次设备一旦发生故障后不易短时间内恢复？**

　　（填入设备代号，可多选并按修复时间长短列出）

　　维修时间排序：＿＿＿＿＿＿＿＿＿＿＿＿＿＿＿＿＿＿

　　（4）依据您的经验，基于下列架空线路（杆塔）设施：

　　① 杆塔；② 绝缘子；③ 导、地线；④ 金具；⑤ 基础及基础防护；⑥ 线路防护区。

　　——**在实际运行过程中，哪些架空线路（杆塔）设施易发生故障？**

　　（填入设备代号，可多选并按故障率高低列出）

　　故障率排序：＿＿＿＿＿＿＿＿＿＿＿＿＿＿＿＿＿＿＿

　　——**在实际运行过程中，哪些架空线路（杆塔）设施一旦发生故障后不易短时间内恢复？**

　　（填入设备代号，可多选并按修复时间长短列出）

　　维修时间排序：＿＿＿＿＿＿＿＿＿＿＿＿＿＿＿＿＿＿

　　（5）依据您的经验，基于下列换流一次设备：

　　① 换流变压器（含站用变压器）；② 换流器（换流阀）；③ 断路器；④ 隔离开关；⑤ 电流互感器和电压互感器；⑥ 电抗器（含平波电抗器）；⑦ 电力电容器（含耦合电容器）；⑧ 阻波器及滤波器；⑨ 避雷接地设施（含避雷器、避雷针、接地网）；⑩ 母线；⑪ GIS

　　——**在实际运行过程中，哪些换流一次设备易发生故障？**

　　（填入设备代号，可多选并按故障率高低列出）

　　故障率排序：＿＿＿＿＿＿＿＿＿＿＿＿＿＿＿＿＿＿＿

——在实际运行过程中，哪些换流一次设备一旦发生故障后不易短时间内恢复？

（填入设备代号，可多选并按修复时间长短列出）

维修时间排序：_____

（6）依据您的经验，请选择下列二次设备的恢复供电方式？

① 主变压器保护单元；② 高压并联电抗器保护单元；③ 线路保护单元；④ 3/2 接线断路器保护及辅助保护；⑤ 母线保护单元；⑥ 安全自动装置；⑦ 故障录波器；⑧ 直流系统单元；⑨ 防误闭锁装置；⑩ 综合自动化系；⑪ RTU 单元

A. 基于电力系统自动恢复功能的供电恢复（填入设备代号，多选）

_____

B. 由 24h 监测人员的系统切换（填入设备代号，多选）

_____

C. 现场察看后的恢复（填入设备代号，多选）

_____

D. 其他方式（请填写）

_____

（7）请给出贵单位的以下数据：

1）巡检频率_____；

A. 每季度一次　　　　　　　　　B. 每月一次

C. 每月 2～3 次　　　　　　　　 D. 每天一次

2）每次巡检时间_____；

A. 12～24 小时　　　　　　　　 B. 6～12 小时

C. 3～6 小时　　　　　　　　　 D. 3 小时以内

3）巡检人员数量_____；

A. 10 人以上　　　　　　　　　 B. 5～10 人

C. 2～5 人　　　　　　　　　　 D. 2 人及以下

4）自然灾害预测预警率_____；

A. 90%以上　　　　　　　　　　 B. 75%～90%

C. 60%～75%　　　　　　　　　 D. 60%以下

5）人为破坏预测预警率_____；

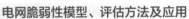

A. 90%以上　　　　　　　　B. 75%～90%

C. 60%～75%　　　　　　　D. 60%以下

6）事故救援出警率＿＿＿＿＿＿；

A. 95%以上　　　　　　　　B. 80%～95%

C. 60%～80%　　　　　　　D. 60%以下

7）故障清除率＿＿＿＿＿＿；

A. 95%以上　　　　　　　　B. 80%～95%

C. 60%～80%　　　　　　　D. 60%以下

8）指挥部门到达现场速度＿＿＿＿＿＿；

A. 0.5 小时以内　　　　　　B. 0.5～1 小时

C. 1～2 小时　　　　　　　D. 多于 2 小时之外

（8）设备运行工况取值调查：

请您根据经验，判断设备状态对其物理脆弱性的影响，并给出各类设备的相对危险性。（请填写 **1～99** 之间的整数或区间，包括 **1** 和 **99**，危险性随数字取值大小递增）。

A. 一类设备＿＿＿＿＿＿；B. 二类设备＿＿＿＿＿＿；

C. 三类设备＿＿＿＿＿＿；D. 四类设备＿＿＿＿＿＿；

备注：参考电力行业标准、国家电网公司企业标准、中国南方电网有限责任公司企业标准中对输变电设备的运行评价规程、状态评价标准等，将各一次设备运行状态分为一、二、三、四类进行描述，用于表征输变电设备工况对运行的安全稳定程度。

一类设备（正常状态）是指技术性能完好、运行工况稳定、不存在缺陷且与运行条件相适应，必备技术资料齐全的设备。

二类设备（注意状态）是指技术性能完好，运行工况稳定且与运行条件相适应，虽有一般缺陷，但不影响安全稳定运行，主要的技术资料齐全的设备。

三类设备（异常状态）是指技术性能有所下降，运行工况基本满足运行要求，主要技术资料不全，存在可能影响安全稳定运行的缺陷。

四类设备（严重状态）是指技术性能下降较严重，运行工况完全不能适应运行条件要求，继续运行将对安全稳定运行构成严重威胁的设备。

（9）设备安全系数调查：

对各一次设备按照影响其物理脆弱性的主要因素进行分类，您认为下列不同型式设备的相对安全性。（请填写 **1～99** 之间的整数或区间，包括 **1** 和

99，安全性随数字取值大小递减，例如 A 式设备比 B 式设备更安全，则 A 安全性可取值为 20～40，B 为 60～90。）

杆塔	钢结构	
	铝合金结构	
	钢筋混凝土结构	
	其他	
绝缘子	陶瓷绝缘子	
	玻璃钢绝缘子	
	合成绝缘子	
	半导体绝缘子	
	其他	
导、地线	铜线	
	铝线	
	钢线	
	钢芯铝线	
	其他	
基础及基础防护	岩石基础	
	桩基础	
	复合式沉井基础	
	联合基础	
	其他	
换流器（换流阀）	晶闸管换流阀	
	汞弧阀	
	其他	
金具	国标型	
	非标型	
	其他	
线路防护区	有高大树木	
	有人员活动	
	有车辆交通	
	有施工作业情况	
	其他	